Orchideen-Wanderungen in Thüringen

von

Wolfgang Eccarius und Helga Dietrich

2013

EchinoMedia

Zeichenerklärung für die Wanderkarten:

- Wanderweg - Empfehlung
- Wanderweg - Zusatzroute
- Anfahrt zum Abstellplatz für Autos
- Wald
- Gebüsch, Hecken, Baumreihen
- Gärten, Streuobstwiesen, Obstplantagen
- Felswände, Steilhänge, Steinbrüche, Deponien
- Abstellplatz für Autos
- Haltestellen öffentlicher Personen-Nahverkehr
- Informationstafeln, Schautafeln

Innentitelbild: Helm-Knabenkraut (*Orchis militaris*) (W. Eccarius)

Einbandgestaltung durch K. Ramm

Dorfstr. 15, 07646 Albersdorf
Tel.: 03 66 92/3 55 78, Fax: 03 66 92/3 55 77
E-Mail: info@echinomedia.de
www.echinomedia.de

ISBN 978-3-937107-20-2

Inhaltsverzeichnis

Vorwort zur 2. Auflage

Die Botanik wird seit Carl von LINNÉ (1707-1778) auch als „scientia amabilis", also als „liebenwerte Wissenschaft" bezeichnet, die nicht nur professionelle Jünger, sondern auch zahlreiche Laien in ihren Bann zog und immer noch zieht. Es ist das erklärte Ziel der Autoren, der Pflanzenwelt und ihrem Schutz möglichst viele neue Anhänger zu gewinnen.

Besonders zahlreich sind unter den Liebhabern der Pflanzenkunde die Orchideenfreunde vertreten, also solche, die sich vorwiegend, wenn auch nicht ausschließlich mit Orchideen befassen. Diese Familie ist besonders artenreich; man schätzt, dass es weltweit etwa 30.000 Orchideenarten gibt. Aus dieser gewaltigen Fülle kommt in Thüringen nur ein halbes Hundert Arten vor. Ihnen ist das vorliegende Buch gewidmet. Es wendet sich an alle diejenigen, die sich neben dem allgemeinen Interesse an Natur und Heimat so viel Neugier bewahrt haben, dass sie auch Spezielles über die heimischen Orchideen erfahren und in sich aufnehmen wollen. Die Verfasser haben sich auch das Ziel gesteckt, junge Leute und damit Nachwuchs für die Orchideenkunde zu gewinnen, weil es daran in der heutigen Zeit vor allem mangelt. Zahlreiche Organisationen, wie der Arbeitskreis Heimische Orchideen (AHO) Thüringen, der Bund für Umwelt und Naturschutz (BUND), der Naturschutzbund Deutschland (NABU) und die Thüringische Botanische Gesellschaft (TBG) sind für jedes neue Mitglied dankbar, und besonders für solche, die mit Hand anlegen können bei vielfältig nötigen Artenschutz- und Pflegemaßnahmen für bedrohte Biotope, Pflanzen und Tiere.

HELGA DIETRICH (Jena) hatte Anfang des Jahres 2007 die Idee, durch ein „Wanderbuch" zuerst das nötige Interesse an den Orchideen Thüringens zu heben, denn nur was man kennt, das wird man auch schützen wollen und können. Allgemeine Appelle nützen nach allen Erfahrungen auf diesem Gebiete wenig! In WOLFGANG ECCARIUS (Eisenach) fand sie einen Gleichgesinnten, der sich diesen Plan zu eigen machte und sich sehr stark für seine Verwirklichung engagierte. Schließlich bot KERSTIN RAMM (Albersdorf) mit dem Verlag EchinoMedia eine Möglichkeit, diese Idee auch in die Tat umzusetzen.

Damit das Buch den ihm zugedachten Zweck erfüllen kann, durfte es sich nicht auf die Beschreibung eines Wanderweges allein beschränken, sondern musste zugleich auch eine Bestimmungshilfe wenigstens für die längs des Weges anzutreffenden Orchideenarten bieten. Das erste haben die Autoren neben textlichen Hinweisen vor allem durch eigens für diese Wanderungen konzipierte Karten zu erfüllen gesucht, während als Bestimmungshilfe in erster Linie die reiche Bebilderung dienen soll, denen ab und zu auch Beschreibungen an die Seite gestellt wurden. Bei der Bildauswahl wurde vor allem darauf geachtet, dass sie charakteristische Details der dargestellten Arten zeigen, in den meisten Fällen sind sie nicht auf den beschriebenen Wanderrouten entstanden.

Autoren und Verlag sind von dem starken Zuspruch sehr angetan, den das vorliegende Werk beim Publikum gefunden hat, so dass bereits nach verhältnismäßig kurzer Zeit eine neue Auflage nötig wurde. Gegenüber der 1. Auflage sind Fehler berichtigt, inzwischen eingetretene Änderungen berücksichtigt und einige Bilder ausgetauscht worden. Das war deshalb möglich, weil das allgemeine Urteil mehr als positiv ausfiel, obwohl auch einige polemische Stimmen laut wurden. Für Einwände von der Art, dass durch das Buch ein „ungesunder" Orchideentourismus gefördert werde, der unter Umständen sogar „Spatenbotaniker" auf den Plan rufe, welche die hier beschriebenen Wanderrouten ausplündern würden, haben sich in den vergangenen Jahren keine Belege finden lassen. Es ist zwar nicht zu leugnen, dass hin und wieder Orchideen verbotenerweise ausgegraben werden, für welche Zwecke auch immer. Es kann aber keine Rede davon sein, dass derartiger Frevel durch das Buch gefördert wurde. Anstatt jeden Interessierten von vornherein unter Generalverdacht zu stellen, ist es sicher sinnvoller, wenigstens zum Teil die Pflanzenschätze Thüringens einer breiten Öffentlichkeit vorzustellen und Aufklärungsarbeit zu leisten. Dass Geheimhaltung von Wuchsorten nicht zu deren Erhaltung beiträgt, ist durch so viele Beispiele belegt, dass dieses Faktum hier nicht weiter erörtert zu werden braucht. Die größten Verluste seltener Pflanzen sind ohnehin durch ganz andere Ereignisse als durch individuelle Nachstellungen entstanden! Die oben genannten Einwände sind von den Autoren bei der Auswahl von Wanderrouten gebührend berücksichtigt worden, welche den Schutz besonders seltener Arten gewährleistet und sich im Großen und Ganzen bewährt hat. Problematisch ist die Einhaltung des in Schutzgebieten geltenden Wegegebotes, weil in manchen Fällen strittig ist, was man unter einem „Weg“ zu verstehen hat. Keinem Besucher eines Schutzgebietes kann zugemutet werden, dass er vor einem Besuch die Katasterkarten auf öffentliche Wege hin durchsieht, zumal diese Karten nicht allgemein zugänglich sind. Die Autoren vertreten die Ansicht, dass als Weg zu gelten hat, was sich dem gesunden Menschenverstand als Weg darstellt. Dazu gehören auch Fußpfade, die in manchen Schutzgebieten zum Zwecke der Besucherlenkung von Behörden erst angelegt wurden. Es kann also schon aus Gründen der Rechtssicherheit nicht sein, dass Fußpfade generell keine Wege sind.

Es versteht sich von selbst, dass nicht bei jeder einzelnen Wanderung eine ausführliche Bebilderung und Beschreibung aller vorkommenden Arten erfolgen konnte, denn das hätte zu sehr häufigen Wiederholungen geführt und der Umfang wäre derart angeschwollen, dass das Buch unhandlich und schwer geworden wäre. Solche Bücher wird man aber auf Wanderungen kaum mitführen wollen. Der Leser wird sich deshalb der Mühe unterziehen müssen, die für die Bestimmung einzelner Arten erforderlichen Bilder und Erläuterungen mit Hilfe der Register auch auf anderen Seiten zusammenzusuchen. Dies schien uns auch deshalb vertretbar, weil man das Buch ohnehin wohl nur selten wie einen Roman „von Anfang bis Ende“ in einem Zuge durchlesen wird, sondern hauptsächlich von Fall zu Fall zur Vorbereitung einer bestimmten Wanderung in die Hand nimmt. Um das letztendlich doch etwas lästige „Herumblättern“ im Buch in Grenzen zu halten, ließen sich gelegentliche Wiederholungen im Text nicht völlig vermeiden. Auf die Möglichkeit, es auch im Gelände zum Nachschlagen benutzen zu können, wurde - wie bereits erwähnt - besondere Rücksicht genommen.

Im Laufe der Vorbereitungsarbeiten haben die Autoren von vielen Seiten her Unterstützung und Ermutigung erfahren. Besonders dankbar sind sie für Tourenvorschläge, die ihnen von den weithin bekannten und engagierten Thüringer Orchideenfreunden P. FELBER (Weimar), J. FRATSCHER † (Gera), T. OPPEL (Gotha), V. RECK (Heiligenstadt), R. RICHTER (Neustadt/Harz) und W. WITTER (Weitersroda) unterbreitet wurden. Manche dieser Vorschläge waren durch ausführliche Beschreibungen ergänzt, die in die endgültige Fassung der jeweiligen Texte eingearbeitet wurden. Auch ROLF REUTER aus Leipzig (1926-2008) hat das Projekt unterstützt, indem er eine überarbeitete Fassung eines bereits 1997 veröffentlichten Beitrages zur Geologie Thüringens zur Verfügung stellte, die in das Kapitel „Der Freistaat Thüringen“ eingeflossen ist. Er hat den Abschluss der Arbeiten am Buch leider nicht mehr erlebt!

Auf der anderen Seite standen der Vollendung des Werkes zahlreiche Schwierigkeiten und Probleme entgegen. So war ursprünglich daran gedacht, Auszüge aus den amtlichen topographischen Karten im Maßstab 1:10.000 als Kartengrundlage zu benutzen. Leider wäre dann der Buchpreis durch horrende Nutzungsgebühren stark nach oben getrieben worden. W. ECCARIUS hat sich deshalb der mühevollen Aufgabe unterzogen, aus im Internet zugänglichen Luftbildern und Begehungen jeder einzelnen Route neue Karten zu zeichnen, die speziell auf den hier verfolgten Zweck zugeschnitten sind. Sie berücksichtigen besonders das Wegenetz und den Bewuchs des dargestellten Geländes, während die Reliefdarstellung zurücktritt.

Bei der Nomenklatur stehen hier deutsche Pflanzennamen im Vordergrund. Bei jeder Wanderung wird aber bei der erstmaligen Erwähnung eines Namens in Klammern die wissenschaftliche Bezeichnung angeführt. Das dient der eindeutigen Identifizierung, was bei deutschen Namen allein nicht gewährleistet wäre. Die deutschen Pflanzennamen richten sich nach der 9. Auflage des 4. Bandes der ROTHMALERschen „Exkursionsflora von Deutschland“.

Der Anteil der beiden Autoren am Werk ist unterschiedlich und im Inhaltsverzeichnis auf Seite 3 durch die Kürzel HD (für HELGA DIETRICH) und WE (für WOLFGANG ECCARIUS) bezeichnet. Die meisten Bildvorlagen wurden von den Autoren angefertigt, einige wenige wurden von den im Bildnachweis auf Seite 192 aufgeführten Bildautoren aufgenommen. Außerdem hat H. KETZSCHMAR (Bad Hersfeld) die Feinabstimmung der Bilder für den Druck besorgt, B. ECCARIUS und C. GEMBARDT (Weinheim) haben Korrektur gelesen. Frau H. KÜMPEL (Fambach) erteilte die Erlaubnis zur Verwendung von Bildern aus dem Nachlass ihres Mannes H. KÜMPEL. Ihnen allen sei für Ihre Unterstützung herzlich gedankt.

Der Freistaat Thüringen

Thüringen gehört zu den 16 Ländern, aus denen sich die Bundesrepublik Deutschland konstituiert. Seit 1993 lautet die amtliche Bezeichnung des Landes „Freistaat Thüringen". Bei einer Fläche von 16.172 km² besitzt es ca. 2.278.000 Einwohnern (Stand vom 30. September 2008) und gehört damit zu den kleineren Bundesländern. Von der Fläche her sind nur die drei Stadtstaaten sowie Schleswig-Holstein und das Saarland kleiner, von der Bevölkerungszahl Hamburg, Mecklenburg-Vorpommern, das Saarland und Bremen. Thüringen ist ein reiner Binnenstaat und grenzt im Südosten und Osten an den Freistaat Sachsen, im Nordosten und Norden an das Bundesland Sachsen-Anhalt, im Nordwesten an Niedersachsen, im Westen an Hessen und im Süden an den Freistaat Bayern. Im Nordwesten Thüringens liegt der geographische Mittelpunkt Deutschlands. Hauptstadt und zugleich größte Stadt des Landes ist Erfurt.

Thüringen verfügt über eine lange und wechselvolle Geschichte, deren Konsequenzen noch heute vielfach zu spüren sind. In der Vergangenheit ist es vor allem als Musterbeispiel deutscher Kleinstaaterei bekannt gewesen. Von der Landesteilung des Kurfürstentums Sachsen von 1485 unter den beiden Brüdern Ernst (1441-1486) und Albrecht (1443-1500) aus der mächtigen Feudaldynastie der Wettiner war auch die ehemalige Landgrafschaft Thüringen betroffen, die sich seit 1264 definitiv im Besitz dieses Fürstengeschlechtes befand. Während das albertinische Thüringen - durch die Primogenitur in dieser Linie ungeteilt - schließlich nach den Napoleonischen Kriegen 1815 als Siegesbeute an Preußen fiel, blieb der ernestinische Landesteil zwar von diesem Schicksal verschont, war aber seit dem 16. und 17. Jahrhundert von so zahlreichen Erbteilungen betroffen (die auch von den noch in Thüringen ansässigen Dynastien der Schwarzburger und Reußen nachgeahmt wurden), dass ein Zeitgenosse aus dem Jahre 1867 die politische Landkarte Thüringens mit dem Kommentar versah:

> „Wir glauben Deutschlands Narrenkappe vor uns zu sehen, ein wirres Gemisch bunter Lappen tritt uns entgegen, ein Produkt äußerer Kriege und innerer Fehden, eine Ausgeburt mittelalterlicher Ideen, die monströse Verkörperung wohlüberlegter Erbteilungs- und Erbverbrüderungs-Verträge."

und in Jaques Offenbachs (1819-1880) Oper „Hoffmanns Erzählungen" wird in der Ballade von „Klein Zack" der „Hof von Eisenach" verspottet (nur wenig als „Eisenack" verfremdet). Der abwertende Begriff des Duodezfürstentums als eines „Staates im Kleinformat" hat hier seinen eigentlichen Ursprung, denn noch im Jahre 1800 wurde das Gebiet des heutigen Thüringens von nicht weniger als 11 verschiedenen Staaten eingenommen (früher waren es sogar noch mehr), und als schließlich mit der letzten Erbteilung der Ernestiner von 1826 wenigstens für den Rest des Jahrhunderts stabile Verhältnisse eintraten, waren es immer noch acht, deren Besitzungen jedoch keineswegs geschlossen beieinander lagen, sondern das Übel der vollständigen Parzellierung Thüringens durch den Umstand vermehrten, dass diese Einzelstaaten in zahlreiche Teile zerrissen waren, zwischen denen außerdem noch preußische und sächsische Landfetzen eingesprengt lagen.

Wenn nun diese Verhältnisse auch wirtschaftlich von Nachteil waren, so boten sie doch auf der anderen Seite neben dem Entstehen einer kulturellen Vielfalt, die in Deutschland ihresgleichen suchte, noch manch anderen Vorteil. Jede der zahlreichen Residenzen schmückte sich mit einem Theater, umgab sich mit Parks und botanischen Gärten, es entstanden Sternwarten, zahlreiche Museen und Bibliotheken und ein reichgegliedertes, modernes Schulwesen, das viele Jahre hindurch sogar im europäischen Maßstab als vorbildlich galt. Militärische Ambitionen wie in Preußen verboten sich dagegen von selbst, und auch politische Repressionen hielten sich, wenn auch mehr aus Ohnmacht als aus wirklicher Einsicht, so in Grenzen, dass Thüringen für viele Jahrzehnte geradezu als Hort des Liberalismus galt. Nicht ohne Grund fanden des Wartburgfest der deutschen Studenten und die Gründung der SPD in Thüringen statt! Nach einem Wort von August Bebel (1840-1913) war z. B. „die Pressefreiheit hier fast unbeschränkt", was im 19. Jahrhundert nicht selbstverständlich war. Es ist bezeichnend, dass diese Vielfalt seit 1990 zunehmend schwindet, obgleich Thüringen heute zu einem der reichsten Staaten der Erde gehört.

Der heutige Freistaat Thüringen wurde 1990 aus den drei DDR-Bezirken Erfurt, Gera und Suhl sowie Teilen der Bezirke Leipzig und Halle wiedergegründet und ist heute in 17 Landkreise sowie sechs kreisfreie Städte gegliedert. Mit dem Land Thüringen aus der Zeit zwischen 1920 und 1945 ist er nicht identisch, sondern um den Regierungsbezirk Erfurt der ehemaligen preußischen Provinz Sachsen erweitert. Den Kern bilden die ehemaligen ernestinischen Herzogtümer, die sich nach der Abdankung der Fürsten mit den schwarzburgischen und reußischen Fürstentümern 1920 zum Land Thüringen zusammenschlossen, während das ebenfalls thüringische Herzogtum Sachsen-Coburg im Ergebnis einer Volksabstimmung zu Bayern kam.

Der überwiegende Teil der Einwohner Thüringens sind ethnische Deutsche, während der Ausländeranteil mit etwa 50.000 Personen klein ist. Meist handelt es sich bei ihnen um Osteuropäer und teils schon zu DDR-Zeiten eingewanderte Vietnamesen. Vertreter aus traditionellen westdeutschen Einwandererländern wie Italien, Griechenland, der Türkei oder Jugoslawien sind dagegen selten. Zwar ist die Bevölkerungsdichte entlang der Linie Eisenach - Gotha - Erfurt - Weimar - Jena - Gera am größten, insgesamt gesehen aber relativ homogen. Große Ballungsgebiete fehlen ebenso wie Regionen mit einer Bevölkerungsdichte von unter 50 Einwohnern pro Quadratkilometer.

Etwa 31,5 % der Landesfläche sind von Wald bedeckt, weshalb Thüringen auch „das grüne Herz Deutschlands“ genannt wird. Trotzdem ist Thüringen nicht etwa einförmig, sondern landschaftlich reich gegliedert und äußerst abwechslungsreich. Auf den ersten Blick handelt es sich um ein Gebiet, das nach Norden, Westen und Süden durch Gebirge, Höhenzüge und Randplatten abgeschlossen wird, nach Osten dagegen im Übergang zur Leipziger Tieflandbucht weitgehend offen ist.

Eine naturräumliche Gliederung Thüringens unterscheidet die sieben Naturraumtypen

- Mittelgebirge,
- Buntsandstein-Hügelländer,
- Muschelkalk-Hügelländer,
- Basaltkuppenland,
- Ackerhügelländer,
- Auen und Niederungen,
- Zechsteingürtel an Gebirgsrändern,

die weiter in zusammen 38 einzelne Naturräume untergliedert werden.

Zu den Landschaften Thüringens gehört im äußersten Norden der Südrand des Harzes mit einer besonderen Gipskarstlandschaft. In südöstlicher Richtung schließt sich das fruchtbare Tal der Helme an, das als „Goldene Aue“ bekannt ist. Der Nordwesten umfasst das liebliche Hügelland des Eichsfeldes. Der zentrale Teil Thüringens wird vom flachen und fruchtbaren Thüringer Becken eingenommen, das von verschiedenen kleinen Höhenzügen umringt wird. Zu ihnen gehört im Nordwesten der Dün, im Norden die Hainleite, die Windleite sowie der Kyffhäuser. Schmücke, Hohe Schrecke und Finne begrenzen das Becken im Nordosten, der Ettersberg im Südosten, die Fahner Höhen im Süden und der Hainich im Westen. Südlich des Thüringer Beckens befindet sich das hügelige Vorland des Thüringer Waldes. Als größtes Gebirge durchzieht der Thüringer Wald den Südwesten des Landes und geht nahtlos ins Thüringer Schiefergebirge über, während der sich noch weiter südöstlich anschließende Frankenwald nur zu kleinsten Teilen in Thüringen liegt. Über den Kamm dieser Mittelgebirgskette verläuft der Rennsteig, heute einer der bekanntesten Wanderwege Deutschlands. Östlich des Thüringer Beckens zieht sich das Saaletal hin, dem sich im Nordosten das Thüringer Holzland, im Südosten das Vogtland und ganz im Osten das wenig bewaldete und sehr fruchtbare Osterland anschließen. Nicht zuletzt gehören das sich südwestlich des Thüringer Waldes erstreckende Werratal und die westlich davon gelegene thüringische Rhön sowie das Grabfeld ebenfalls zu Thüringen.

Die wichtigsten Flüsse des Landes sind die Werra im Westen und die Saale im Osten. Zum Flusssystem der Werra gehören die Hörsel mit der Nesse, zu dem der Saale die Unstrut mit Helme, Zorge, Wipper, Gramme, Gera, Apfelstädt, Ilm, Lossa, die Schwarza und die Weiße Elster. Außerdem entspringt im Eichsfeld die Leine, die aber nur zu einem kleinen Teil in Thüringen verläuft.

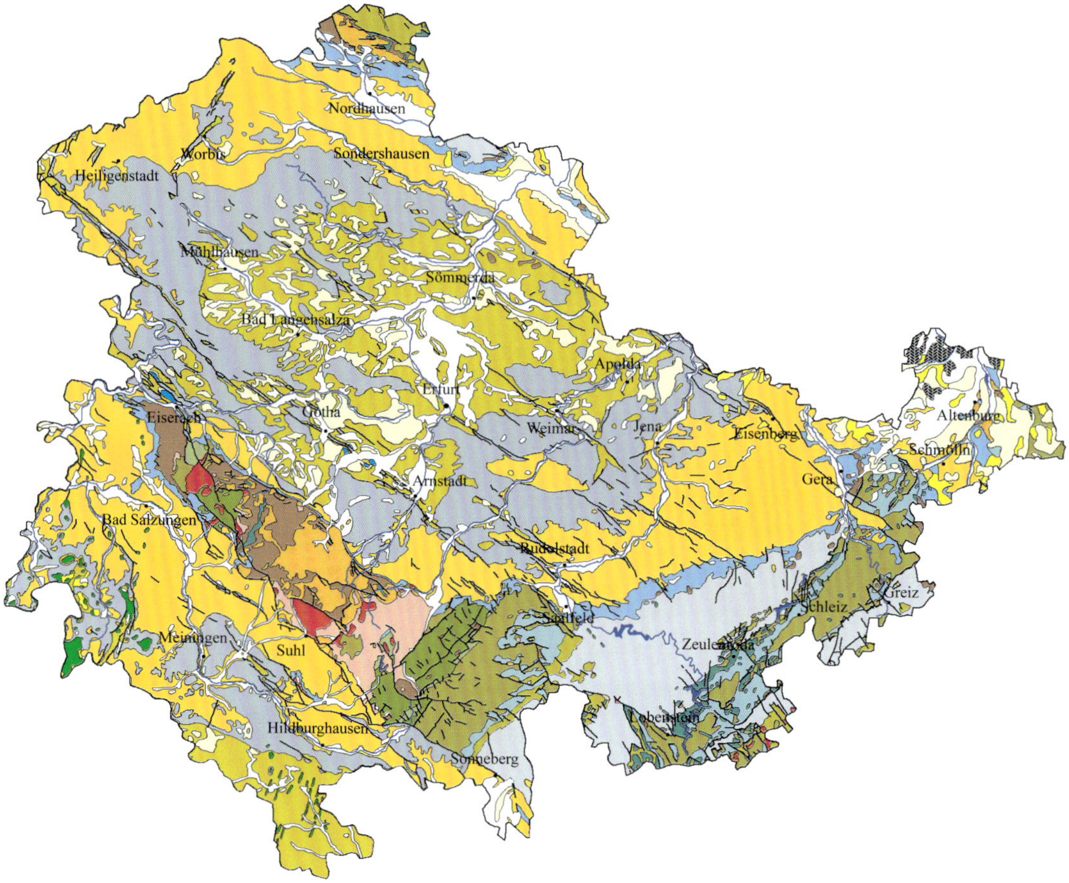

- Quartär
- Löß, Lößlehm, Gehängelehm
- Tertiär
- Basalte des Tertiärs
- Kreide
- Jura
- Keuper
- Muschelkalk
- Buntsandstein
- Zechstein
- Rotliegendes
- Porphyre u. Porphyrite des Perms
- Dolerit, Melaphyr u.a.
- Siles, Dinant
- Porphyre u. Porphyrite des Siles
- Granite, Granodiorite, Diorite
- Devon
- Basische Magmatite des Silurs
- Silur
- Ordovizium
- Kambrium
- Proterozoikum
- Tagebaue, Halden
- Verwerfungen

Geologische Übersicht von Thüringen
(vereinfacht nach THÜRINGER LANDESANSTALT BODENFORSCHUNG 1994)

Die höchste Erhebung im Land ist der Große Beerberg im Thüringer Wald mit 983 m üNN. Weitere hohe Berge sind der Schneekopf (978 m üNN), der Große Finsterberg (944 m üNN) und der Inselsberg (916 m üNN). Der niedrigste Punkt liegt im Unstruttal zwischen Wiehe und Roßleben bei 114 m üNN, gefolgt vom Saaletal bei Großheringen (120 m üNN), dem Werratal bei Lindewerra (145 m üNN) und dem Pleißetal bei Treben (150 m üNN).

Stehende, natürliche Gewässer sind in Thüringen sehr selten. Bei den meisten heute existierenden handelt es sich um künstlich angelegte Stauseen, Fischteiche, Baggerseen und Tagebau-Restlöcher. Das größte nach der gespeicherten Wassermenge ist die Bleilochtalsperre der Saale.

Zur landschaftlichen und naturräumlichen Vielfalt des Freistaates haben die erdgeschichtlichen Vorgänge der Vergangenheit maßgeblich beigetragen, wie die geologische Übersichtskarte auf Seite 8 deutlich macht. Sie weist bereits durch ihre farbige Vielfalt auf die bewegte geologische Vergangenheit Thüringens hin, sind hier doch an der Oberfläche beziehungsweise den bodennahen Bereichen fast alle Schichten nachweisbar, welche sich in den letzten 500 Millionen Jahre der Erdgeschichte (dem Phanerozoikum) gebildet haben.

Deutlich ist im Zentrum das Thüringer Becken erkennbar. Die zur Trias (einer Formation des Mesozoikums) gehörenden Schichten des Buntsandsteins, des Muschelkalkes und Keupers steigen sanft zur Hainleite, zum Dün, dem Eichsfeld und dem Hainich an. Mit einem Höhenunterschied von fast 200 Metern umranden sie die tiefer gelegenen Anteile des Beckens. Im widerstandsfähigen und wasserdurchlässigen Muschelkalk kommt es an den Platten und Höhenzügen im Norden, Nordwesten und Westen zur Herausbildung von oft sehr mächtigen Steilabfällen, besonders in der Schichtfolge des Unteren Muschelkalkes. Im Norden Thüringens sind diesen Muschelkalkhöhenstufen Hügelländer aus Buntsandstein vorgelagert. Beim südlichen Abschluss des Beckens reicht der Muschelkalk des Hainichs bis fast nach Eisenach, während bei Gotha der Keuper bis dicht an den Thüringer Wald anschließt. Zwischen den Hörselbergen und den Vorbergen des Thüringer Waldes tritt Buntsandstein auf, der sich aber nur bis in die Gegend um Ohrdruf ausdehnt. Hier schließt sich unmittelbar der Muschelkalk an, der bereits die Ilm-Saale-Platte anzeigt, die sich bis Bad Kösen erstreckt. Im Süden und Südosten fügt sich an diese Muschelkalkplatte eine Buntsandsteinzone an, sie reicht bei Ilmenau bis zum Thüringer Wald und breitflächig bis zur Elster bei Gera.

Im ausgehenden Mesozoikum und im beginnenden Tertiär wurde das Thüringer Becken durch starke Druck- und Zerrvorgänge in langgestreckte Schollen zerlegt, die ausnahmslos in herzynischer, von Nordosten nach Südosten streichender Richtung verlaufen. Zeugnis der zwischen den Störungslinien liegenden Aufwölbungen sind der Kyffhäuser mit der Finne, der Ettersberg und die Fahnerschen Höhen und ganz im Südwesten die Hörselberge und der Burgberg bei Waltershausen. Nach ihrem Hauptverlauf wird sie auch als Eichenberg - Gotha - Arnstadt - Saalfelder Störung bezeichnet. Zur erdgeschichtlich gleichen Zeit wurden im Bereich dieser Störungslinien auch der Thüringer Wald und das Thüringer Schiefergebirge stark herausgehoben.

Im Pleistozän und Holozän des Quartärs erhielt das Thüringer Becken mit Hügeln und Höhenzügen seine gegenwärtigen Oberflächenformen. Der Wechsel zwischen Kalt- und Warmzeiten führte im Pleistozän zur Vertiefung und Veränderung der Fließrichtung der Flussläufe; an Hangneigungen, besonders auf Dauerfrost- und vegetationslosen Verwitterungsböden, wurden Schutt- und Erdmassen abgeschoben und abgetragen. In den pleistozänen Kaltzeiten erfolgte die Ablagerung von Löß, wobei besonders der Löß der letzten Kaltzeit (der Weichselkaltzeit) erhalten blieb. In Ostthüringen wurden im Pleistozän auch Sande und Kiese abgelagert.

Die geologische Vergangenheit des Thüringer Waldes reicht bis in das Paläozoikum, das Erdaltertum, zurück. Es kommen sehr unterschiedliche Gesteinsarten vor, im nordwestlichen Teil besonders Konglomerate, Tonsteine und die eruptiv gebildeten Porphyre und Porphyrite des Rotliegenden, einer Abteilung des Oberen Perms. Markante Porphyrbildungen des Thüringer Waldes sind der Inselsberg und der Beerberg. In der Umgebung von Zella-Mehlis tritt das darunter liegende Grundgebirge aus dem Altpaläozoikum mit Graniten, Gneisen und Phylliten hervor. Besonders im Bereich des Schwarzburger Sattels gibt es Ablagerungen des Ordoviziums und des Vorordoviziums (Silur und Vorsilur) mit Quarziten, Grauwacken und Phylliten. Im Thüringer Schiefergebirge, das ebenfalls eine paläozoische Bildung ist, fallen besonders die gebänderten Tonschiefer auf, teilweise entwickelt als Griffel- und Dachschiefer.

Gegen Ende des Mesozoikums, des Erdmittelalters, vor etwa 70 Millionen Jahren, kam es im Zuge von erneuten Gebirgsbildungen auch zur Anhebung des Thüringer Waldes, des Schiefergebirges, des Harzes und des Kyffhäusers. Für den Thüringer Wald wird eine Erhöhung von mehr als 1000 Metern angenommen. Gleichzeitig wurde der angrenzende Beckenrand aufgerissen, die Schichten der Trias zerbrachen, nur der Zechstein blieb als schmaler Rand am Hangfuß unserer Mittelgebirge erhalten, so am Südharz, am Kyffhäuser und nördlich des Schiefergebirges.

Der thüringische Anteil der Vorderrhön wird durch seine Kuppenberge charakterisiert. Es sind Bildungen der Trias, überdeckt von vulkanischen Basalten, die oft nur noch als Reste zu erkennen sind. Der Kyffhäuser mit dem bereits erwähnten Zechsteingürtel ist gleichfalls ein Gebirge des Paläozoikums, seine Gesteine sind dem Oberen Karbon und dem Rotliegenden zuzuordnen.

Bezogen auf die Entstehungsgeschichte wird Thüringen in vier so genannte Strukturstockwerke gegliedert, die nach ihrem Alter geordnet in den jeweiligen Regionen dominierend auftreten:

- das hercynisch ausgerichtete Grundgebirgsstockwerk im Thüringer Schiefergebirge,
- das zum Saxothuringikum gehörende Übergangs- beziehungsweise Molassestockwerk im Thüringer Wald,
- das Tafeldeckgebirgsstockwerk im Thüringer Becken und im südwestthüringischen Triasgebiet,
- das Lockergesteinsstockwerk im Weißelsterbecken.

Aus geomorphologischer Sicht wird das Land in fünf äußerlich abgrenzbare Gebiete aufgeteilt:

- das Thüringer Gebirge, bestehend aus Thüringer Wald und Thüringer Schiefergebirge,
- die Zechstein- und Trias-Landschaften des Thüringer Beckens und Südthüringens,
- die südthüringischen Vulkanitgebiete,
- der Kyffhäuser und der thüringische Anteil des Harzes,
- das Altenburg-Meuselwitzer Gebiet, das durch Braunkohletagebau und Überreste des in der zweiten Hälfte des 20. Jahrhunderts erfolgten Uranbergbaus gekennzeichnet ist.

Klimatisch gehört Thüringen der gemäßigten Klimazone Mitteleuropas an, in der Westwindströmungen vorherrschen. Da zwischen dem Atlantik und dem Freistaat bereits einige schützende Mittelgebirge liegen, ist das Klima in Thüringen kontinentaler geprägt als im Westen und Norden Deutschlands. Die Winter sind also kälter und die Sommer trockener.

Allerdings gibt es innerhalb Thüringens sehr große klimatische Unterschiede. Weil das Thüringer Becken im Niederschlagsschatten von Gebirgen liegt, ist es hier viel trockener als in anderen Landesteilen. Dort fallen sogar die geringsten Niederschlagsmengen Deutschlands. Den Rekord hält Straußfurt mit 242 mm Jahresniederschlag im Jahre 1911. Dagegen ist der Thüringer Wald niederschlagsreicher und kühler. Während im Thüringer Becken 400 bis 500 mm Jahresniederschlag bei einer Jahresmitteltemperatur von 8,5 °C normal sind, betragen diese Werte für die Gipfellagen des Gebirges 1.200 mm und 4,5 °C. Aber schon im Thüringer Hügelland sind deutliche Unterschiede zwischen den Niederschlagsmengen und den Temperaturen der Höhenrücken und denen der umliegenden Niederungen bemerkbar. Daraus ergeben sich auch signifikante Abweichungen in der Dauer der Vegetationsperiode (d. h. der Anzahl der Tage mit einer Mitteltemperatur von 10 °C und mehr). Sie ist an den begünstigten Lagen der Weinbaugebiete an Saale und Unstrut doppelt so lang wie auf dem Thüringer Wald!

Für die Orchideenverbreitung sind außerdem auch die mikroklimatischen Bedingungen am Standort wichtig. Lokale Gegebenheiten wie besondere Reliefformen, geologischer Untergrund und Bodenart führen häufig zu klimatischen Besonderheiten, welche die Ansprüche spezieller Arten befriedigen. Das Mittlere Saale- und das Mittlere Werratal stellen dafür interessante Studienobjekte dar.

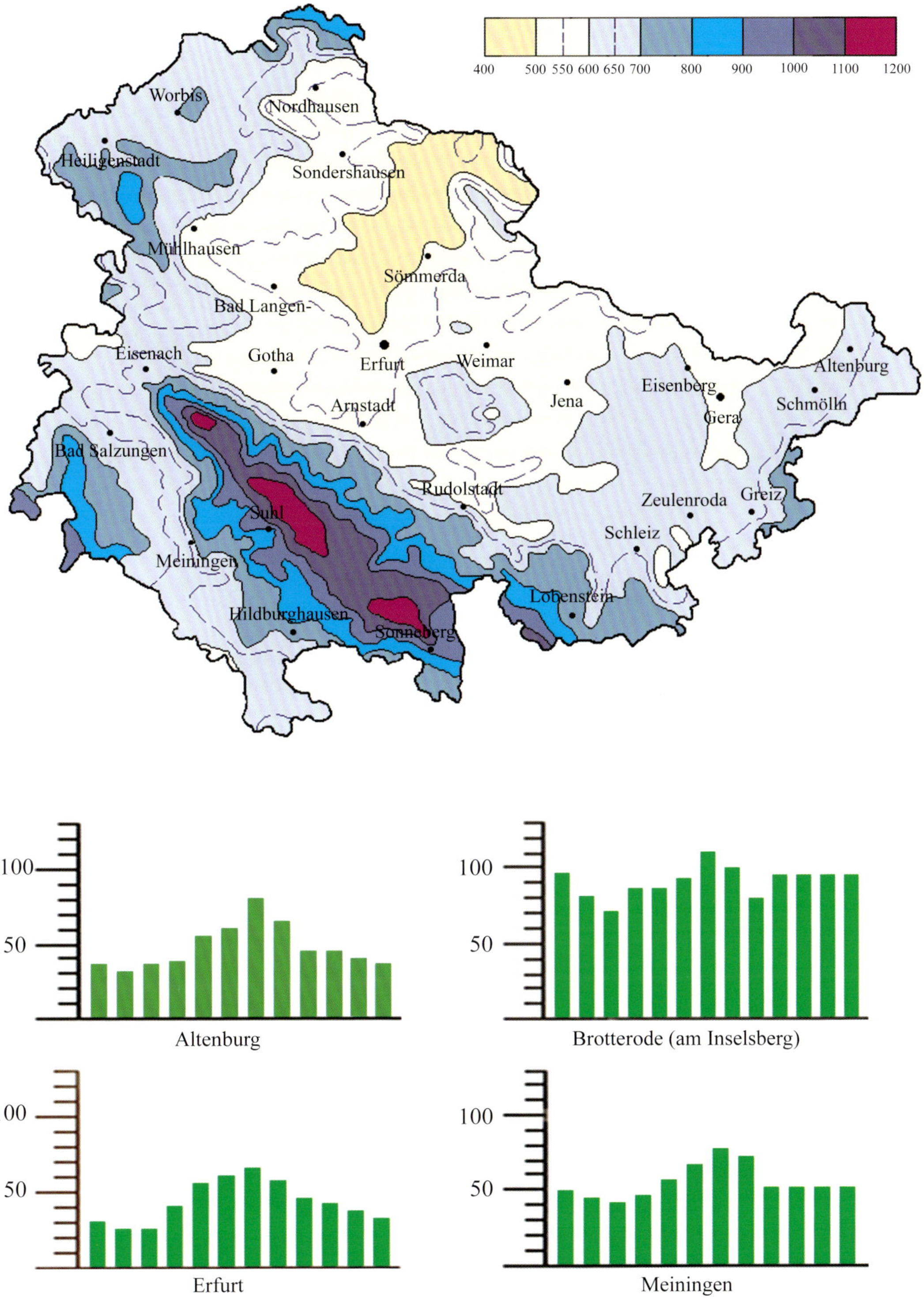

Mittlerer Jahresniederschlag in mm (1901-1950) mit Diagrammen des Jahresganges ausgewählter Stationen (vereinfacht nach Atlas der DDR)

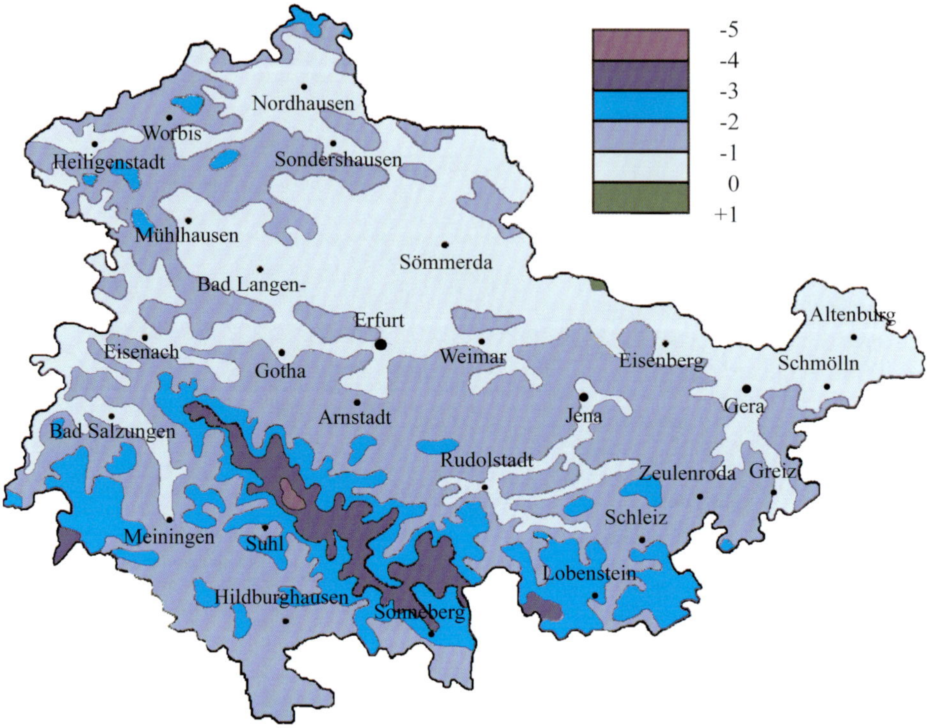

Mittlere Lufttemperatur im Januar in °C (1901-1950) - vereinfacht nach Atlas der DDR

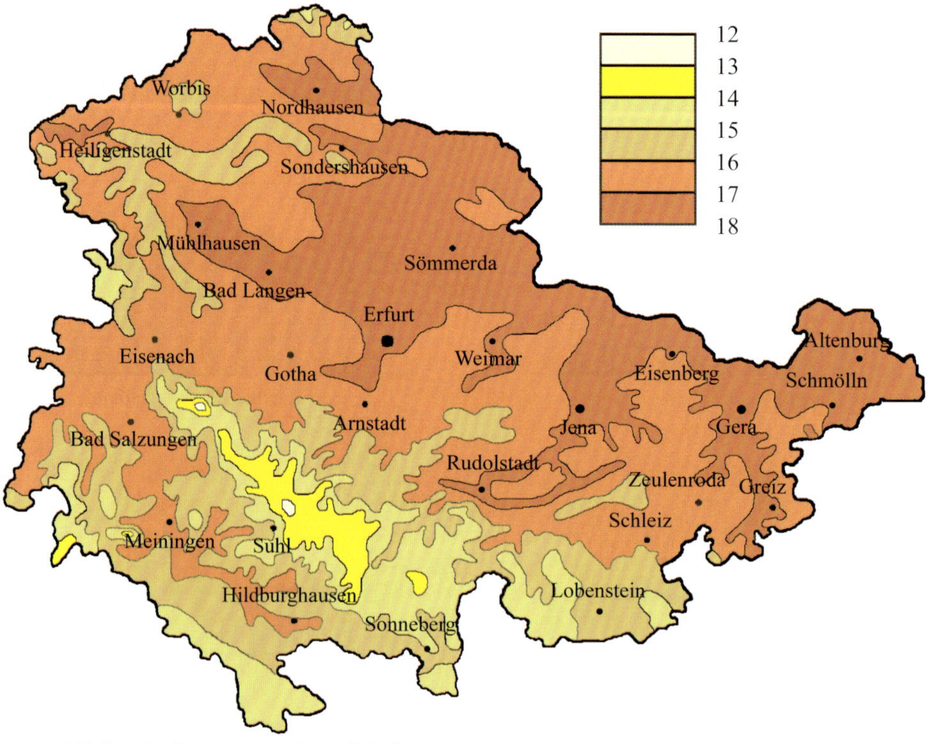

Mittlere Lufttemperatur im Juli in °C (1901-1950) - vereinfacht nach Atlas der DDR

Lebensräume der Orchideen in Thüringen

Neben seinen vielfältigen und abwechslungsreichen Landschaften wird Thüringen auch durch kulturell und historisch bedeutsame Städte wie Weimar, Jena, Erfurt, Gotha, Eisenach und Mühlhausen, durch seine Burgen und Schlösser wie die Wartburg bei Eisenach, die Leuchtenburg bei Kahla, die Drei Gleichen, das Schloss Friedenstein in Gotha und die im Werratal gelegene Creuzburg über der gleichnamigen Stadt geprägt, um nur die bedeutendsten zu nennen. Daneben umgeben herrliche Parkanlagen, oft aus fürstlichen Besitzungen hervorgegangen, manchen Ortskern. Der Ilmpark in Weimar, die Erfurter Gartenbauausstellung, der Park Altenstein bei Bad Liebenstein, der Hofwiesenpark Gera, die Gärten von Bad Langensalza, die Botanischen Gärten in Jena, Gera und der Rennsteiggarten Oberhof sowie die Englischen Parks in Gotha und Meiningen sind die bekanntesten unter ihnen.

Neben diesen Schätzen gehören auch Orchideen zu Thüringens natürlichem Reichtum. Der Freistaat braucht auf diesem Gebiet den Vergleich mit anderen Bundesländern nicht zu scheuen, siedeln doch hier aus dieser Pflanzenfamilie 50 Arten, die für ihr Gedeihen bestimmte Lebensräume (Biotope) benötigen. In grober Einteilung gehören dazu Wälder, vor allem Laub- und Laubmischwälder, aber auch Fichten- und Kiefernwälder, Trockengebüsche und Waldränder, Heiden, Gründlandbiotope wie Trocken- und Halbtrockenrasen, Feucht- und Nasswiesen, Bergwiesen sowie Moore und Sekundärbiotope, wobei letztere in besonders starkem Maße durch menschliche Einflüsse geprägt werden.

In den von Orchideen besiedelten Waldgebieten dominieren Trockenwälder, von denen einige Ausprägungen in Thüringen zu den besonders geschützten Biotopen gerechnet werden. Dazu zählen die attraktiven Mitteleuropäischen Kalk-Buchenwälder (Cephalanthero-Fagion), auch Orchideen-Buchenwälder genannt, die auf einer Landesfläche von ca. 10.000 ha stocken. Aber auch Labkraut-Eichen-Hainbuchenwälder (Galio-Carpinetum), Hainsimsen-Buchenwälder (Luzulo-Fagetum) und Waldmeister-Buchenwälder (Asperulo-Fagetum) beherbergen Orchideen. Als Charaktergehölze treten neben Rot-Buche *(Fagus sylvatica),* Trauben- und Stiel-Eiche (*Quercus petraea*, *Q. robur*) oder Hainbuche (*Carpinus betulus*) auch mehrere Mehlbeerarten auf wie Eberesche (*Sorbus aucuparia*), Elsbeere (*S. torminalis*), Gewöhnliche Mehlbeere (*S. aria*) und Breitblättrige Mehlbeere (*S. latifolia*). Hinzu gesellen sich Feld- und Berg-Ahorn (*Acer campestre*, *A. pseudoplatanus*), Sommer- und Winterlinde (*Tilia platyphyllos*, *T. cordata*), Esche (*Fraxinus excelsior*) oder Wild-Birne (*Pyrus pyraster*). In der Feldschicht dominieren neben Seggen wie Finger-, Berg- und Blaugrüne Segge (*Carex digitata*, *C. montana*, *C. flacca*) besonders Weiße Schwalbenwurz (*Vincetoxicum hirundinaria*), Zypressen-Wolfmilch (*Euphorbia cyparissias*) und Acker-Glockenblume (*Campanula rapunculoides*) als diagnostisch wichtige Arten. Besonders für wärmegetönte, kalkreiche Trockenstandorte des Muschelkalk-Hügellandes sind sie charakteristisch und zeigen generell einen reichen Orchideenbesatz. Dabei wären vorzugsweise die drei Waldvöglein-Arten (*Cephalanthera damasonium, C. longifolia, C. rubra*), die beiden Waldhyazinthen (*Platanthera chlorantha, P. bifolia*), mehrere Stendelwurz-Arten (*Epipactis atrorubens, E. helleborine, E. leptochila, E. microphylla, E. muelleri, E. purpurata*), Purpur-Knabenkraut (*Orchis purpurea*), Nestwurz (*Neottia nidus-avis*) sowie die seltene Korallenwurz *(Corallorhiza trifida)* zu nennen.

Ebenfalls nur an ganz wenigen Stellen kommt in den Buchenwäldern Thüringens eine der seltensten Orchideen Deutschlands vor, der Blattlose Widerbart (*Epipogium aphyllum*). Die Art tritt im Freistaat in der Hainleite und dem sich westlich anschließenden Eichsfeld auf. Diese nordwestliche Region Thüringens, an der hessisch-niedersächsischen Grenze zwischen Harz und Werra gelegen, weist abwechslungsreiche Landschaften bei durchschnittlichen Höhenlagen von 420 bis 450 m üNN auf. Hier mischt sich mitunter die geschützte Eibe (*Taxus baccata*) als seltenste heimische Konifere unter die Laubbäume und bildet erfreulicherweise wie im Eibenwald bei Klosterschranne (Unstrut-Hainich-Kreis) noch natürliche Bestände. Auch in der Rhön sind noch ansehnliche Eibenbestände vorhanden.

Eine ähnlich große Fläche wie die Orchideen-Buchenwälder, nämlich ca. 11.000 ha, nehmen Kalk-Kiefernforste ein, die vorrangig durch Aufforstungen mit Wald- und Schwarz-Kiefer (*Pinus*

Wartburg

Schloss Friedenstein in Gotha

Schlosspark Altenstein

sylvestris, *P. nigra*) in den vergangenen beiden Jahrhunderten entstanden. Besonders im Bereich der südexponierten Saalehänge sind sie beispielhaft ausgebildet und vermitteln mitunter das Flair mediterraner Landschaften. Deshalb wurde im vergangenen Jahrzehnt für diese Region das kostenaufwendige Naturschutzgroßprojekt „Orchideenregion Jena - Muschelkalkhänge im Mittleren Saaletal“ eingerichtet, wobei durch Landkäufe, Managementpläne und aktive Pflegemaßnahmen zumindest für eine gewisse Zeit die dortigen Orchideenvorkommen gesichert wurden.

Oftmals weisen Trocken-Kiefernforste individuenreiche Bestände des Frauenschuhs (*Cypripedium calceolus*) auf. Diese Art tritt zwar auch in den Orchideen-Buchenwäldern auf, hat aber in lichtintensiveren und wärmebegünstigten Kiefernwäldern ihre Hauptverbreitung. Thüringen trägt für diese Art eine besondere Verantwortung. Deshalb bemühen sich seit dem Jahre 2001 die Thüringer Forst- und Naturschutzverwaltung und der Arbeitskreis Heimische Orchideen Thüringens (AHO) gemeinsam um die Erfassung und Erhaltung dieser attraktiven heimischen Orchidee, weil sie in der Fauna-Flora-Habitat-Richtlinie der Europäischen Union als besonders schützenwert ausgewiesen ist. Daneben sind in Kiefernwäldern auch andere Orchideenarten häufig anzutreffen. Zu ihnen gehören die Große Händelwurz (*Gymnadenia conopsea*), Braunrote und Müllers Stendelwurz, Fliegen- und Bienen-Ragwurz (*Ophrys insectifera*, *O. apifera*), Blasses Knabenkraut (*Orchis pallens*), Grünliche und Weiße Waldhyazinthe sowie Rotes und Langblättriges Waldvöglein. Auf moosreichem Untergrund wächst das im Rückgang befindliche Kriechende Netzblatt (*Goodyera repens*). Bei dieser Orchideenart ist zu befürchten, dass sich die Bestände bei einer natürlich erfolgenden oder bewussten Umwandlung von Kiefernwald in Laubgehölze weiter reduzieren.

In den Fichtenforsten aus Gewöhnlicher Fichte (*Picea abies*) des Thüringer Waldes sowie des Thüringer Schiefergebirges sind Orchideen dagegen seltener. Die Wälder zeigen hier auch ein verändertes Artenspektrum. Ursachen dafür sind ein anderer geologischer Untergrund (Porphyre, Porphyrite, Glimmerschiefer, Granite) und klimatischen Faktoren, da in den Höhenlagen niedrigere Jahrestemperaturen herrschen und die Niederschläge zunehmen. Neben Großem Zweiblatt (*Listera ovata*) und Nestwurz kommen einige Stendelwurz-Arten vor, unter ihnen die überaus seltene Greuters Stendelwurz (*Epipcatis greuteri*). Als große Rarität tritt in moosreichen und moorigen Ausprägungen der montanen Fichtenwälder das unscheinbare Kleine Zweiblatt (*Listera cordata*) auf.

Übergänge zwischen Hochwäldern und den trockenen Offenlandsbereichen stellen Waldsäume und Trockengebüsche dar, die in Thüringen meist nur kleinflächig ausgebildet sind. Sie sind wichtige Vernetzungsflächen und weisen zahlreiche Orchideen-Vorkommen auf, weil sie licht- und wärmebegünstigt sind. Standortkartierungen durch die Thüringer Landesanstalt für Umwelt und Geologie im letzten Jahrzehnt ergaben einen geschätzten Flächenanteil von reichlich 5.000 ha. Als niedrige Gehölze findet man hier Eingriffligen und Zweigriffligen Weißdorn (*Crataegus monogyna*, *C. laevigata*), Blutroten Hartriegel und Kornelkirsche (*Cornus sanguinea*, *C. mas*), Wolligen und Gewöhnlichen Schneeball (*Viburnum lantana*, *V. opulus*), Hunds-, Essig- und Wein-Rose (*Rosa canina*, *R. gallica*, *R. rubiginosa*), Schlehe (*Prunus spinosa*), aber auch die selteneren Arten Echte Felsenbirne (*Amelanchier ovalis*) und Gewöhnliche Zwergmispel (*Cotoneaster integerrimus*). Zu den häufig auftretenden Orchideen zählen Große Händelwurz, Fliegen-, Bienen- und Spinnen- Ragwurz (*Ophrys sphegodes*), Braunrote Stendelwurz sowie Purpur- und Helm-Knabenkraut (*Orchis militaris*).

Mitunter gehen diese Gebüschsäume in die lichteren, ebenfalls durch das Thüringer Naturschutzgesetz und als FFH-Lebensraumtyp geschützten, weil stark bedrohten Wacholderheiden (Genisto-Callunetum) über, in denen der trockenresistente, mit spitzen Nadelblättern ausgestattete Gewöhnliche Wacholder (*Juniperus communis*) bestandsbestimmend ist. Seine kleinen und im rohen Zustand giftigen Zapfen sind als Gewürz („Wacholderbeeren“) überaus geschätzt. Die Wacholderheiden wurden durch eine über Jahrhunderte hinweg betriebene Weidewirtschaft erzeugt, bei der die Schafherden über traditionelle Triftwege getrieben wurden. Dadurch gelten die Wacholderheiden, obwohl sie sehr natürlich wirken, nur als Sonderform einer Kulturlandschaft. Als bevorzugte Pflanzengesellschaften

Kyffhäuser, Gipskarst bei Rottleben

Eichsfeld, Blick auf Großbartloff

Rhön, Trift am Umpfen

Saaletal bei Dornburg

Hörselberge bei Wutha-Farnroda

Ackerebene bei Greußen

wären dabei Hundsrosen-Wacholdergebüsche, Liguster-Schlehen-Gebüsche sowie Blutstorchschnabel-Säume zu nennen. Ohne regelmäßige Beweidung durch Schafherden, denen am besten einige Ziegen beigesellt werden, würden sie sich allerdings bald wieder in Trockengebüsche, später in Trockenwälder umwandeln, weil sie einem starken Sukzessionsdruck unterliegen. Notfalls kann auch durch Pflegeeinsätze versucht werden, die Sukzession zu bremsen. Charakteristische Bestände kann man im Hainich-Dün-Gebiet, in der Rhön oder den Muschelkalkbereichen des Saale-Tales vorfinden.

Eng mit den Wacholderheiden verwandt und oftmals ineinander übergehend, müssen Trocken- und Halbtrockenrasen (Xerobromion, Mesobromion) erwähnt werden, die vorwiegend krautige Pflanzengesellschaften mit lückigem Gehölzwuchs auf meist nährstoffarmen, flachgründigen Böden, trockenen Standorten mit hohen Sommertemperaturen, Trittschäden und Weideverbiss umfassen. Auch sie unterlagen meist einer extensiver Bewirtschaftung durch Mahd und Beweidung. Sie gelten aktuell gleichfalls als geschützte Lebensraumtypen und werden in den Roten Listen der gefährdeten Biotope Thüringens als „stark gefährdet“ eingeschätzt. Besonders in ihrer Ausbildung als Trespen-Schwingel-Kalk-Trockenrasen (Festuco-Brometaea) sind sie im Kalk-Hügelland, im Zechsteingürtel, auf einigen Basalt-Bergkuppen sowie im Bereich des Oberen Buntsandsteins (Röt) gut entwickelt, aber ebenfalls nur durch dauerhafte Pflegeschäferei und saisonale Entbuschungsmaßnahmen zu erhalten. Hinsichtlich des anzutreffenden Orchideen-Inventars kommen in diesen Gesellschaften mehr als die Hälfte aller thüringischen Arten vor. Die Liste häufiger, schon mehrfach erwähnter Arten kann man noch durch Dreizähniges und Brand-Knabenkraut (*Neotinea tridentata*, *N. ustulata*), Bocks-Riemenzunge (*Himantoglossum hircinum*), Spinnen-Ragwurz, Herbst-Wendelorchis (*Spiranthes spiralis*), Einknollige Honigorchis (*Herminium monorchis*) und Ohnhorn (*Orchis anthropophora*) ergänzen. Die drei letztgenannten Arten treten aber ausgesprochen selten auf. Das Ohnhorn wurde in neuerer Zeit verbotenerweise manchmal erfolgreich „angesalbt“, so in der Umgebung von Jena. Die Herbst-Wendelorchis, von der es früher infolge ausgedehnter Schafhute-Wirtschaft reiche Vorkommen gab, ist auf wenige Vorkommen geschrumpft. Die zierliche Honigorchis, seit fast einem Jahrhundert im permanenten Rückgang begriffen, kommt aber nicht nur auf diesen Magerrasen über Muschelkalk vor, sondern besiedelt auch Kalkflach- und Kalkquellmoore bzw. wechselfeuchte Standorte. Derartige Vorkommen sind aber in Thüringen inzwischen erloschen. Gleichfalls sehr selten kann man in Trockenrasen die konkurrenzschwache Kleine Spinnen-Ragwurz (*Ophrys araneola*) antreffen, die leider ebenfalls an anderen Stellen illegal ausgebracht wurde. Neben den beachtlichen Orchideen-Vorkommen der Trocken- und Halbtrockenrasen sind weitere geschützte Charakterarten erwähnenswert. Zu ihnen gehören die Silberdistel (*Carlina acaulis*), die Gewöhnliche Küchenschelle (*Pulsatilla vulgaris*), Fransen-, Deutscher und Bitterer Enzian (*Gentianella ciliata, G. germanica, G. amarella*), Ästige und Astlose Graslilie (*Anthericum ramosum, A. liliago*), Spanische Schwarzwurzel (*Scorzonera hispanica*) sowie Haar-, Echtes, Schönes und Rossschweif-Federgras (*Stipa capillata, S. pennata, S. pulcherrima, S. tirsa*).

Im Thüringer Mittelgebirgsland treten dagegen teilweise großflächig auf nährstoffreichen Partien Bergwiesen und auf nährstoffarmen Böden sogenannte Bodensaure Borstgrasrasen (Nardetalia strictae) auf, die fast ausnahmslos im Mittelalter durch ausgedehnte Waldrodungen entstanden. Sie werden oftmals von naturnahen Bergmischwäldern eingerahmt, in denen manchmal Restbestände von Tannen (*Abies alba*) vorkommen. Die beiden Grünland-Biotope nehmen beachtliche 11.000 ha der Landesfläche Thüringens ein. Ihre artenreichen Ausprägungen mit dem namensgebenden Borstgras (*Nardus stricta*) gelten als prioritäre und besonders geschützte Lebensräume, in denen auch Schlängel-Schmiele (*Deschampsia flexuosa*), Schaf-Schwingel (*Festuca ovina*), Hasenbrot (*Luzula campestris*), Blutwurz (*Potentilla erecta*), Harz-Labkraut (*Galium saxatile*) sowie die unter Schutz stehenden Arten Trollblume (*Trollius europaeus*), Katzenpfötchen (*Antennaria dioica*), Türkenbund-Lilie (*Lilium martagon*) und Kugel-Teufelskralle (*Phyteuma orbiculare*) auftreten. Auch die charakteristische und stark duftende Bärwurz (*Meum athamanticum*), das Gewöhnliche Kreuzblümchen (*Polygala vulgaris*), der Echte

Wacholderheide bei Craula

Blaugrasflur bei Wutha-Farnroda

Halbtrockenrasen bei Leutra

Schwermetallrasen bei Bottendorf

Feuchtwiese bei Breitungen

Keuperlandschaft bei Mühlberg

Ehrenpreis (*Veronica officinalis*) und die Berg-Flockenblume (*Centaurea montana*) kann man hier antreffen. Die ehemals als Charakterblume des Thüringer Waldes geltende Arnika (*Arnica montana*) ist dagegen im Schwinden begriffen. Als typische, aber überaus seltene und gefährdete Orchideen solcher Hochlagen wären Weißzunge (*Pseudorchis albida*), Grüne Hohlzunge (*Coeloglossum viride*), Kleines Knabenkraut (*Anacamptis morio*) und Holunder-Kuckucksblume (*Dactylorhiza sambucina*) zu nennen. Auch die einstmals individuenstarken Bestände von Fuchsscher und Breitblättriger Kuckucksblume (*Dactylorhiza fuchsii*, *D. majalis*) sowie vom Stattlichen Knabenkraut (*Orchis mascula*) sind stark rückläufig.

In Senken oder Quellbereichen gehen solche Bergwiesen, abhängig von Luv- und Lee-Seiten, Höhenlage, Feuchtegrad, Nährstoffversorgung oder Nutzungsintensität, in Feucht- und Nasswiesen (Molinetalia caeruleae) über, die auch in tieferen Lagen zu finden sind. Besonders in Gesellschaften, die von der Sumpfdotterblume (*Caltha palustris*) oder dem Pfeifengras (*Molinia caerulea*) geprägt sind, kommen neben Raritäten wie Sibirischer Schwertlilie (*Iris sibirica*) oder Preußischem Laserkraut (*Laserpitium prutenicum*) auch Orchideen wie Breitblättrige und Fuchssche Kuckucksblume sowie Sumpf-Stendelwurz (*Epipactis palustris*) vor. Allerdings gelten die Berg-Nasswiesen als hochgradig gefährdete Lebensräume und sind teilweise sogar vom Aussterben bedroht. In manchen Nasswiesen des Flach- und Hügellandes kommt auch die Steifblättrige Kuckucksblume (*Dactylorhiza incarnata*) vor.

Feucht- und Nasswiesen treten auch in den Uferbereichen natürlicher und künstlicher Wasserflächen niederer Höhenlagen auf. Stehende natürliche Gewässer sind in Thüringen allerdings sehr selten. Die meisten wurden als Talsperren oder Fischzuchtteiche künstlich angelegt. Zu den größten gehören das etwa 1.100 ha umfassenden Dreba-Plothener Teichgebiet im Saale-Orla-Kreis, das zum Naturpark Thüringer Schiefergebirge gehört, und das ca. 100 ha große, aus sechs Teichen bestehende Ilmenauer Teichgebiet, welches leider trotz seines Status als Naturschutzgebiet immer mehr umbaut wird. Die bekannteste Talsperre Thüringens, die Bleiloch-Talsperre, ist nach der gespeicherten Wassermenge sogar die größte in Deutschland. Weitere sind die Sperren von Hohenwarte, Leibis-Lichte, Heyda, Zeulenroda u.a. Zusammen umfassen die Talsperren Thüringens eine Wasserfläche von reichlich 2.000 ha. Auch in einigen Tagebaurestlöchern der Region Altenburg sind künstliche Wasserflächen entstanden. Daneben stellen naturnahe, meist fischereilich ungenutzte Kleingewässer optimale Entwicklungsgebiete für seltene Amphibien und feuchtgebietsbesiedelnde Tiere dar. Aus diesem Grunde gelten all diese Gewässer mit ihren Ufer- und Auenbereichen als bedeutsame Lebensräume und Ausbreitungskorridore für eine angepasste Pflanzen- und Tierwelt. Sie in einem naturnahen Zustand zu erhalten, ist deshalb ein Gebot der Vernunft und vorrangiges Schutzziel!

Dort, wo sich in Abhängigkeit vom Verhältnis zwischen Niederschlag und Verdunstung, aber auch dem Grad der Nährstoffversorgung dauerhaft Feuchtstellen halten können, treten in den Kammlagen des Thüringer Waldes Hochmoore auf, wie z.B. das Beerberg-, Saukopf-, Schützenberg- und das Schneekopfmoor. Im zentralen Keuperbecken Thüringens entwickelten sich dagegen Kalkniedermoore. Zu ihnen gehört im Kreis Sömmerda das 447 ha umfassenden FFH- und EG-Vogelschutz-Gebiet „Haßlebener Ried - Alperstedter Ried“ mit einer Kernzone von 159 ha. Es wird von kalkhaltigem Grundwasser der Schmalen Gera durchströmt. In diesem spezifischen Feuchtlebensraum, der gleichzeitig ein bedeutendes Wiesenbrütergebiet darstellt, treten neben stark gefährdeten Pflanzen wie Sumpf-Engelwurz (*Angelica palustris*) und den unscheinbaren Sauergräsern Wenigblütige Sumpfsimse (*Eleocharis quinqueflora*) und Binsen-Schneide (*Cladium mariscus*) auch Orchideen auf, darunter das überaus seltene Sumpf-Knabenkraut (*Anacamptis palustris*) und früher auch das in Thüringen ausgestorbene Sumpf-Glanzkraut (*Liparis loeselii*).

In Thüringen sind beide Moortypen oft durch Eutrophierung oder Melioration beeinträchtigt oder inzwischen sogar ganz verschwunden. Deshalb genießen die meisten der erhalten gebliebenen Reste als FFH-Gebiete besonderen Schutz und unterliegen als komplexe und hochsensible Lebensräume speziellen Pflegeplänen. Dadurch soll ein intakter Erhaltungszustand wiederhergestellt und für die Zukunft garantiert werden, wie z.B. aktuell im Beerbergmoor. In den kalkarmen Hang-, Plateau- und Quell-

NSG „Saukopfmoor“ bei Oberhof

Kalkflachmoor bei Geblar

Feuchte Waldwiese bei Förtha

Buchenhochwald bei Seebach

Fichtenbruchwald im Harz

Lichter Kiefernwald bei Creuzburg

mulden-Mooren mit ihren trittfesten Schwingrasen und Schlenken am Kamm des Thüringer Waldes mit seinem atlantisch getönten, gemäßigt kühl-feuchten und schneereichen Klima kommen außer einigen geschützten Torfmoosen wie *Sphagnum riparium, S. balticum, S. compactum, S. cuspidatum und S. magellanicum* vor allem Vertreter der Heidekrautgewächse vor. Dazu zählen neben dem Heidekraut (*Calluna vulgaris*), Heidel-, Preisel-, Moos- und Trunkelbeere (*Vaccinium myrtillus, V. vitis-idaea, V. oxycoccus, V. uliginosum*) auch die Rosmarinheide (*Andromeda polifolia*) und die zu einer eigenständigen Pflanzenfamilie gehörende Krähenbeere (*Empetrum nigrum*). Beachtlich sind auch die stattlichen Bestände des Rundblättrigen Sonnentaus (*Drosera rotundifolia*), eines geschützten Vertreters der insektenfangenden und -verdauenden Pflanzen (Karnivoren). Unter den zahlreichen Gräsern, Sauergräsern, Seggen und Binsen wären vor allem Scheidiges und Schmalblättriges Wollgras (*Eriophorum vaginatum, E. angustifolium*) zu nennen, bei denen die weißwolligen, köpfchenförmig zusammenstehenden Ährchen sich vom Grünbraun-Ton des Untergrundes stark abheben. In entsprechenden Pflanzengesellschaften auf Kalkflachmooren bildet die attraktivste heimische Stendelwurz, die Sumpf-Stendelwurz, teilweise sehenswerte Bestände. Da diese Biotope aber durch intensive Trockenlegungsmaßnahmen an vielen Stellen Thüringens verschwunden sind, ging die Zahl der Fundorte in den letzten Jahrzehnten drastisch zurück. Dafür hat sich diese Art an Sekundärstandorten wieder erfolgreich etabliert, wie das beispielsweise in der Altenburger Bergbaufolgelandschaft der Fall gewesen ist. Vom Aussterben bedroht ist dagegen eine weitere, auf Biotope mit Torfmoos angewiesene, unscheinbare Moororchidee mit winzigen, grünlichgelben Blüten, die Sumpf-Weichwurz (*Hammarbya paludosa*). Ansonsten findet man diejenigen Arten, die schon von anderen Feuchtbiotopen genannt wurden.

Zu den Mooren gehören nicht zuletzt auch die Kalkquellmoore (Caricion davallianae), ein in Deutschland wie in Thüringen überaus seltener Lebensraumtyp. Sie zeichnen sich durch eine hochrangige Flora mit Torf-Seege (*Carex davalliana*), Buntem, Ästigem und Winter-Schachtelhalm (*Equisetum variegatum, E. ramosissimum, E. hyemale*), Echtem Fettkraut (*Pinguicula vulgaris*) und Sumpf-Herzblatt (*Parnassia palustris*) aus und bergen ebenfalls eine interessante Fauna. In den thüringenweit vorhandenen, im Übergangsbereich vom Wellenkalk zum Röt gelegenen Restvorkommen solcher Moore kommt meist die Breitblättrige Kuckucksblume vor, außerdem auch Großes Zweiblatt und Große Händelwurz. Im Bereich der thüringischen Rhön weisen sie außerdem Vorkommen von Sumpf-Stendelwurz, Breitblättriger, Fuchsscher und Brauns Kuckucksblume (*Dactylorhiza ×braunii*) auf.

Zum Schluss sollen die sogenannten Sekundärstandorte für heimische Orchideen erläutert werden. Zu ihnen gehören Standorte wie Friedhöfe, Parks, häusliche Vorgärten und selbst ausgesprochene Nutzgärten. Auch von Rasenflächen in Siedlungsräumen, Rabatten, Parkplätzen, Bahndämmen, geschotterten Wegen und Straßenrändern, Ritzen von Treppenstufen, Anpflanzungen zur Gewinnung von schnellwachsenden Weichholzarten wie Pappel- und Birkenforste, ja sogar von Kulturäckern erhält man Kunde vom Auftreten einiger anpassungsfähiger Orchideenarten. Von ihnen werden auch ehemaliges Bergbaugelände und dessen Folgelandschaften mit teilweise verfüllten Gruben, Absetzhalden, Klärteichen, Asche- und Braunkohledeponien sowie Restlöchern von Tagebauen, aber auch Bauschuttdeponien, Kies- und Sandgruben sowie aufgelassene Kalkstein-, Schiefer- und Basaltbrüche mit ihren Schutthalden besiedelt und dabei häufig Herbizideintrag, Industriestäube sowie Schwermetall- und sonstige Umweltbelastungen toleriert. Allerdings werden manche der mitunter erstaunlich individuenstarken Vorkommen solcher Extremstandorte einerseits durch großflächige Mahd und unbedachtes Jäten oder durch den Sukzessions- und damit Konkurrenzdruck der Folgejahre, aber auch durch Bewirtschaftungsmaßnahmen wieder verschwinden.

Instruktive Beispiele für Sekundärstandorte liefern aufgegebene Braunkohletagebaue wie der von Zechau bei Altenburg, die Halden des ehemaligen Uranbergbaus bei Gera-Ronneburg oder Klärschlamm-Absetzhalden einer ehemaligen Sodafabrik bei Buchenau im Werratal. Dort haben Orchideen mit erstaunlicher Vitalität und mitunter in relativ kurzen Zeiträumen Massenpopulationen aufgebaut. Zu den wiederholt an solchen Standorten in Thüringen registrierten Arten gehören Weißes Waldvöglein, Breitblättrige, Braunrote und Sumpf-Stendelwurz, Bienen- und Fliegen-Ragwurz, Großes

Waldrand bei Falken

Waldwiese bei Floh-Seligenthal

Waldteich bei Seidingstadt

Ehemalige Absetzhalde bei Buchenau

Aufgelassener Steinbruch bei Creuzburg

Tagebaurestloch bei Zechau

Zweiblatt, Breitblättrige Kuckucksblume, Helm- und Purpur-Knabenkraut sowie Grünliche und Weiße Waldhyazinthe, selten auch Rotes Waldvöglein, Bocksriemenzunge und Nestwurz.

Auf dem ehemaligen Haldengelände der Umgebung von Ronneburg wurden beispielsweise Weißes Waldvöglein, Fuchssche und Breitblättrige Kuckucksblume, Braunrote und Breitblättrige Stendelwurz, Großes Zweiblatt, Nestwurz, Bienen- und Spinnen-Ragwurz registriert. Auf den Schieferhalden bei Lehesten konnten Braunrote und Breitblättrige Stendelwurz, Rotes Waldvöglein und Großes Zweiblatt beobachtet werden.

Vergleichbare Erscheinungen kann man auch von Buchenau an der Werra bei Creuzburg verzeichnen. Dort wurden jahrzehntelang Klärschlamm und andere Produktionsrückstände einer Sodafabrik abgelagert. Nach der Austrocknung der Klärteiche haben sich auf den inzwischen locker bewaldeten Flächen Massenbestände verschiedener Orchideenarten entwickelt, zuerst von Braunroter Stendelwurz, später auch von anderen Arten wie Helm-Knabenkraut, Rotem Waldvöglein, Fuchsscher Kuckucksblume, Großer Händelwurz und Großem Zweiblatt zusammen mit Rundblättrigem Wintergrün (*Pyrola rotundifolia*). Inzwischen kommen dort 13 verschiedene Orchideenarten vor.

Weil die bisherige Praxis beim Natur-, Biotop- und generellem Umweltschutz in Thüringen, ähnlich wie in anderen Regionen Deutschlands, von Fachleuten wie ehrenamtlich tätigen Naturschützern oft pessimistisch eingeschätzt wird, muss man sowohl von den dafür verantwortlichen staatlichen Stellen als auch von Seiten der Bevölkerung verlangen, diese Aufgaben als lebenswichtigen und permanenten Bestandteil gesellschaftspolitischer Entscheidungen mit entsprechenden finanzieller Ausstattung anzuerkennen. Unsere Ressourcen, auch die unserer Landschaften, sind endlich! Deshalb sollten aufgrund ethischer, aber auch landeskultureller, pragmatischer und wissenschaftlicher Argumente alle Bürger des Freistaates an der Bewahrung des Naturhaushaltes mit seinem teilweise noch reichen Pflanzen- und Tierbestand nicht nur interessiert sein, auch keinen Konflikt zwischen ökonomischen und ökologischen Aspekten aufbauen, wie es leider noch oft geschieht, sondern statt dessen sich aktiv am Erhalt dieser einmaligen Lebensräume und ihres Inventars beteiligen!

Orchideenschutz in Thüringen

Orchideen gelten als eine der wenigen Familien oder Gattungen, die weltweit geschützt sind. Das trifft auch für die im Gartenbau und bei Liebhabern begehrten Kakteen, die Palmfarne (Cycadeen), einige Karnivore (insektenfangende und -verdauende Pflanzen), wie die Kannenpflanzen (*Nepenthes*), den Zwergkrug (*Cephalotus*), die Venusfliegenfalle (*Dionaea*) sowie die Schlauchpflanzen (*Sarracenia*) zu. Gesetzlichen Schutz genießen deshalb auch alle heimischen Orchideenarten, unabhängig davon, wie selten oder häufig sie auftreten!

Arten-, Biotop- und Landschaftsschutz sind außerdem wichtige Elemente, um die Reichhaltigkeit unserer heimatlichen Landschaften mit ihrer Vielfalt an Pflanzen und Tieren zu erhalten, damit sich auch künftige Generationen an diesem Reichtum erfreuen können. Außerdem muss verhindert werden, dass genetische Ressourcen verloren gehen. Der gesetzliche Schutz umfasst daher nicht nur Verbote, wie den kommerziellen Handel mit Pflanzen, die der Natur entnommen wurden, sondern auch Gebote, z. B. zur Pflege gefährdeter Wuchsorte seltener Pflanzen.

Weil viele Naturfreunde nicht alle gesetzlichen Regelungen im Natur- und Umweltschutz kennen und häufig auch nicht wissen, wie man sich in Schutzgebieten verhalten muss und darf, auch wenn diese nicht durch eine Beschilderung ausgewiesen werden, sollen an dieser Stelle die wichtigsten Paragraphen vorgestellt und kurz erläutert werden.

Mancher Lebensraum ist besonders gefährdet, das gilt auch für solche, in denen Orchideen siedeln. Wegen des engen Zusammenhanges zwischen Biotop- und Artenschutz sind besonders wertvolle Biotope ohne eine auf das einzelne Objekt gerichtete Rechtsverordnung generell geschützt. In Thüringen werden sie als § 18-Biotope bezeichnet und umfassen folgende Bereiche:

- Quellbereiche, naturnahe Bach- und Flussabschnitte, naturnahe Kleingewässer, Altwasser, Verlandungsbereiche stehender Gewässer, Moore, Sümpfe, Röhrichte, seggen-, binsen- und hochstaudenreiche Nasswiesen, nicht intensiv genutzte Feuchtwiesen, Bergwiesen, Binnensalzstellen,
- Moor-, Bruch-, Sumpf-, Aue-, Schlucht-, Felsschutt- und Blockwälder,
- Trockenrasen, Halbtrockenrasen, Borstgrasrasen, Zwergstrauch- und Wacholderheiden, Trockenwälder und -gebüsche, Staudenfluren trockenwarmer Standorte und Streuobstwiesen,
- natürliche Block- und Felsschutthalden, Felsbildungen, Höhlen und Stollen, soweit diese nicht mehr genutzt werden sollen,
- ausgebeutete und nach öffentlichem Recht nicht für eine Folgenutzung vorgesehene Lockergesteinsgruben und Steinbrüche,
- alte Lesesteinwälle, Hohlwege, Erdfälle und Murgänge

  (Thüringer Gesetz für Natur und Landschaft (ThürNatG) in der Fassung der Bekanntmachung vom 30. August 2006)

Die bisher kartierten § 18-Biotope umfassen in Thüringen aktuell ca. 62.000 ha, die 3,8% der Landesfläche entsprechen.

Außerdem bestehen in Deutschland verschiedene Schutzkategorien, um Landschaften oder kleinere Landschaftsteile mit ihrem kompletten Naturreichtum wirkungsvoll zu schützen. Das Thüringer Naturschutzgesetz (ThürNatG) kennt dabei folgende Kategorien:

- Nationalpark (§ 12a): Ein umfangreiches Gebiet zu Land oder Wasser von hoher internationaler Bedeutung, das wegen seiner breiten ökologischen Ausstattung vor Umweltschäden geschützt werden soll, damit es als wertvolles Gebiet für Forschung, Bildung und Erholung erhalten bleibt. Steht unter dem Schutz der Internationalen Union zum Schutz von Natur und natürlichen Objekten (IUCN). In Thüringen existiert nur ein Nationalpark, der Hainich (1997 gegründet). Mit seinen 7.500 ha Nationalpark- und 16.000 ha Gesamtfläche stellt er das größte, zusammenhängende Laubwaldgebiet Deutschlands dar! Er besteht hauptsächlich aus Buchenwald.
- Biosphärenreservat (§ 14, BNatSchG § 25): Sie sind „zu schützende Gebiete, die großräumig und für bestimmte Landschaftstypen charakteristisch sind, die in wesentlichen Teilen ihres Gebiets

die Voraussetzungen eines Naturschutzgebiets, im Übrigen überwiegend eines Landschaftsschutzgebiets erfüllen." Insbesondere handelt es sich dabei um Kulturlandschaften von internationaler Bedeutung, die unter der UNESCO-Zuständigkeit im Rahmen des Programms „Mensch und Biosphäre" (MAB) stehen. In Thüringen existieren zwei derartige Schutzgebiete: „Thüringische Rhön" und „Vessertal-Thüringer Wald".
- Naturpark (§ 15, BNatSchG § 22 Abs. 4): „Ein geschützter, durch langfristiges Einwirken, Nutzen und Bewirtschaften entstandener Landschaftsraum." Diese wertvolle Kulturlandschaft soll in ihrer Form bewahrt und gleichzeitig touristisch vermarktet werden. Bislang sind in Thüringen fünf solcher Gebiete ausgewiesen (Eichsfeld - Hainich - Werratal, Kyffhäuser, Thüringer Schiefergebirge - Obere Saale, Thüringer Wald, Südharz).

Diese drei Großschutzkategorien, die 479.438 ha und damit knapp 30 % der Landesfläche Thüringens umfassen, werden als „Nationale Naturlandschaften" zusammengefasst. Hinzu kommen:

- Naturschutzgebiet (NSG; § 12, BNatSchG § 23): Ein rechtsverbindlich festgesetztes Gebiet, in dem ein besonderer Schutz von Natur und Landschaft in ihrer Ganzheit oder in Teilen besteht. Sie werden durch fünfkantige, gelbe Tafeln gekennzeichnet, auf denen eine schwarze Waldohreule abgebildet ist, darunter steht das Wort „Naturschutzgebiet".
- Landschaftsschutzgebiet (LSG; § 13, BNatSchG § 26): Größere Landschaftsbereiche, die wegen ihrer landschaftlichen Vielfalt oder Einmaligkeit, ihrer kulturhistorischen Bedeutung und ihrem Erholungs-Potential ausgewählt wurden und in denen Auflagen für räumliche einschließlich bauliche Veränderungen bestehen.
- Naturdenkmal (§ 16, BNatSchG § 28): Unter Naturschutz stehende Landschaftselemente oder Gebiete geringer Flächengröße bis 5 ha. Letzteres ist ein Flächennaturdenkmal und von seiner Umgebung durch Schilder abgegrenzt.
- Geschützter Landschaftsbestandteil (GLB; § 17, BNatSchG § 29): Ein GLB ist in Deutschland ein „festgesetzter Teil von Natur und Landschaft, dessen Schutz zur Erhaltung, Entwicklung oder Wiederherstellung der Leistungs- und Funktionsfähigkeit des Naturhaushalts, zur Belebung, Gliederung oder Pflege des Orts- oder Landschaftsbildes, zur Abwehr schädlicher Einwirkungen oder wegen ihrer Bedeutung als Lebensstätten bestimmter wild lebender Tier- und Pflanzenarten" erforderlich ist. Ausnahmen für Eingriffe werden nur erteilt, wenn Maßnahmen aus zwingenden Verkehrssicherheitsgründen durchgeführt werden müssen.

Hinzu kommen Verpflichtungen, die uns durch Umsetzung der Flora-Fauna-Habitat-Richtlinie der Europäischen Union erwachsen. Diese FFH-Richtlinie dient der Schaffung eines europäischen Schutzgebietsnetzes „Natura 2000", das wertvolle Lebensraumtypen für wildlebende Tiere und Pflanzen erhalten soll. Bei Nichteinhaltung der Richtlinie drohen den Mitgliedsländern drastische finanzielle Strafen. In Thüringen wurden aktuell 212 FFH-Gebiete mit 161.460 ha, 47 Einzelobjekte zum Fledermausschutz sowie 44 EG-Vogelschutzgebiete mit 230.824 ha ausgewiesen. Zusammen entsprechen sie 16,8 % der Landesfläche. Zu den FFH-Gebieten Thüringens gehören zahlreiche Orchideen-Vorkommen von europäischer Bedeutung, vor allem für die Erhaltung des Frauenschuhs (*Cypripedium calceolus*) trägt Thüringen besondere Verantwortung! Den Schutz dieser Art will man durch Erarbeitung und Kontrolle spezifischer Schutzkonzepte sichern, wozu auch artgerechten Pflegemaßnahmen und eine gezielte Öffentlichkeitsarbeit gehören!

Ungeachtet dieser zahlreichen internationalen, nationalen und thüringischen Schutz-Verordnungen, die vor allem für die Staatlichen Umweltbehörden von Bedeutung sind, da sich davon zahlreiche Maßnahmen und Kontrollen, aber auch finanzielle Zuschüsse ableiten, gelten für alle Naturfreunde in Bezug auf Orchideen folgende Parameter immer: Alle Orchideen sind überall in Deutschland geschützt! Man darf sie weder ausgraben noch abpflücken, Teile davon entnehmen oder irgendwie verletzen. Ausnahmen sind nur nach genehmigten Anträgen für fachliche Untersuchungen erlaubt. Außerdem dürfen in Schutzgebieten die Wege nicht verlassen, kein Müll deponiert und kein Feuer entfacht werden. Hunde sind an der Leine zu führen.

Thüringens Orchideen

In Thüringen kommen natürlich 50 Orchideenarten vor. Noch in dem 1997 erschienenen Buch „Orchideen in Thüringen“ war von 51 Arten die Rede, aber die dort als ausgestorbene gemeldete Hummel-Ragwurz ist nach neueren Untersuchungen in Thüringen sehr wahrscheinlich nie vorgekommen. Von Ansamungen und Anpflanzungen, wie sie in den letzten Jahren verschiedentlich vorgenommen wurden, wird in diesem Zusammenhang abgesehen. Von den 50 Arten sind vier Arten ausgestorben. Dabei handelt es sich um

das Wanzen-Knabenkraut (*Anacamptis coriophora*),
die Duft-Händelwurz (*Gymnadenia odoratissima*),
das Sumpf-Glanzkraut (*Liparis loeselii*) und
das Kleinblütige Einblatt (*Malaxis monophyllos*).

Sie werden auf Seite 26 durch Zeichnungen dargestellt, die der ausgezeichnete Orchideenkenner und viel zu früh verstorbene Künstler Horst Kümpel (1935-1998) angefertigt hat.

Das Wanzen-Knabenkraut war noch im 19. Jahrhundert in Thüringen nicht besonders selten. Die mehr als 60 bekannten Fundorte konzentrierten sich vor allem auf die Auen der Flüsse Saale und Ilm sowie auf den Westen des Landes. Nach dem 1. Weltkrieg trat dann ein dramatischer Rückgang ein, die letzten Bobachtungen lebender Pflanzen stammen aus dem Jahre 1946 bei Rudolstadt. Neuerdings ist die Art künstlich wieder bei Großvargula angesiedelt worden, wo sie allerdings früher nie vorgekommen ist. Ob die wenigen Exemplare sich dort dauerhaft behaupten können, ist ungewiss.

Dagegen war die ebenfalls ausgestorbene Duft-Händelwurz mit etwa 20 bekannten Fundorten in Thüringen nie besonders häufig. Die meisten von ihnen sind bereits im 19. Jahrhundert erloschen, einige wenige konnten sich etwas länger halten, aber die erste Hälfte des 20. Jahrhunderts hat keiner von Ihnen überdauert.

Das Sumpf-Glanzkraut besiedelt Kalkflachmoore, Riedgraswiesen und Torfsümpfe, also Biotope, die in Thüringen selten sind. Deshalb war die Art in Thüringen schon immer rar, das letzte Vorkommen im Alperstedter Ried bei Erfurt erlosch im Jahre 1978. Ein danach durchgeführter Wiederansiedlungsversuch blieb vergeblich. Die ausgebrachten Pflanzen fielen Trockenheit und Mäusefraß zum Opfer.

Das Kleinblütige Einblatt besaß in Thüringen nur ein einziges Vorkommen in der Nähe von Plaue im Ilmkreis, welches erst im Jahre 1975 entdeckt wurde. Die wenigen Pflanzen wurden durch wiederholt auftretende Trockenperioden und Schneckenfraß geschädigt. Da auch die Bestäubung ausblieb, konnte sich das Vorkommen nicht regenerieren, so dass die Anzahl der Pflanzen von Jahr zu Jahr abnahm. 1990 konnten letztmalig 2 Exemplare beobachtet werden. Seitdem ist das Vorkommen erloschen.

Von den verbleibenden 46 Arten können 9 nicht auf einer der Wanderrouten vorgestellt werden, weil sie so selten und ihre Biotope so empfindlich sind, dass sich die schon jetzt nicht optimalen Existenzbedingungen dieser Arten durch Besucher weiter verschlechtern würden. Verantwortungsvolle Orchideenfreunde, denen am Erhalt der Naturschätze Thüringens gelegen ist, sollten daher auf einen Besuch dieser Arten verzichten, was nicht bedeutet, dass sie nicht anderswo angeschaut werden können, wo sie noch nicht so stark gefährdet sind wie in Thüringen. Im Einzelnen handelt es sich um folgende Arten:

das Sumpf-Knabenkraut (*Anacamptis palustris*),
die Pyramiden-Spitzorchis (*Anacamptis pyramidalis*),
die Holunder-Kuckucksblume (*Dactylorhiza sambucina*),
die Greuter-Stendelwurz (*Epipactis greuteri*),
der Blattlose Widerbart (*Epipogium aphyllum*),
die Sumpf-Weichwurz (*Hammarbya paludosa*),
das Kleine Zweiblatt (*Listera cordata*),
das Ohnhorn (*Orchis anthropophora*) und
die Weißzunge (*Pseudorchis albida*).

Sie werden durch Fotos und kurze Texte auf den Seiten 28 bis 32 vorgestellt.

In Thüringen ausgestorbene Arten

Wanzen-Knabenkraut

Duft-Händelwurz

Sumpf-Glanzkraut

Kleinblütiges Einblatt

Die verbleibenden 37 Orchideenarten werden auf mindestens einer der 25 nachfolgenden Vorschläge für Wanderrouten vorgestellt. Es handelt sich dabei um folgende Arten:

Kleines Knabenkraut (*Anacamptis morio*),
Bleiches Waldvöglein (*Cephalanthera damasonium*),
Langblättriges Waldvöglein (*Cephalanthera longifolia*),
Rotes Waldvöglein (*Cephalanthera rubra*),
Grüne Hohlzunge (*Coeloglossum viride*),
Korallenwurz (*Corallorhiza trifida*),
Frauenschuh (*Cypripedium calceolus*),
Fuchssche Kuckucksblume (*Dactylorhiza fuchsii*),
Steifblättrige Kuckucksblume (*Dactylorhiza incarnata*),
Breitblättrige Kuckucksblume (*Dactylorhiza majalis*),
Braunrote Stendelwurz (*Epipactis atrorubens*),
Breitblättrige Stendelwurz (*Epipactis helleborine*),
Schmallippige Stendelwurz (*Epipactis leptochila*),
Kleinblättrige Stendelwurz (*Epipactis microphylla*),
Müllers Stendelwurz (*Epipactis muelleri*),
Übersehene Stendelwurz (*Epipactis neglecta*),
Sumpf-Stendelwurz (*Epipactis palustris*),
Violette Stendelwurz (*Epipactis purpurata*),
Kriechendes Netzblatt (*Goodyera repens*),
Große Händelwurz (*Gymnadenia conopsea*),
Einknollige Honigorchis (*Herminium monorchis*),
Bocks-Riemenzunge (*Himantoglossum hircinum*),
Großes Zweiblatt (*Listera ovata*),
Dreizähniges Knabenkraut (*Neotinea tridentata*),
Brand-Knabenkraut (*Neotinea ustulata*),
Nestwurz (*Neottia nidus-avis*),
Bienen-Ragwurz (*Ophrys apifera*),
Kleine Spinnen-Ragwurz (*Ophrys araneola*),
Fliegen-Ragwurz (*Ophrys insectifera*),
Spinnen-Ragwurz (*Ophrys sphegodes*),
Stattliches Knabenkraut (*Orchis mascula*),
Helm-Knabenkraut (*Orchis militaris*),
Blasses Knabenkraut (*Orchis pallens*),
Purpur-Knabenkraut (*Orchis purpurea*),
Weiße Waldhyazinthe (*Platanthera bifolia*),
Grünliche Waldhyazinthe (*Platanthera chlorantha*) und
Herbst-Wendelorchis (*Spiranthes spiralis*).

Das Kapitel „Thüringens Orchideen“ wird durch einen Blühkalender abgeschlossen, der für die zeitliche Planung einer Wanderung unerlässlich ist. Bei seiner Nutzung sollte man aber bedenken, dass es sich bei den angegebenen Blühzeiten um die „durchschnittlichen“ Normalwerte handelt, die in Thüringen bisher beobachtet wurden. Sie sind zwar verhältnismäßig großzügig bemessen worden und berücksichtigen die Aufblühphase mit zahlreichen noch knospigen Pflanzen, die Vollblüte und die Abblühphase, wo viele Blüten bereits verwelkt sind, können aber die in manchen Jahren je nach Witterungsverlauf auftretenden Abweichungen von bis zu zwei Wochen nicht berücksichtigen, weil der Kalender sonst in den meisten Fällen in die Irre führen würde.

Sumpf-Knabenkraut (*Anacamptis palustris*)

Die natürlichen Vorkommen der Pyramiden-Spitzorchis (*Anacamptis pyramidalis*) waren in Thüringen seit 1926 erloschen. Seit 1995 haben sich an verschiedenen Fundorten Einzelexemplare bzw. Kleinpopulationen angesiedelt, die sich aber als unbeständig erwiesen und in den meisten Fällen nach wenigen Jahren wieder verschwanden. Zum Teil wurden die Pflanzen auch gestohlen. In wieder anderen Fällen sind Exemplare unbekannter Herkunft ohne Genehmigung künstlich angesiedelt worden.

Die Spitzorchis besitzt einen 3 bis 8 cm langen Blütenstand aus bis zu 50 engstehenden, karminroten bis rosa gefärbten Einzelblüten. Er ist anfangs spitz-kegelförmig und verlängert sich während der Hochblüte. Auch hier bilden drei Blütenblätter zum Schutz der Fortpflanzungsorgane einen Helm. Die gespornte Lippe ist meist deutlich dreilappig mit vorgezogenem Mittellappen. Die Blüten werden von Tagfaltern bestäubt, denen die Pollenpakte bei der Nektarsuche an den Rüssel geheftet werden. Da die Pflanze aber keinen Nektar bildet, werden die Bestäuber getäuscht.

Die Art bildet sogenannte Winterblätter aus.

Das auf Feuchtwiesen sowie Moor- und Binsenwiesen beschränkte Sumpf-Knabenkraut (*Anacamptis palustris*) war in Thüringen mangels geeigneter Biotope schon immer selten und ist heute auf Vorkommen an zwei Wuchsorten beschränkt. Es steht daher unter der höchsten Schutzkategorie „vom Aussterben bedroht".

Die Pflanzen werden 30 bis 50 cm hoch, selten bis zu 1 m. Die steil aufrecht gestellten Laubblätter sind rinnig bis gefaltet und lang zugespitzt. Der runde, grüne Stängel ist ab der Mitte und besonders im Bereich des Blütenstandes rotviolett überlaufen. Eine Pflanze bringt zwischen 4 und 16 (im Ausnahmefall auch mehr) relativ große, hellrot bis rot gefärbt Blüten hervor. Sie stehen in der Achsel krautiger Tragblätter, die etwa so lang wie der gedrehte Fruchtknoten sind. Das mittlere, äußere Blütenblatt und die beiden seitlichen inneren bilden einen Helm, der sich schützend über die Säule neigt. Die dreilappige, ausgebreitete Lippe besitzt einen vorgezogenen Mittellappen, der meist nochmals geteilt ist. Der kräftige Sporn ist schräg aufwärts gerichtet. Die Art wird von Hummeln bestäubt.

Pyramiden-Spitzorchis (*Anacamptis pyramidalis*)

Holunder-Kuckucksblume (*Dactylorhiza sambucina*)

Greuters Stendelwurz (*Epipactis greuteri*) besitzt in ganz Deutschland nur einen einzigen Fundort, der sich im Thüringer Wald befindet. Hier besiedelt sie einen Fichtenforst mit zahlreichen Einsturzdolinen.

Es handelt sich um kräftige Pflanzen mit einer Höhe zwischen 30 und 60 cm und breit-eiförmigen Laubblättern, deren unterstes relativ hoch am Stängel ansetzt, wodurch die Pflanzen etwas stelzig wirken.

Der langestreckte Blütenstand besteht aus 5 bis 35 hängenden, hellgrünen Blüten, deren Blütenblätter zusammenneigen, wodurch die Blüte ein glockiges Aussehen erhält. Die Blüten sitzen auf einem langen und deutlich gestielten Fruchtknoten. Die zweiteilige Lippe besteht aus einem fast weißen Vorderteil und einem napfförmigen, grünen Hinterteil, in dem Nektar gebildet wird. Die Pflanzen wird zwar von Hummeln und Wespen besucht, die aber nur ausnahmsweise zur Bestäubung beitragen. Die Pollenpakete zerfallen nämlich kurz nach der Öffnung der Blütenknospen und rutschen auf die Narbe herunter, so dass Selbstbestäubung eintritt.

Die Holunder-Kuckucksblume (*Dactylorhiza sambucina*) war früher in Thüringen nicht besonders selten und besaß auf Bergweisen und im Hügelland zahlreiche Vorkommen. Gegen Ende des 19. Jahrhunderts setzte dann ein dramatischer Rückgang ein, so dass sie heute in Thüringen unter der höchsten Schutzkategorie „vom Aussterben bedroht" geführt werden muss. Bei den wenigen verbliebenen Vorkommen ist die Pflanzenanzahl klein und geht weiter zurück.

Die Art tritt in zwei verschiedenen Blütenfarben auf: blassgelb und trübrot. In den Restpopulationen Thüringens dominieren rote Exemplare. Die gelben Blüten weisen meist eine feine rote Punktierung auf, während bei den roten die Lippe am Grunde häufig eine gelbe Tönung besitzt. Die Blüten sitzen in der Achsel langer und spitzer Tragblätter, 3 ihrer Blütenblätter neigen zu einem Helm zusammen.

Die Pflanze wird zwischen 15 und 25 cm hoch, selten auch höher. 2 bis 4 der ungefleckten Laubblätter sind am Stängelgrund rosettenartig gehäuft, 2 bis 3 weitere am Stängel gleichmäßig verteilt.

Greuters Stendelwurz (*Epipactis greuteri*)

Blattloser Widerbart (*Epipogium aphyllum*)

Die Sumpf-Weichwurz (*Hammarbya paludosa*) war in Thüringen mangels geeigneter Biotope schon immer extrem selten, zur Zeit ist nur ein Fundort bekannt, der mit einzelnen Exemplaren besetzt ist. Möglicherweise ist sie sogar schon verschwunden, denn eine regelmäßige Kontrolle scheidet wegen der Empfindlichkeit ihres Wuchsortes aus. Die Art ist deshalb in Thüringen hochgradig vom Aussterben bedroht.

Bei der Sumpf-Weichwurz handelt es sich um einen zierlichen, unauffälligen Moorbewohner, der vor allem Sphagnum-Schwingrasen besiedelt. Am Grunde des Stängels befindet sich ein Luftknolle, die mit dem Wachstum des Sphagnum-Polster nach oben steigt. Unter ihr befindet sich eine zweite, vorjährige Knolle. Die Blüten zeigen auch bei dieser Art nach oben, aber nicht durch eine fehlende Resupination des Fruchtknotens, sonder durch seine Drehung um 360 Grad. Da das mittlere äußere Blütenblatt dadurch nach unten zeigt und deutlich größer als die Lippe ist, wird es häufig mit dieser verwechselt.

Die Art vermehrt sich auch durch Brutknospen, die an den Blatträndern gebildet werden.

Der Blattlose Widerbart (*Epipogium aphyllum*) verdankt seinen Namen dem Umstand, dass seine Blüten sich nicht um 180 Grad drehen (resupinieren) wie bei den meisten anderen Orchideenarten, wodurch die durch mehrere gekräuselte Längsleisten bartartig aussehende Lippe nach oben zeigt. Der zarte und hinfällige Stängel besitzt keine Laubblätter, die Pflanze ist deshalb nicht zur Photosynthese befähigt.

Die Art besiedelt schattige, feuchte und moosige Laub- und Nadelwälder mit reichlich absterbender, organischer Substanz. Blühende Exemplare treten an den Wuchsorten nur sehr unregelmäßig auf, angeblich kann die Blüte sogar über Jahrzehnte aussetzen. Maßgeblich für den Blüherfolg scheinen günstige Feuchteverhältnisse zu sein, wie sie durch zahlreiche Frühjahrsgewitter und schneereiche Winter hervorgerufen werden. Die Blütezeit liegt meist im Juli.

Aktuell sind in Thüringen nur ganz wenige besetzte Fundorte bekannt, an denen meist nur einzelne Exemplare blühen. Er wird deshalb unter der Gefährdungskategorie „vom Aussterben bedroht“ geführt.

Sumpf-Weichwurz (*Hammarbya paludosa*)

Kleines Zweiblatt (*Listera cordata*)

Das Ohnhorn (*Orchis anthropophora*) ist eine hauptsächlich im Mittelmeergebiet verbreitete Art, die sich erst in neuerer Zeit über das Rheintal bis in den Westen Thüringens ausgebreitet hat. Der erste Fund stammt hier aus dem Jahre 1927 und lag vor den Toren Creuzburgs. Er ist inzwischen erloschen. Aktuell sind zwei auf natürliche Art und Weise besiedelt Fundorte bekannt. Außerdem gibt es einige wenige, ohne Genehmigung künstlich begründete Klein-Populationen.

Die Blüten erinnern stark an kleine Püppchen mit einem im Verhältnis zum „Körper" übergroßen, helmartigen Kopf, weshalb die Art auch Puppenorchis genannt wird. Sie sind im unteren Teil des sehr schlanken, zylindrischen Blütenstandes locker, im oberen Teil jedoch sehr dicht gestellt. Die Blütenfarbe reicht von hellgelb bis lichtbraun und rostrot, der Helm ist meist grünlich gefärbt. Die Pflanzen werden zwischen 15 und 25 cm hoch und erreichen ausnahmsweise auch ein Größe bis 40 cm.

Die lichtbedürftige Art besiedelt Magerrasen und sehr lichte Gebüsche auf nicht zu trockenen, warmen und etwas humosen Kalkböden.

Das Kleine Zweiblatt (*Listera cordata*) ist eine unauffällige, kleine Pflanze mit zwei gegenständigen, kleinen Blättchen etwa von der Größe eines kleinen Fingernagels und unscheinbaren, kleinen Blütchen, deren Blütenblätter nur um 2 mm lang sind. Lediglich die Lippe ist mit 4 mm etwas größer. Die Art blüht verhältnismäßig früh (in Thüringen Anfang bis Mitte Mai), da aber die Blütenblätter an den Früchten noch lange erhalten bleiben, erhält man sogar noch im Juni den Eindruck blühender Pflanzen.

Die ökologische Amplitude des Kleinen Zweiblattes ist im Gegensatz zum Großen Zweiblatt (*Listera ovata*) sehr eng, denn es können nur schattige, feuchte und moosreiche Standorte auf nährstoffarmen und sauren Böden besiedelt werden. Die Pflanze benötigt eine hohe Luftfeuchtigkeit und kommt daher meist in Torfmooren und am Rande von Bachläufen in Bergfichtenwäldern vor. Da solche Biotope in Thüringen nicht sehr häufig sind, war sie hier zu keiner Zeit häufig. Aktuell ist in Thüringen sogar nur ein besetzter Fundort bekannt. Die Art ist deshalb im Freistaat hochgradig vom Aussterben bedroht.

Ohnhorn (*Orchis anthropophora*)

Weißzunge (*Pseudorchis albida*)

Die Weißzunge (*Pseudorchis albida*) besiedelte früher in Thüringen zahlreiche magere, kalkarme und mäßig saure Bergwiesen des Thüringer Waldes, des Fichtelgebirges und des Harzes und kam vereinzelt auch im vorgelagerten Hügelland vor. Heute sind fast alle Vorkommen bis auf wenige Ausnahmen erloschen, vor allem wegen fehlender Nutzung der besiedelten Biotope, die entweder aufgeforstet oder aufgelassen wurden und verbuschten. Pflegemaßnahmen können nur ausnahmsweise einen Ersatz für eine regelmäßige Wiesennutzung schaffen.

Die Art wird nur 10 bis maximal 30 cm hoch, der dicht- und meist auch reichblütige Blütenstand besteht aus weißlichen bis gelbgrünlichen, kleinen Blüten, bei denen alle Blütenblätter mit Ausnahme der Lippe an der Bildung eines glockigen Helmes beteiligt sind. Die nach vorn gerichtete Lippe ist kammartig dreizähnig, der Mittelzahn ist meist etwas vorgestreckt.

Die Weißzunge wird von kleinen Nachtfaltern bestäubt, die durch einen vanilleartigen Duft angelockt werden und in den kleinen Spornen Nektar vorfinden, der am Lippengrund von speziellen Drüsen gebildet wird.

Blühkalender der auf Wanderrouten vorgestellten Arten

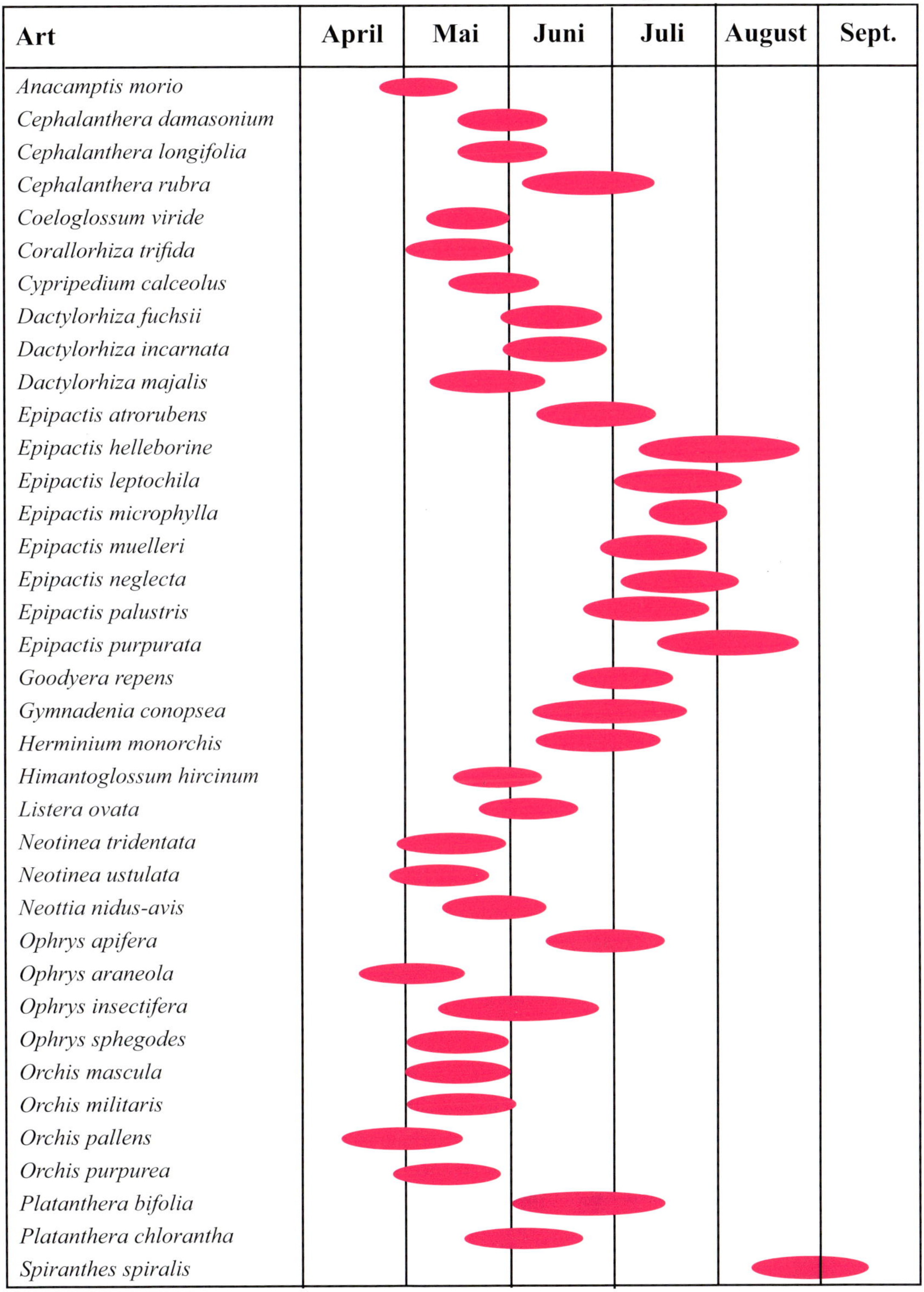

Was man bei einer Orchideen-Wanderung beachten sollte

Der Benutzer dieses Buches möge bitte bedenken, dass eine Orchideen-Wanderung einiger Vorbereitungen bedarf, wenn sie erfolgreich sein und Spaß machen soll. Wanderungen, die mit Enttäuschung oder sogar im Ärger enden, wirken dagegen abschreckend. Vor allem Familien mit Kindern sei ans Herz gelegt, die Sprösslinge auf jeden Fall in die nötigen Vorbereitungen mit einzubeziehen und sie nicht nur einfach zum Mittun „zu verdonnern". Dadurch werden Freude und Erwartungen geweckt, und statt kleiner Quengler hat man auf einmal Interessierte, nach einiger Zeit vielleicht sogar Begeisterte an seiner Seite. Kinder lernen schnell, und es kann durchaus sein, dass die Eltern schon nach wenigen Wanderungen von ihrem Nachwuchs übertroffen werden. Es wird z. B. auch nichts schaden, wenn kleine Belohnungen für denjenigen ausgesetzt werden, der eine gewisse Art als Erster findet. Wenn Kinder fragen, wann denn nun endlich die nächste Tour unternommen wird, hat man mehr für die Bildung des Umwelt- und Naturschutzbewusstseins getan, als es Schulstunden je vermögen.

Zuerst sollte man sich überlegen, welche Arten beobachtet werden sollen. Das ist natürlich für denjenigen, der sich bereits eine gewisse Artenkenntnis angeeignet hat, verhältnismäßig unproblematisch, für diejenigen aber, die sie erst erwerben wollen, leichter gesagt als getan. In solchen Fällen ziehe man die Bebilderung entweder des Buches oder eines speziellen Bestimmungswerkes heran. Hier ist das im Literaturverzeichnis angegebene Bändchen von H. KRETZSCHMAR zu empfehlen, das wegen seiner geringen Größe sogar leicht in der Rocktasche mitzuführen ist. Wer es ganz besonders gründlich machen will, der greife zum umfangreichen und schweren Bildband von HAEUPLER und MUER (ebenfalls im Literaturverzeichnis enthalten), der den Vorteil bietet, dass auch die nicht zu den Orchideen gehörenden Pflanzen berücksichtigt sind. Für eine Mitführung im Gelände ist er allerdings viel zu schwer.

Bei der Pflanzenauswahl achte man vor allem darauf, dass die ausgewählten Arten auch gemeinsam blühen müssen, denn logischerweise kann man zwei oder mehrere Arten, deren Blühzeiten sich nicht wenigstens teilweise überschneiden, auch nicht auf einer Wanderung zu Gesicht bekommen. Bei der Berücksichtigung dieses Aspektes hilft der Blühkalender auf Seite 33. Wenn man die Auswahl auf zwei oder drei Arten beschränkt, erhöht man die Chancen, dazu auch eine passende Wanderung zu finden. Man übe vor allem im Anfang der Beschäftigung mit Orchideen eine weise Beschränkung und steigere seine Ansprüche erst nach und nach. Dagegen sollte man auch der sogenannten „Begleitflora" etwas Aufmerksamkeit schenken, also den zu anderen Familien als den Orchideen gehörenden Pflanzen.

Als Nächstes sollte man sich dann die zur Artenauswahl passende Wanderung aussuchen. Man braucht zu diesem Zwecke das vorliegende Buch nicht etwa „von Anfang bis Ende" durchzuarbeiten, sondern benutze einerseits das Register der Orchideenbilder auf Seite 188, andererseits das Register auf den Seiten 189 bis 192 und ziehe auch das Register der Abbildungen anderer Pflanzen auf Seiten 188-189 zu Rate. Findet sich keine passende Wanderung, was besonders bei einer zu umfangreichen Auswahl von Arten leicht möglich ist, dann bleibt nichts anderes übrig, als die Anzahl der ausgewählten Arten zu verringern. In der Regel aber dürften sich sogar mehrere Wanderungen ergeben, die den gewählten Ansprüchen genügen.

Beim Festlegen auf eine ganz bestimmte Wanderung wird man noch weitere, zusätzliche Faktoren in Betracht ziehen. Vor allem mit kleineren Kindern sollte man die Streckenlänge einer Orchideenwanderung nicht zu hoch stecken. Auch die zu überwindenden Höhenunterschiede sollten bedacht werden. Diese Angaben kann man dem „Kasten" entnehmen, mit dem jede einzelne Wanderung eingeleitet wird. Auch Länge sowie Art und Weise der Anfahrt spielen eine Rolle. Besonders Umweltbewusste sollten die Möglichkeit prüfen, ob sich der Anfangspunkt einer Wanderung von zu Hause aus auch mit der Eisenbahn erreichen lässt. Dort, wo es möglich ist, werden solche Hinweise auch bei den einzelnen Wanderungen genannt. Busse des öffentlichen Personen-Nahverkehrs lassen sich leider nur ausnahmsweise in Anspruch nehmen, weil sie entweder nur zu sehr ungünstigen Zeiten und an Wochenenden oft gar nicht verkehren. Gerade hier werden aber die meisten Orchideenfreunde eine Orchideenwanderung unternehmen wollen. In zahlreichen Fällen bleibt deshalb gar nichts anderes übrig, als sich des eigenen Autos zu bedienen. Abstellmöglichkeiten werden ebenfalls am Anfang der Texte genannt und sind auf den Karten mit dem Parkplatzsymbol gekennzeichnet, obwohl es sich in manchen Fällen bei dem damit bezeichneten Platz nicht um einen echten Parkplatz im Sinne der Straßenverkehrsordnung handelt. Man überlege sich außerdem, ob man nicht freie Plätze im Auto Freunden oder Bekannten anbietet, denn gemeinsam macht das Wandern viel mehr Spaß, es werden Ressourcen und Geldbeutel geschont und der oft beschränkte Parkraum besser ausgenutzt.

Bei der Zeitplanung gehe man großzügig vor, denn mit einer gewöhnlichen Wanderung ist eine Orchideen-Exkursion nicht vergleichbar. Hier kann man nicht zügigen Schrittes die Kilometer hinter sich bringen, sondern muss vielmehr oft nach Pflanzen suchen, wird beim Gefundenen verweilen, genau beobachten, auch ein Bild aufnehmen, ja manchmal sogar zurückgehen, um einen Vergleich anstellen zu können und dergleichen Dinge mehr, die allesamt zeitaufwendig sind. Unter solchen Umständen wird man in aller Regel pro Kilometer eine Stunde Wegzeit in Anrechnung bringen müssen, was natürlich nur eine grobe Orientierung darstellt. Man bedenke aber, dass es allen Beteiligten „an die Nieren“ geht, wenn man aus Zeitmangel seine ursprünglichen Absichten modifizieren muss. Wer eiligen Schrittes durch die Landschaft hastet, kann kaum noch sinnvolle botanische Beobachtungen anstellen! Deshalb ist es auf jeden Fall besser, sich vor allem am Anfang bescheidene, aber erfüllbare Ziele zu setzen.

Die Witterungsverhältnisse sind dagegen für eine erfolgreiche Orchideen-Wanderung weniger von Bedeutung, als meistens angenommen wird. Strahlender Sonnenschein ist sogar eher hinderlich, weil er vor allem im Sommer hohe Temperaturen zur Folge hat. In solchen Fällen lege man die Tour möglichst so, dass man sie mittags beenden kann. Ein leichter Regenschauer stört dagegen meist nur wenig, wenn man zweckmäßig bekleidet ist. Bei Dauerregen wird man selbstverständlich auf eine Exkursion verzichten.

Bei der Bekleidung achte man zuerst auf festes und eingelaufenes Schuhwerk, denn Blasen an den Füßen machen jede Freude an einer Wanderung schnell zunichte! Mit Turnschuhen, besonders bei Jugendlichen sehr beliebt, wird man beim Durchqueren matschiger oder steiniger Wegstrecken schnell die Lust am Weitergehen verlieren. Besonders zu empfehlen sind leichte Berg- bzw. Wanderschuhe, wie sie der Fachhandel in großer Auswahl anbietet. Da man sich auch ab und zu zur leichteren Beobachtung kleiner Pflanzen auf die Erde knien wird, sind strapazierfähige und leicht waschbare Hosen sehr zu empfehlen, wie Jeans oder solche, die man für billiges Geld in Militariageschäften aus Beständen der Bundeswehr erhält. Unbedingt anzuraten ist eine leichte Regenschutzplane aus Plastik, um bei einem plötzlichen Schauer nicht völlig zu durchnässen.

An Verpflegung für unterwegs sollte man nach Möglichkeit nur das Nötigste mitführen und statt dessen besser am Schluss der Wanderung vespern oder einkehren, wenn der Geldbeutel dies ermöglicht. Wichtig sind dagegen Getränke, am besten nimmt man leicht gezuckerten und mit etwas Zitrone versetzten Tee in einer gut verschlossenen Trinkflasche mit, allemal besser als käufliches Getränk in Tetrapacks, die dann unterwegs nur zu oft im Gelände deponiert werden. Diese Unsitte sollte auf jeden Fall vermieden werden. Sehr zu empfehlen ist außerdem das Mitführen einer Lupe, um Details wie Behaarung, Struktur der Fortpflanzungsorgane und anderes mehr besser erkennen zu können.

Wer die Pflanzen zur Erinnerung auch fotografieren möchte, achte bei den heute üblichen Zoomobjektiven auf die Einstellung großer Brennweiten und fotografiere nur den Blütenstand bzw. die ganze Pflanze möglichst formatfüllend. Biotopaufnahmen mit preiswerten Kompaktkameras oder gar dem Handy liefern nur unbefriedigende Ergebnisse. Schließlich sollte man beherzigen, dass alles Mitzuführende am besten im Rucksack getragen wird, damit man die Hände frei hat.

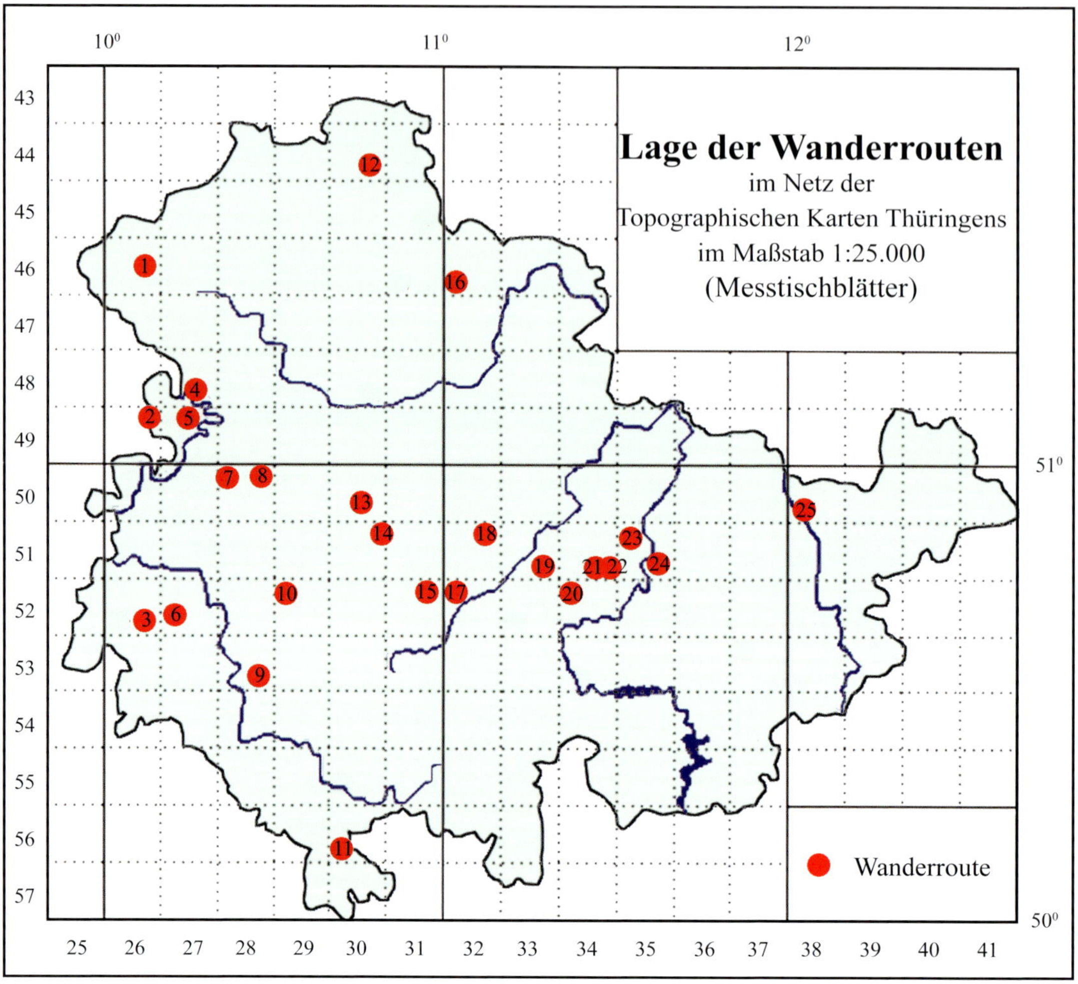

1 Lenterode - Lengenberg
2 Wolfmannsgehau - Ziegental
3 Oberalba - Emberg
4 Treffurt - Bornberg (Naturlehrpfad)
5 Creuzburg - Wisch und Ebenauer Köpfe
6 Wiesenthaler Schweiz
7 Eisenach - Petersberg und Hammelsberg
8 Großer Hörselberg
9 Kühndorf - Drachengraben und Dolmar
10 Floh-Seligenthal - Ebertswiese und Spittergrung
11 Seidingstadt - Schwengersgrund
12 Rüdigsdorfer Schweiz
13 Gotha - Großer Seeberg
14 Drei Gleichen
15 Plaue - Kleinbreitenbacher Tal
16 Günserode - Wipperdurchbruch
17 Niederwillingen - Tännreisig
18 Hohenfelden - Stadtberg
19 Rettwitz - Geiersberg
20 Großkochberg - Wache
21 Reinstädt - Schönberg
22 Martinsroda - Schockenberg
23 Jena - Leutratal
24 Seitenroda - Leuchtenburg
25 Gera - Lasur (Naturlehrpfad)

Lenterode - Lengenberg

Länge der Wanderung: ca. 3 km, Ergänzungsroute ca. 4,5 km
zu überwindender Höhenunterschied: ca. 75 m (bzw. 120 m)

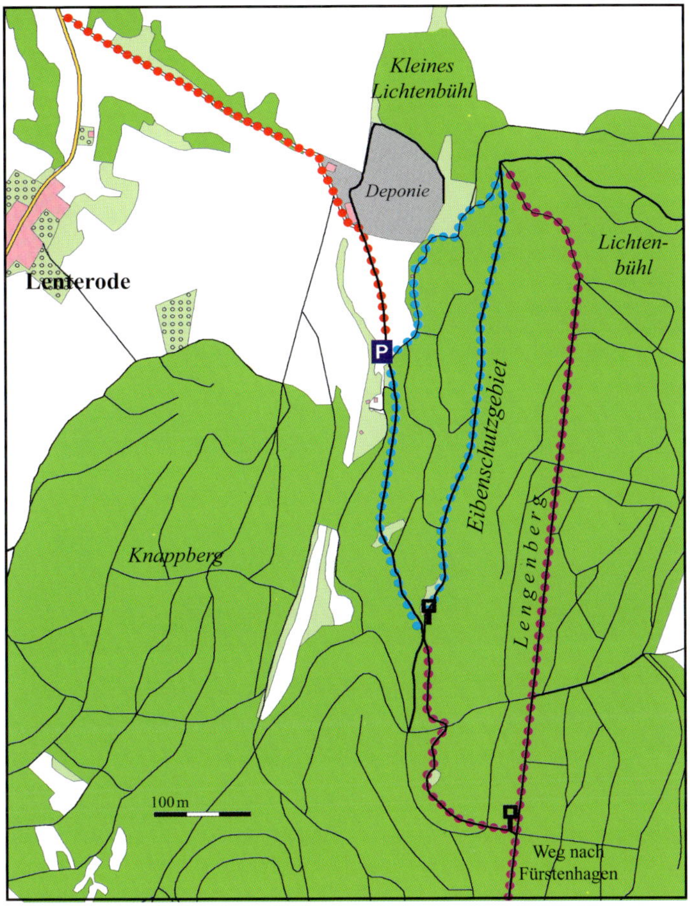

Die Wanderung über den Lengenberg führt uns in das im Nordwesten Thüringens gelegene Eichsfeld, genauer ins Obereichsfeld. Jahrhunderte lang gehörte die Region zum Erzbistum Mainz, woran noch heute das Mainzer Rad im Wappen vieler Städte und Gemeinden des Eichsfeldes erinnert. Dadurch hängt noch heute die Mehrheit der Bevölkerung dem katholischen Glauben an. Von der Volksfrömmigkeit zeugen zahlreiche Bildstöcke an den Straßenrändern und reichgeschmückte Kirchen.

Die Region ist eine der anmutigsten im Freistaat. Bewaldete Höhenzüge wechseln mit reizenden Wiesentälern ab, in die sich hübsche Dörfchen schmiegen, durch schmale, kurvenreiche und verkehrsarme Straßen miteinander verbunden. In Landgasthöfen und kleinen Pensionen ist gut rasten, wo der Ruhe und Entspannung suchende Urlauber „die Seele baumeln lassen“ kann. Über die neue Südharz-Autobahn A38 und die von einem Regionalexpress im Zweistundentakt befahrene Eisenbahnstrecke Kassel-Halle ist sie auch für Besucher von weither leicht und bequem zugänglich.

Den Ausgangspunkt unserer Wanderung über den zwischen den Orten Lenterode, Lutter und Fürstenhagen gelegenen Lengenberg erreicht man mit dem Auto von Westen her am besten über die Anschlussstelle Arenshausen der A38, aus östlicher Richtung über die Anschlussstelle Heiligenstadt. Nach der Abfahrt geht es in beiden Fällen auf der B 80 weiter nach Uder, wo man etwa in der Ortsmitte auf die L 1074 abbiegt. 1,7 km danach zweigt vor dem Orte Lenterode nach links die asphaltierte und mit „Bauhof“ beschilderte Zufahrt zur ehemaligen Mülldeponie von Heiligenstadt ab, die in einen guten Schotterweg übergeht. Hier kann man das Auto am Waldrand des Lengenberges bei einer Weggabelung abstellen. Auch von Süden her ist die Stelle über die B 27 bis Bad Sooden und von da ab über Wüstheuterode gut zu erreichen. Bis Uder kann man auch mit der Eisenbahn fahren und hat dann ab Bahnhof einen Fußmarsch von einer knappen Stunde vor sich.

Die Wanderung am Lengenberg soll vor allem dem Kennenlernen zweier verhältnismäßig spät blühender Orchideenarten dienen: Müllers Stendelwurz (*Epipactis muelleri*) und Rotes Waldvöglein (*Cephalanthera rubra*). Die Blütezeit beider Arten überschneidet sich allerdings nur wenig, denn

Blick vom Waldrand des Lengenberges in nördlicher Richtung

Schutzhütte und Informationstafeln auf dem Lengenberg

Laubhochwald auf dem Lengenberg

Ende Juni blüht das Rote Waldvöglein ab, und bei Müllers Stendelwurz öffnen sich die ersten Blüten. Jetzt hat der Pflanzenfreund die Chance, beide Arten während einer Wanderung zu beobachten. Trotzdem kann es durchaus vorkommen, dass die eine Art bereits verblüht ist, ehe die andere zu blühen beginnt.

An der Weggabelung benutzen wir den linken, nach Fürstenhagen führenden Weg, der sanft aufwärts durch Hochwald aus Rotbuche (*Fagus sylvatica*) mit einzelnen Eschen (*Fraxinus excelsior*) führt und nach nur 50 Metern eine Quelle mit einer Bank passiert. An der dahinter liegenden Schranke begrüßen uns rechts und links des Wegs die ersten Orchideen. Einzeln zeigt sich das Große Zweiblatt (*Listera ovata*) mit unauffälligen, kleinen, grünen Blüten und den beiden breitelliptischen Blättern, wenig später auch das Bleiche Waldvöglein (*Cephalanthera damasonium*), welches uns von hier an bis hinauf auf den Rücken des Lengenberges begleitet. Die Blüten dieser Art bleiben fast immer geschlossen, nur an besonders warmen Tagen öffnen sich unter Umständen einzelne von ihnen und können dann auch von Insekten besucht werden. Die Art ist deshalb zur Samenbildung zumeist auf Selbstbestäubung (Autogamie) angewiesen. Ganz in der Nähe blüht im Mai die Nestwurz (*Neottia nidus-avis*), an ihrer bräunlich-gelben Färbung gut zu erkennen, denn die Pflanze bildet kein Blattgrün und ernährt sich deshalb mit Hilfe von Pilzen aus abgestorbener organischer Substanz anderer Pflanzen, z. B. dem Falllaub der Rotbuchen.

Blütenstand von Müllers Stendelwurz

Blüten von Müllers Stendelwurz

Müllers Stendelwurz auf dem Lengenberg

Nach einer Wegstrecke von nur 300 Metern treffen wir auf die ersten Exemplare von Müllers Stendelwurz. Sie gehört zur Orchideengattung *Epipactis*, die mit 9 Sippen die artenreichste in Thüringen ist und zeichnet sich durch eine ganze Reihe von Besonderheiten aus. Typische Exemplare stehen auf dem Lengenberg vor allem an Wald- und Wegrändern, wo sie mehr Licht genießen. Die verhältnismäßig hellen Laubblätter stehen dann in charakteristischer Art und Weise bogig vom Stängel ab und sind am Rande leicht gewellt, wie das auf der rechten Abbildung der Seite 39 gut zu erkennen ist. Die Pflanzen bevorzugen den Trauf von Bäumen, wo sie besonders gut mit Wasser versorgt werden. Die Blütenblätter der gelbgrünlichen, hängenden Blüten neigen glockig zusammen, so dass der Blütenstand einen mehr oder weniger dichten Eindruck hinterlässt. Die Lippe ist in zwei Teile gegliedert, einen napfförmigen hinteren, rotbraun gefärbten Teil (das Hypochil), in dem Nektar gebildet wird und einen spitzen, blassgrünen und nach hinten umgeschlagenen vorderen Teil (das Epichil). Bei Müllers Stendelwurz ist der Übergang zwischen den beiden Lippenteilen breit und U-förmig, auf der linken unteren Abbildung der Seite 39 ebenfalls gut erkennbar. Dies stellt ein wichtiges Unterscheidungsmerkmal gegenüber ähnlichen Arten dar, wo dieser Übergang anders gestaltet ist.

Gelegentlich tritt die Art auch weiter ins Waldinnere ein und wächst dann an verhältnismäßig lichtarmen Stellen. Ihr Habitus ist dann häufig nicht mehr so charakteristisch ausgeprägt, was die Zuordnung einzelner Exemplare erschweren kann. In solchen Fällen muss die Bestimmung vor allem über die Blütenmerkmale erfolgen, die sich im Gegensatz zur Gestalt nicht verändern.

Die Blüten werden zwar gelegentlich von Insekten besucht, die Art ist aber fast immer selbstbestäubend (autogam), da kein Klebapparat zum Befestigen der Pollinien am Insektenkörper vorhanden ist. Vielmehr ragen die Pollinien weit über den Narbenrand hinaus und fallen dadurch im Ganzen auf die Narbe herunter, die senkrecht zur Längsachse des Fruchtknotens steht. Diesen Mechanismus hat erstmals der in Thüringen geborene Botaniker Hermann MÜLLER (1829–1884) beobachtet, weshalb die Art nach ihm benannt wurde. Selbstbestäubung ist in der Orchideengattung *Epipactis* übrigens besonders häufig.

Bei einer schwachen, langgezogenen Linkskurve des Weges wird der Buchenwald sehr licht. Hier treffen wir dann auch auf das Rote Waldvöglein, die zweite der an dieser Stelle ausführlicher zu besprechenden Arten. Die Pflanzen stehen meist am linken Wegrand. Zusammen mit dem Bleichen und dem Langblättrigen Waldvöglein (*Cephalanthera longifoli*a) gehört das Rote Waldvöglein zu einer weltweit etwa 15 Arten umfassenden Orchideengattung. In Thüringen kommen aber nur die drei genannten Arten vor. Das Rote Waldvöglein öffnet im Gegensatz zum Bleichen Waldvöglein seine rotlila, rosa oder selten auch weißen Blüten sehr weit, die mit ihren beiden seitlich ausgestreckten Blütenblättern tatsächlich an ein kleines Vögelchen erinnern. Mit einer Breite von bis zu 5 cm weisen sie auch noch eine beträchtlicher Größe auf. Die spitze Lippe steht mit ihren gelbbräunlichen und gekräuselte Längsleisten auf weißlichem Untergrund in einem hübschen Farbkontrast zur übrigen Blüte. Es gibt nicht viele unter den heimischen Orchideen, die es an Schönheit mit dem Roten Waldvöglein aufnehmen können!

Die Pflanze wird 30 bis 70 cm hoch. Der untere Teil des Stängels trägt 5 bis 9 schmale und grüne Laubblätter. Interessant ist auch die Bestäubungsbiologie des Roten Waldvögleins, das hauptsächlich von Männchen einzeln lebender (solitärer) Wildbienen bestäubt wird. Sie wächst nämlich in der Nähe von Glockenblumen, weil ihre Bestäuber dort auf Weibchensuche patrouillieren. Der Fruchtansatz hält sich jedoch meist in sehr bescheidenen Grenzen.

Am Wegrand tritt ab der erwähnten Linkskurve auch die Braunrote Stendelwurz (*Epipactis atrorubens*) auf, die mit ihren kleinen, braunroten und duftenden Blüten gefällt, in denen die großen und gelben Pollinien einen hübschen Farbkontrast bilden. Sie ist hier nicht selten, im Gegensatz zur Großen Händelwurz (*Gymnadenia conopsea*). Die Weiße Waldhyazinthe (*Platanthera bifolia*) ist dagegen wieder relativ häufig und beeindruckt den Beobachter mit ihren charakteristischen Blütenständen.

Gruppe des Roten Waldvögleins

Blütenstand des Roten Waldvögleins

Eine Blüte des Roten Waldvögleins

Kleines Wintergrün

Gewöhnliche Eibe

Bei einem breiten, nach links abzweigenden Weg mit Informationstafeln beginnt ein Naturschutzgebiet (NSG), welches speziell dem Schutz der Gewöhnlichen Eibe (*Taxus baccata*) dient. Bevor wir auf diesen Weg einbiegen, sollten wir einen Blick auf eine große Population des Rundblättrigen Wintergrüns (*Pyrola rotundifolia*) werfen, die direkt hinter einer der beiden Tafeln siedelt. Etwas weiter zurück kommen noch zwei andere verwandte Arten vor: das Birngrün (*Orthilia secunda*) und das in Thüringen sehr seltene Kleine Wintergrün (*Pyrola minor*).

Auf der folgenden Wegstrecke kommen wir an zahlreichen Exemplaren der in allen Teilen mit Ausnahme des rötlichen Samenmantels giftigen Eibe vorbei, die nur sehr langsam wächst. Ihr Holz ist deshalb sehr hart und elastisch und wurde im Mittelalter massenhaft zur Waffenherstellung eingesetzt, wodurch die Art fast ausgerottet wurde.

Man kann statt des Besuches des Eibenschutzgebietes auch den Hauptweg bis zum Rücken des Lengenberges hinaufsteigen, von den bereits beschriebenen Orchideenarten begleitet. Oben sind neben einer Schutzhütte weitere Erläuterungstafeln aufgestellt. Von hier aus kann die Wanderung in zwei Varianten fortgesetzt werden: Entweder läuft man nach rechts abbiegend bis zur Siedlung Fürstenhagen, wo sich im ehemaligen Bahnhof der 1947 stillgelegten Bahnstrecke Heiligenstadt-Schwebda die Verwaltung des Naturparks Eichsfeld-Hainich-Werratal befindet mit einer sehenswerten Ausstellung im ehemaligen Wasserturm (den Rückweg hat man dann auf der gleichen Strecke wie den Hinweg zurückzulegen), oder man läuft in nördlicher Richtung schnurgerade hinüber zum Lichtenbühl, wo sich der Weg nach steilem Abstieg wieder mit der Hauptroute vereinigt. In einer Spitzkehre geht es dann hinunter zum Waldrand, wo man kurz vor einer Jagdhütte als neue Art noch die Kleinblättrige Stendelwurz (*Epipactis microphylla*) beobachten kann.

Wer sich nach anstrengender Tour an Leib und Seele stärken will, dem sei in Uder eine Einkehr in der „Riedelsburg“ empfohlen, wo man auch übernachten kann. In südlicher Richtung sollte man in der Pension „Am Anger“ in Wüstheuterode rasten.

Wolfmannsgehau - Ziegental

Länge der Wanderung: ca. 1,9 km, ab Parkplatz an der B 7 ca. 3,6 km
zu überwindender Höhenunterschied: ca. 60 m

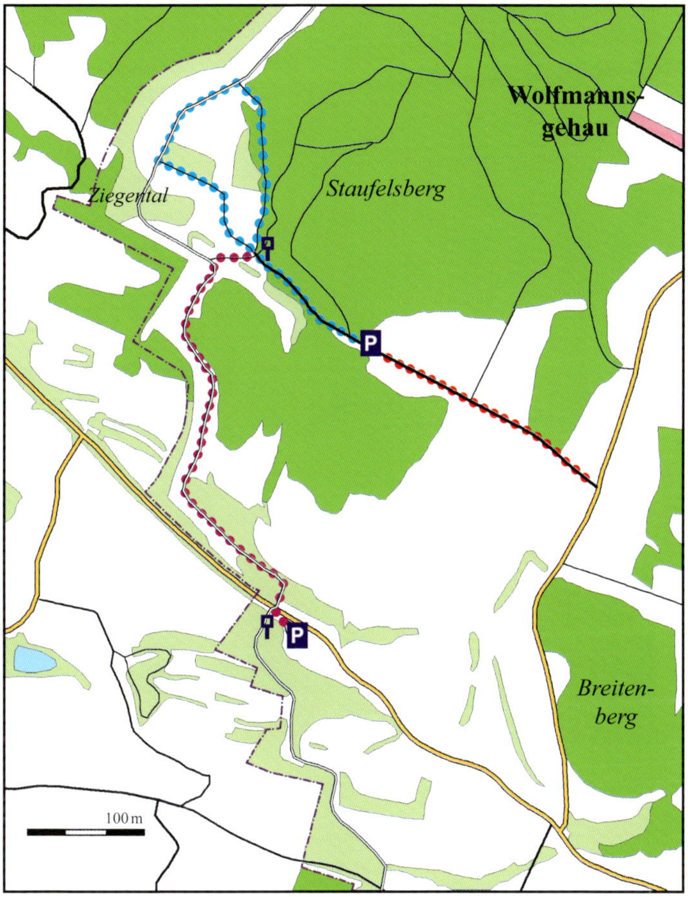

Da durch die Grenzordnung der DDR in einem durchschnittlich 500 m breiten Streifen entlang der Grenze zur Bundesrepublik über fast 40 Jahre hinweg nur ganz wenige wirtschaftliche Aktivitäten erlaubt waren, wurden erhebliche Flächen den Veränderungen entzogen, denen sonst in jener Zeit die Landschaft unterworfen war. Manche Pflanze, die anderswo vor allem durch die moderne Landwirtschaft an den Rand der Ausrottung gedrängt wurde, fand im Grenzstreifen ein letztes Refugium. Auch seltene Tiere zogen sich hierhin zurück, wo sie weniger Störungen ausgesetzt waren. Nach der Wiedervereinigung wurden die Grenzanlagen abgebaut und in den seither vergangen zwei Jahrzehnten ist das Gebiet in die Normalität zurückgekehrt. In den meisten Fällen kann man den früheren Grenzverlauf nur noch mit Mühe im Gelände erkennen. Die Bestrebungen, das ehemalige Grenzgebiet als „Grünes Band" im Ganzen für den Naturschutz in Deutschland zu erhalten, sind nur in Teilen erfolgreich gewesen. Zu diesen Ausnahmen zählt auch das Ziegental, das zur Gemarkung der nur aus wenigen Häusern bestehenden Siedlung Wolfmannsgehau gehört, heute ein Ortsteil der Gemeinde Ifta im thüringischen Wartburgkreis.

Das Ziegental besteht aus einer sanft von Süden nach Norden ansteigenden Wiesenfläche direkt an der Landesgrenze zu Hessen. In der südwestlichen Ecke befindet sich eine seit langem aufgelassene Streuobstwiese, die inzwischen weitgehend von Gebüschen durchsetzt ist. Hauptsächlich wird das Gelände aber von Halbtrockenrasen eingenommen, die durch zwei kleinere Wacholdertriften unterbrochen werden. Randlich stockt schöner Hochwald aus Rotbuche (*Fagus sylvatica*), in den sich einige Wald-Kiefern (*Pinus sylvestris*) mischen. Der Untergrund besteht aus Mittlerem Muschelkalk, die Bodenkrume ist aber so dünn, dass sich seit alters her Feldbau nicht lohnte. Als Relikt aus den Zeiten der innerdeutschen Grenze zieht sich der „Kolonnenweg" aus Betonplatten durchs Gelände, auf dem die Grenzposten mit Kraftfahrzeugen patrouillierten. Unweit des Gebietes führt die vielbefahrene B7 vorbei mit einem Parkplatz direkt an der Landesgrenze, wo ein kleines Stück der ehemaligen Grenzbefestigung erhalten blieb und besichtigt werden kann. Von hier aus ist der Zugang zum Ziegental über den „Kolonnenweg" möglich, der an einem kleinen Feuchtgebiet vorbeiführt. Vor der Grenzöff-

Das Ziegental im zeitigen Frühjahr, im Hintergrund der Kolonnenweg

Eingang zum Ziegental mit Erläuterungstafel

Wacholderheide im Ziegental

nung brütete dort der sehr seltene Schwarzstorch (*Ciconia nigra*). Da sich das Gebiet ohnehin nur mit dem Auto erreichen lässt, ist aber die Zufahrt über die schmale, in Wolfmannsgehau endende Straße sinnvoller, von der man auf den ersten nach links (westlich) abzweigenden Feldweg einbiegt. Am Waldrand bietet sich für maximal zwei Fahrzeuge eine Abstellmöglichkeit.

Zu Fuß folgt man dem hier schwach abfallenden Weg durch den Buchenwald, wo uns die ersten Orchideen begrüßen. Vor allem fällt hier das Bleiche Waldvöglein (*Cephalanthera damasonium*) ins Auge, später im Sommer dann verschiedene Arten aus der Gattung Stendelwurz (Breitblättrige, Schmallippige, Übersehene, Kleinblättrige und Violette Stendelwurz - *Epipactis helleborine, E. leptochila, E. neglecta, E. microphylla, E. purpurata*). Diese Arten konzentrieren sich vor allem rechts des Weges, kurz vor Erreichen einer Schautafel, die auf die Naturschönheiten des Ziegentales aufmerksam macht.

Der größte Teil der Fläche des Ziegentales konnte mit Unterstützung der Stiftung Naturschutz Thüringen durch den Arbeitskreis Heimische Orchideen (AHO) Thüringen erworben werden, der auch die nötigen Pflegearbeiten organisiert. Inzwischen ist das Ziegental „Geschützter Landschaftsbestandteil“ (GLB). Hier darf man die Wege nicht verlassen, und wer sich darüber hinwegsetzt, muss mit kräftigen Geldbußen rechnen. Wir folgen deshalb einem begrasten Weg schräg aufwärts in Richtung der größeren der beiden Wacholdertriften, an der er unterhalb

Attraktive Gruppe des Dreizähnigen Knabenkrautes

Blüten des Dreizähnigen Knabenkrautes

Eine Gruppe von Blütenständen des Dreizähnigen Knabenkrautes

vorbeiläuft und danach den Kolonnenweg erreicht. Bereits auf diesem kurzen Wegstück lassen sich zahlreiche Exemplare des Dreizähnigen Knabenkrautes (*Neotinea tridentata*) beobachten, der „Charakterorchidee" des Ziegentales. In „guten" Jahren blühen hier mehr als 2.000 Exemplare, die besonders die beiden Wacholdertriften bevorzugen.

Das Dreizähnige Knabenkraut wurde früher zur Gattung *Orchis* gestellt, bis sich kurz vor dem Ende des 20. Jahrhunderts durch genetische Untersuchungen herausstellte, dass es nicht zu dieser Gattung gehören kann, sondern zusammen mit anderen Arten die Gattung *Neotinea* bildet, von denen in Thüringen nur noch das Brand-Knabenkraut (*Neotinea ustulata*) siedelt. Vor diesen Untersuchungen war bereits aufgefallen, dass das Dreizähnige Knabenkraut mit den regulären Arten der Gattung *Orchis* keinerlei Hybriden bildet, was aber zu erwarten gewesen wäre, wenn es zur ihr gehören würde.

Die Art besitzt einen charakteristischen, eiförmigen bis halbkugeligen Blütenstand, der im Durchschnitt 4 bis 6 cm lang wird und relativ dicht mit 20 bis 50 mittelgroßen, schwach duftenden Blüten besetzt ist. Die unterste Blüte ist oft deutlich von den anderen abgesetzt. Die einzelnen Blüten stehen in der Achsel von häutigen Tragblättern, die etwa so lang wie der gedrehte, grüne Fruchtknoten sind und diesem anliegen. Fünf der sechs Blütenblätter bilden einen geschlossenen Helm, der zugespitzt und auf der Außenseite hellrosa bis violettrosa gefärbt und durch dunklere Nerven geadert wird. Die Lippe (das sechste Blütenblatt) ist stark dreigeteilt mit einem zweispaltigen Mittellappen und zwei abstehenden Seitenlappen. Sie ist meist gleichmäßig mit zahlreichen weinroten Punkten besetzt. Nach hinten zu trägt sie einen zylindrischen, dem Fruchtknoten anliegenden, kurzen Sporn ohne Nektar. Besuchende Insekten werden also nicht belohnt! Nach der Befruchtung entwickeln sich aus den Fruchtknoten Samenkapseln, die von unten nach oben an Größe abnehmen und zahlreiche staubfeine Samen enthalten, die durch den Wind verbreitet werden.

Dort, wo im Osten des Ziegentales die zweite, kleinere Wacholdertrift an den Buchenwald des Staufelsberges grenzt, kommt unter Wald-Kiefern direkt am Wegrand eine weitere, sehr attraktive Orchideenart vor, das Langblättrige Waldvöglein (*Cephalanthera longifolia*). Es ist an seinen steif aufwärts stehenden, schmalen Laubblättern gut zu erkennen und unterscheidet sich von seiner Schwesterart, dem Bleichen Waldvöglein, auch durch eine reinweiße Blütenfarbe. Außerdem öffnen sich die Blüten des Langblättrigen Waldvögleins meist deutlich weiter und zeigen dabei als hübschen Farbkontrast einen gelben Fleck auf dem vorderen Lippenteil, während sich auf dem hinteren mehrere aufrecht stehende Leisten befinden.

Mit den beiden bisher genannten Arten ist der Orchideenreichtum des Ziegentales aber bei weitem nicht erschöpft! Am westlichen Waldrand - ebenfalls unter Wald-Kiefern - ist direkt an einem schmalen Fußpfad, der während der deutschen Teilung von den Angehörigen des Bundesgrenzschutzes als Patrouillenweg benutzt wurde, das Stattliche Knabenkraut (*Orchis mascula*) in wenigen Exemplaren zu finden. Weit häufiger und auf der ganzen Wiesenfläche verteilt tritt dagegen das prächtige Purpur-Knabenkraut (*Orchis purpurea*) auf, das sich vor allem auf der größeren der beiden Wacholdertriften im Südteil des Ziegentales häuft. Noch weit zahlreicher kann man hier das im Vergleich dazu recht unscheinbare Große Zweiblatt (*Listera ovata*) beobachten, welches sich durch seine beiden großen Blätter zu erkennen gibt, die einander gegenüber stehen und durch deutliche Blattnerven auffallen. Auf die beiden Wacholdertriften konzentrieren sich auch die Exemplare der merkwürdigen Fliegen-Ragwurz (*Ophrys insectifera*), die ihren Namen den insektenähnlichen Blüten verdankt. Im Frühsommer kommt hier auch die Bienen-Ragwurz (*Ophrys apifera*) vor, die aber nicht in jedem Jahre blüht.

Im Ziegental treten auch die beiden in Thüringen verbreiteten Arten aus der Gattung der Waldhyazinthen (*Platanthera*) auf. Zuerst erblüht die Grünliche Waldhyazinthe (*P. chlorantha*), der etwa eine Woche später die eng verwandte und etwas zierlichere Weiße Waldhyazinthe (*P. bifolia*) folgt. Dort, wo wie im Ziegental die beiden Arten gemeinsam vorkommen, kann man den Unterschied in den Blühzeiten recht zuverlässig als Unterscheidungsmerkmal benutzen. Wer allerdings auch die alljährlich auftretenden wenigen Exemplare der Hybride (*Platanthera ×hybrida*) zwischen ihnen finden will, muss sich jede einzelne Pflanze genau anschauen. Hier sind die in der Blüte erkennbaren

Langblättriges Waldvöglein

Gruppenbildung beim Langblättrigen Waldvöglein

Blütenstand des Langblättrigen Waldvögleins

Blüten des Langblättrigen Waldvögleins

Blüten der Frühlings-Platterbse

Gewöhnlicher Wacholder

Wacholderbeeren

Fächer der Pollinarien das maßgebliche Unterscheidungsmerkmal. Sind sie weit voneinander entfernt und streben unten auseinander, handelt es sich um die Grünliche Waldhyazinthe, stehen sie eng und parallel nebeneinander, hat man die Weiße Waldhyazinthe vor sich, während bei der Hybride die beiden Fächer zwar weiter auseinander stehen, aber parallel zueinander angeordnet sind (vgl. die Abbildungen auf S. 166).

Außerdem ist im Ziegental der noch viel seltenere Bastard zwischen der Großen Händelwurz (*Gymnadenia conopsea*) und der Fuchsschen Kuckucksblume (*Dactylorhiza fuchsii*) beobachtet worden, dessen Eltern im Ziegental ebenfalls sehr häufig sind. Die Seltenheit dieser Hybride resultiert aus dem Umstand, dass die Eltern unterschiedlichen Gattungen angehören, also nicht besonders eng miteinander verwandt sind.

Die beiden bereits mehrfach erwähnten Triften sind durch die Büsche des Gemeinen Wacholders (*Juniperus communis*) mit ihren charakteristischen Wuchsformen schon von weitem erkennbar. Dieses Nadelgehölz ist früher vor allem durch Schafhut gefördert worden, weil es wegen seiner spitzen und stechenden Nadeln von den Weidetieren nicht verbissen wurde. Da aber diese Nutzungsform heute kaum noch vorkommt, gehen die Wacholderbestände stark zurück. Bei den Samenständen (den Wacholderbeeren) handelt es sich um beerenartige Zapfen, die im ersten Jahr nach der Befruchtung noch grün sind und erst im folgenden blau bereift werden. Im getrockneten Zustand stellen sie ein gern verwendetes Gewürz dar. Die gesundheitsfördernde Wirkung der Wacholderbeeren wird bereits seit der Antike genutzt, den Germanen war der Strauch sogar heilig. Von den zahlreichen anderen bemerkenswerten Pflanzen des Ziegentales sei an dieser Stelle nur noch die hübsche Frühlings-Platterbse (*Lathyrus vernus*) als Ordnungscharakterart der Buchenwälder [Fagetalia sylvaticae] erwähnt, die durch den Farbwechsel ihrer Blüten von rötlich-purpurn hin zu blaugrün auffällt (siehe die obere Abbildung auf dieser Seite). Die ausdauernde Pflanze wird durch Hummeln und Wildbienen bestäubt.

Wer nach dem Besuch des Ziegentales für sein leibliches Wohl sorgen will, kann dann im nahegelegenen Ifta im „Bauernstübchen“ einkehren.

Oberalba - Emberg

Länge der Wanderung: ca. 2 km
zu überwindender Höhenunterschied: ca. 40 m

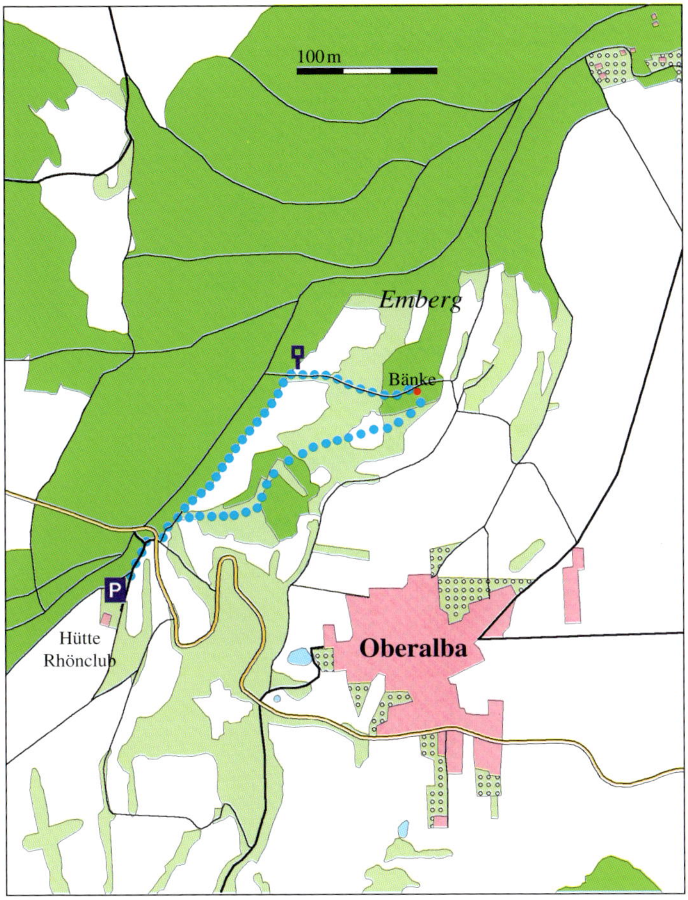

Der Emberg zeichnet sich durch besondere landschaftliche Schönheit aus. Es handelt sich bei ihm um einen südwestlichen Ausläufer des Baier, der mit 714 m Höhe zu den höchsten Bergen der thüringischen Rhön zählt. Der Emberg selbst bringt es allerdings nur auf eine Höhe von 542 m. Von der oberen Hangkante seiner nach Südosten exponierten Steilhänge genießt man einen wunderbaren Ausblick über die im Tale liegenden Dörfer Oberalba und Unteralba bis hinüber nach Dermbach mit Horn und Neuberg im Hintergrund. Mit dem erst 1990 errichteten und 17,5 ha großen NSG „Muschelkalksteilhänge am Emberg" werden die gegen Oberalba hin abfallenden Orchideen-Trespen-Halbtrockenrasen geschützt, die von langgezogenen Gebüschstreifen und Nadelbäumen durchsetzt sind. Im Kernbereich der Fläche hebt sich ein kleines Kiefernwäldchen deutlich von der umgebenden Vegetation ab. Das freie Begehen des sehr reich strukturierten Gebietes ist durch das für NSG in Thüringen geltende Wegegebot ausgeschlossen. Das Wegegebot ist aus guten Gründen erlassen worden, und es wird auch an dieser Stelle noch einmal dringend empfohlen, sich daran zu halten, nicht nur wegen der empfindlichen Geldbußen, mit denen man bei Übertretungen zu rechnen hat.

Als Ausgangspunkt unserer Wanderung dient eine vom Rhönclub-Zweigverein Dermbach unterhaltene Hütte, die man mit dem Auto auf der Straße von Dermbach nach Oechsen erreicht. Dermbach, eigentlich eine kleines Landstädtchen mit knapp 3.200 Einwohnern, ist Sitz einer Verwaltungsgemeinschaft, besitzt aber keine Stadtrechte. Es ist über die B 285 sowohl aus nördlicher wie südlicher Richtung gut zu erreichen. Man fährt von der Ortsmitte mit dem traditionsreichen „Sächsischen Hof" (jetzt wieder bewirtschaftet) zunächst durch die Dörfer Unter- und Oberalba (heute Ortsteile von Dermbach), passiert danach einen kurvenreichen Anstieg und biegt nach links auf einen Feldweg ab, wenn man die Waldgrenze erreicht hat. Bei der nur gut 100 m entfernten Hütte (die zu besonderen Gelegenheiten auch bewirtschaftet ist) kann man das Auto auf einem Parkplatz abstellen. Beim Durchfahren von Dermbach fällt dem aufmerksamen Beobachter ein interessantes Barock-Ensemble aus Schloss, evangelischer und katholischer Kirche ins Auge, das man nach Abschluss der Wanderung besichtigen sollte. In Dermbach

Blick vom Emberg auf Oberalba

Im Vordergrund der Emberg, im Hintergrund der Eppersberg

Blick vom Emberg auf Unteralba und Dermbach

bieten sich auch Gelegenheiten, Hunger und Durst zu stillen, und übernachten kann man in verschiedenen Ferienwohnungen. Auch ein Besuch des Museums für Kultur- und Sozialgeschichte der thüringischen Rhön ist lohnend.

Nach dem Parken des Autos überquert man die Straße nach Oechsen und wandert, nachdem man ein kleines Waldstück durchschritten hat, zunächst am Waldrand in nordöstlicher Richtung entlang. Hier lassen sich unter Rotbuchen (*Fagus sylvatica*) mehrfach Exemplare der Orchideenarten Bleiches Waldvöglein (*Cephalanthera damasonium*) und Nestwurz (*Neottia nidus-avis*) beobachten. Nach etwa 400 Metern tritt links aus dem Wald ein Fahrweg heraus, der von einem Gebüschstreifen begleitet wird. Wir folgen ihm nach rechts und erreichen ein Gebiet mit sehr abwechslungsreicher Biotopstruktur, wo Wald, Gebüsche und Magerrasen einander abwechseln. In den Gebüschen dominiert neben Schlehe (*Prunus spinosa*) und verschiedenen Weißdorn-Arten (*Crataegus* spec.) der auch als Zierstrauch beliebte Blutrote Hartriegel (*Cornus sanguinea*), dessen Blütenstände eine vorzügliche Bienenweide abgeben. Im Herbst stehen seine blauschwarzen Früchte in einem auffälligen Farbkontrast zu den dann blutroten Blättern, die Anlass für den deutschen Namen dieses Strauches gaben. Im zeitigen Frühjahr sind die Wiesen am Emberg mit Tausenden von Wiesen-Primeln (*Primula veris*) bedeckt, die zur Blütezeit der meisten Orchideenarten allerdings bereits abgeblüht haben. Etwas später lässt sich hier an Gebüschrändern an mehreren Stellen das Große Windröschen (*Anemone sylvestris*) beobachten, das mit seinen auffälligen, weißen Blüten eine Zierde der Halbtrockenrasen darstellt.

Auf den Magerrasen sind neben dem Großen Zweiblatt (*Listera ovata*) und der Fliegen-Ragwurz (*Ophrys insectifera*) vor allem zahlreiche Exemplare der Großen Händelwurz (*Gymnadenia conopsea*) zu finden, eine in Thüringen sehr häufige Orchideenart. Mit ihren schlanken, zylindrisch bis schwach kegelförmigen Blütenständen, die von zahlreichen (bis zu 140!), stark duftenden, rosa bis rotlila gefärbten Einzelblüten gebildet werden, stellt sie eine imposante Pflanze dar. Von der in Thüringen ausgestorbenen Duft-Händelwurz unterscheidet sie sich durch ihren langen, bogenförmigen Sporn. Bestäubt wird sie von langrüssligen Schmetterlingen, die den im hinteren Teil des Sporn gebildeten Nektar erreichen können. Die Art ist ziemlich veränderlich, so dass manche Botaniker eine ganze Reihe von Varietäten unterscheiden. Am Emberg präsentiert sie sich sowohl in der normalen als auch in einer etwas später blühenden Variante mit dichterem Blütenstand (*Gymnadenia conopsea* var. *densiflora*). Sehr selten treten am Emberg auch rein weiße Exemplare der Großen Händelwurz auf.

Nach einiger Zeit erreicht man zwei rechts vom Wege am oberen Böschungsrand unter Wald-Kiefern (*Pinus sylvestris*) aufgestellte Bänke, auf denen man rasten und die herrliche Aussicht genießen kann, die sich von hier aus über das Tal zwischen Emberg und Eppersberg mit seinen Ortschaften bietet. Von den Bänken aus führt ein schmaler Fußpfad den Hang hinunter, der sich auf halber Höhe nach Südwesten wendet und an Gebüschstreifen entlang bis zur Nordostseite des bereits erwähnten Wäldchens führt, wo er einen breiteren Weg erreicht. Über diesen Weg gelangt man schließlich wieder zum Ausgangspunkt der Wanderung an der Straße nach Oechsen.

In dem vom Fußpfad durchzogenen Gelände ist 1995 durch den bedeutenden thüringischen Orchideenspezialisten H. Kümpel (1935-1998) die in Thüringen lange Jahre als ausgestorben geltende Pyramiden-Spitzorchis (*Anacamptis pyramidalis*) wiederentdeckt worden, von der

Massenbestand der Wiesen-Primel

Blutroter Hartriegel

Halb erblühte Exemplare der Großen Händelwurz

Blütenstände der Großen Händelwurz

Große Händelwurz im Biotop

Kurze Zeit wenige Exemplare erblühten. Seit einigen Jahren ist die sehr wärmebedürftige Art aber wieder verschwunden, hat sich dafür aber an verschiedenen anderen weit entfernten Stellen in Thüringen erneut angesiedelt, so dass sie in den Roten Listen des Freistaates zwar als hochgefährdet (Schutzkategorie 1 „ vom Aussterben bedroht"), aber nicht als ausgestorben geführt wird. Die Gefährdung resultiert vor allem aus dem Umstand, dass die Neuansiedlungen zunächst nur aus wenigen Exemplaren (oft nur aus einem einzigen) bestehen, und dass sie durch Ausgräberei wieder vernichtet werden (so bei Eisenach geschehen). Ob die Pflanzen vom Emberg ebenfalls ausgegraben wurden oder durch natürliche Ursachen zugrunde gingen, ist unbekannt. Der an anderer Stelle geäußerte Verdacht, sie seien nicht auf natürlichem Wege dorthin gelangt, sondern vielmehr künstlich angesiedelt worden, ist wahrscheinlich unbegründet.

Neben zahlreichen Exemplaren der Großen Händelwurz und der Fuchsschen Kuckucksblume (*Dactylorhiza fuchsii*), des Großen Zweiblattes und der Braunroten Stendelwurz *(Epipactis atrorubens*) erblühen auf den Orchideen-Trespen-Halbtrockenrasen und am Rande der Gebüschstreifen auf den Steilhängen des Emberges neben der Fliegen-Ragwurz gelegentlich auch einzelne Exemplare der Bienen-Ragwurz (*Ophrys apifera*), die aber nicht in jedem Jahr erscheinen. Aus der artenreichen Orchideengattung der Ragwurzarten (*Ophrys*), die ihren deutschen Namen dem Umstand verdankt, dass früher ihre getrockneten unterirdischen Speicherorgane für potenzsteigernd gehalten wurden, kommen in Thüringen lediglich vier Arten vor. Neben den beiden bereits Genannten handelt es sich dabei noch um die Spinnen-Ragwurz (*Ophrys sphegodes*) und die Kleine Spinnen-Ragwurz (*Ophrys araneola*). Von diesen wird seit einer Reihe von Jahren am Emberg auch die Spinnen-Ragwurz beobachtet, deren Population sogar langsam anwächst. In diesem Falle dürfte es sich aber aller Wahrscheinlichkeit nach um künstlich von Unbekannten ausgebrachte Pflanzen handeln. Es sei an dieser Stelle darauf hingewiesen, dass das „Ansalben" gebietsfremder Pflanzen ohne ausdrücklich Genehmigung der Naturschutzbehörden nach dem Thüringer Naturschutzgesetz untersagt ist. Leider kommen immer wieder Verstöße gegen diese vernünftige Festlegung vor.

Gruppe des Stattlichen Knabenkrautes

Stattliches Knabenkraut am Waldrand

Eine nicht ganz so häufige Orchidee des Emberges ist das im Mai in schönster Blüte stehende Stattliche Knabenkraut (*Orchis mascula*), eine in der ganzen Rhön weit verbreitete Art. Ihr kräftiger Stängel erhebt sich aus eine Rosette schmaler, gekielter Blätter, von denen die beiden oberen ihn scheidig umfassen. Sie weisen zur Basis hin eine feine dunkle Streifung oder Punktierung auf, die manchmal auch durch über das ganze Blatt verteilte größere Flecken ersetzt ist. Am Grunde des Stängels besitzt die Pflanze ebenfalls feine, dunkle Streifen und Punkte. Der auffällige Blütenstand besteht aus bis zu 30 mittelgroßen Blüten in allen Farbschattierungen zwischen hell- bis purpurrot, selten auch reinweiß. Drei der fünf Blütenblätter neigen zu einem Helm zusammen, während zwei weitere seitlich abstehen. Die nach unten zeigende Lippe besitzt zur Basis hin dunkle Flecken und dient anfliegenden Insekten als Landeplatz.

Die Art wird von verschiedenen Hummelarten bestäubt. Da sie aber keinen Nektar bildet, werden die Bestäuber nicht belohnt, sie stellt daher eine sogenannte „Täuschblume" dar. Die durch einen schwachen Duft sowie Form und Farbe der Blüten angelockten Insekten suchen mit ihrem Rüssel im etwa 1 cm langen Sporn nach Nektar. Dabei drücken sie ihren Kopf tief in das Helminnere und kommen dabei zwangsläufig mit der gemeinsamen Klebscheibe in Berührung, an der sich an zwei kleinen Stielchen die beiden Pollenpakete befinden. Das ganze Gebilde aus Pollenpaket, Stielchen und Klebscheibe wird Pollinarium genannt und ist durch zwei kleine, nach vorne offene Beutel geschützt. Diese Struktur ist auf dem Bild rechts unten gut zu erkennen. Durch die Klebscheibe wird das ganze Pollinarium am Kopf der besuchenden Hummel angeklebt. Beim Abflug zieht das Insekt die Pollinarien aus ihren Beutelchen und fliegt damit davon. Schon nach sehr kurzer Zeit krümmen sich die Stielchen infolge von Welkprozessen nach vorne. Wird nun eine neue Blüte besucht, befinden sich die Pollenpakete in der richtigen Position, um jetzt die unterhalb gelegene, glänzende und klebrige Narbe zu berühren, an der sie haften bleiben. Damit ist die Bestäubung vollbracht. Die Narbe ist im besagten Bilde ebenfalls recht gut zu erkennen.

Blütenstände des Stattlichen Knabenkrautes

Helm und Pollinarien des Stattlichen Knabenkrautes

Treffurt - Bornberg (Naturlehrpfad)

Länge der Wanderung: ca. 3 km
zu überwindender Höhenunterschied: ca. 130 m

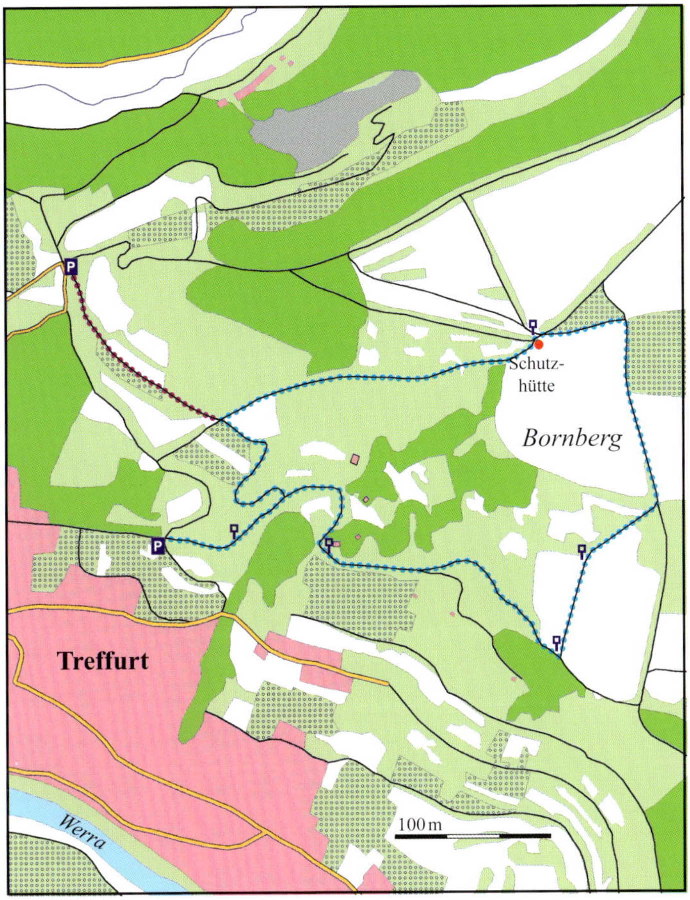

Treffurt, wegen seiner Lage unmittelbar an der innerdeutschen Grenze über mehr als 40 Jahre in eine Art „Dornröschenschlaf" versunken, konnte seine historische Altstadt weitgehend bewahren und bietet dem heutigen Besucher das reizende Bild einer wunderschönen Fachwerkstadt mit liebevoll restaurierten Häusern, echtem mittelalterlichem Kalk-Kopfsteinpflaster und einem der bemerkenswertesten deutschen Renaissance-Rathäuser.

Seinen Namen verdankt das Städtchen mit heute weniger als 3.000 Einwohnern seinen drei Furten, die hier durch die Werra führten. 1104 wird der Ort erstmalig auf einer Urkunde des Erzbischofs Ruthard von Mainz erwähnt. Darin wird beschrieben, dass der Bischof in der „Zelle" (heute Probsteizella) bei Falken einen Altar weihte, wobei ein „Pilgrim de Trifurte" als Zeuge genannt wird. Durch die Lage an der Kreuzung zweier bedeutender Handelsstraßen erlangte Treffurt bereits im Mittelalter regionale Bedeutung. Zum Schutze der Furten war die Burg Normannstein bestimmt, die heute, schön restauriert, weithin sichtbar über der Stadt thront. Ihre Anfänge gehen auf das 11. Jahrhundert zurück. Ab 1329 war Treffurt als „Ganerbschaft" gemeinsamer Besitz von Kursachsen, Kurmainz und Hessen-Kassel, bis im 18. Jahrhundert Kurmainz die Hoheitsrechte allein übernahm. 1803 kam Treffurt dann mit Kurmainz an Preußen und gehört erst seit dem Ende des 2. Weltkrieges zum Land Thüringen.

Zu erreichen ist Treffurt nur mit dem Auto oder dem Bus über die B 250 von Eschwege oder Creuzburg her. Ein längerer Aufenthalt lohnt sich besonders für den Pflanzenfreund, befinden sich doch in der näheren Umgebung eine ganze Reihe von Naturschutzgebieten mit einem sehr bemerkenswerten Bestand seltener Pflanzen. Mehrere Hotels bzw. Pensionen bieten preiswerte Zimmer, Ratskeller und Gaststätte auf der Burg sind für ihre gute Küche bekannt.

Die hier vorgeschlagene Wanderroute folgt einem Teil des erst kürzlich vom AHO Thüringen, der Unteren Naturschutzbehörde des Wartburgkreises und der Stadt Treffurt eingerichteten Naturlehrpfades, der sich vom Nachbarort Falken her bis nach Treffurt zieht. Zum Abstellen des Autos bieten sich zwei Varianten an. Für beide erfolgt die Zufahrt von der B 250 aus im Bogen um die Schule und den

Rathausturm in Treffurt, rechts unten die am Rathaus angebrachte „Dreiwappentafel“ der Ganerbschaft

Blick vom Aufstieg zum Bornberg ins Werratal mit Großem Iberg

Sportplatz herum den Pilgrimweg aufwärts, bis zur St. Marienkirche. Wenn man hier links abbiegt, kann man auf schmaler, asphaltierter Straße einen Parkplatz direkt über der Burg Normannstein erreichen. Diese Variante empfiehlt sich dann, wenn man einen abschließenden Besuch der Burg plant. Bei Variante zwei fährt man dagegen geradeaus an Kirche und Normanstein-Quelle vorbei und biegt links in die als erste abzweigende Torstraße ein. Dort, wo sich der Weg dreifach gabelt, kann man bei dieser Variante das Auto abstellen.

Wir beginnen unsere Wanderung auf dem geradeaus führenden mittleren Weg. Der Naturlehrpfad ist durch eine Reihe von Aufstellern mit Erläuterungen zur Geologie und den im Gebiete vorkommenden Pflanzen und Tieren ausgestattet. Schon nach wenigen Metern erreichen wir den ersten Aufsteller am Rande eines kleinen aufgelassenen Steinbruches. An der oberen Hangkante lassen sich hier einige Exemplare des Helm-Knabenkrautes (*Orchis militaris*) beobachten. Unser Hauptaugenmerk auf dieser Wanderung gilt indes einer anderen Orchidee, dem Großen Zweiblatt (*Listera ovata*), die zu den häufigsten Orchideen Thüringens, ja sogar in ganz Deutschland zählt. Sie fällt vor allem durch die beiden breitelliptischen und durch Längsnerven gegliederten, oberseits mattgrünen, unterseits hellgrünen Blätter auf, während die ebenfalls grünen Blüten eher unscheinbar und klein sind und dadurch verhältnismäßig wenig ins Auge springen. Erst beim genaueren Hinschauen offenbaren sie ihre eigenartige Schönheit. Fünf grüne

Die Blüten des Großen Zweiblattes sind klein und unscheinbar

In der Lippenmitte befindet sich ein Saftmal

Eine Blüte aus der Nähe

Gruppe des Großen Zweiblattes

Blütenblätter (die drei äußeren - Sepalen genannt - und zwei der inneren, die Petalen) neigen zu einem kleinen Helmchen zusammen. Meist sind sie am Rande bräunlich gefärbt, doch kann dieses Merkmal auch fehlen. Das grünlich-gelbe sechste Blütenblatt, die Lippe, zeigt nach unten und ist an der Spitze zweifach gegabelt. In der Mitte der Lippe befindet sich ein feuchtschimmerndes Saftmal, das die bestäubenden Fliegen anlockt und ihnen den Weg zu den beiden gelben Pollensäckchen weist, die auch mit bloßem Auge im Inneren des Helmchens gut erkennbar sind. Sie werden bei Berührung durch einen Klebmechanismus am Kopf der Fliege angeheftet und von ihr dann auf die nächste besuchte Blüte übertragen, wo sie auf der Narbe die Bestäubung bewirken. Die Narbe ist als kleine, glänzende Fläche am oberen Ende des Saftmals unterhalb der Pollensäckchen ebenfalls gut erkennbar. Der Stängel, der im unteren Viertel die beiden eingangs beschriebenen Blätter trägt, ist unterhalb der Blätter kahl, oberhalb jedoch kurz behaart und wirkt dadurch weißlich bereift. In seiner oberen Hälfte trägt er 10 bis 65 Blüten. Nichtblühende Pflanzen sind verhältnismäßig häufig. Die Pflanze neigt zur Gruppenbildung. Ihre weite Verbreitung verdankt sie ihrer großen Anpassungsfähigkeit, wodurch sie sehr unterschiedliche Biotope besiedeln kann. Am häufigsten ist sie unter Gebüschen und an Wegrändern anzutreffen, meidet aber auch recht trockene und offene Stellen auf Wiesen nicht. Auf unserer Wanderung können wir sie an vielen Stellen in teilweise erheblicher Anzahl beobachten.

Wir passieren in einer langgezogenen Rechtskurve ein Gebiet, in welchem mehrere Wochenendhäuser erbaut wurden. Links des Weges, an einem künstlich angelegten kleinen Teich, hat sich die Wasser-Schwertlilie (*Iris pseudacorus*) angesiedelt und grüßt mit ihren schönen, gelben Blüten herüber, ein Anblick, den man in einem relativ trockenen Muschelkalk-Gebiet nicht erwartet hätte. Zu ihr gesellt sich der selten gewordene Gewöhnliche Froschlöffel (*Alisma plantago-aquatica*). Gleich gegenüber, auf der anderen Wegseite, blüht zur gleichen Zeit das Einjährige Silberblatt (*Lunaria annua*), auch Mondviole genannt. Im Herbst werden die silbrig-durchscheinenden, halbmondförmigen Fruchtschötchen gern zu Trockensträußen verarbeitet, weshalb die Pflanze manchmal in Gärten angepflanzt wird. Ihre am Wege noch mehrfach anzutreffenden Vorkommen stammen vermutlich aus inzwischen aufgelassenen Gärten oder sind als Samen mit Abfällen aus Gärten verschleppt worden. Das weist darauf hin, dass das heute sehr abwechslungsreiche Gebiet mit vielfältiger Biotopstruktur einer im Laufe der Geschichte sehr unterschiedlichen Nutzung unterworfen war, was auch durch die sehr kleinteiligen Besitzverhältnisse belegt wird. Weidegebiete, Gras- bzw. Obstgärten, Gebüsch- und Waldzonen wechseln auf engstem Raum miteinander ab. Heute ist die Nutzung in den meisten Fällen eingestellt, wodurch sich das Gebiet wieder hin zu einem geschlossenen Wald entwickeln wird.

Nach dem Teich führt der Weg aufwärts durch eine kleine Waldpartie, wo wir neben dem Großen Zweiblatt und dem Bleichen Waldvöglein (*Cephalanthera damasonium*) noch die etwas später blühenden beiden Orchideenarten Braunrote und Breitblättrige Stendelwurz (*Epipactis atrorubens* und *E. helleborine*) finden können, ehe wir die in einer anschließenden Linkskurve aufgestellte nächste Schautafel erreichen, auf der die im Gebiet vorkommenden Orchideen vorgestellt werden. Daneben lädt eine Bank zu kurzer Rast ein und zum Genuss des schönen Ausblicks über das Werratal.

Ab Aufsteller 2 tritt das Helm-Knabenkraut gehäuft auf, vor allem links des Weges auf einer von Buschwerk geräumten Pflegefläche. An dieser Stelle kommen auch zahlreiche Exemplare des Großen Zweiblattes vor. Dazu gesellt sich mit der Grünlichen Waldhyazinthe (*Platanthera chlorantha*) eine weitere Orchideenart, die mit Ihren schönen, weiß-grünlichen Blüten das Auge des Beobachters erfreut. Nur wenige Meter danach gabelt sich der Weg. Wir wählen den linken, vergrasten aus, der an einer links liegenden Streuobstwiese vorbeiführt.

Hier treffen wir erstmals auf unserer Wanderung auf das prächtige Purpur-Knabenkraut (*Orchis purpurea*), das hier in einzelnen Exemplaren seine von zahlreichen Blüten gebildeten Blütenstände entfaltet. Auch bei dieser Art haben sich 5 Blütenblätter zu einem noch enger als beim Großen Zweiblatt zusammenstehenden Helm vereinigt, der außen dunkelpurpurn gefärbt ist. Die ganz anders geformte Lippe erinnert dagegen an einen menschenähnlichen Körper mit zwei schmalen Ärmchen und pluderhosenartigen Beinchen, zwischen denen sich ein kleiner Zahn befindet. Der menschenähnliche Eindruck

Blütenstand des Purpur-Knabenkrautes

Helm und Pollinarien des Purpur-Knabenkrautes

Purpur-Knabenkraut

Einjähriges Silberblatt

Wasser-Schwertlilie

wird durch den Helm verstärkt, der an einen über der Lippe sitzenden Kopf erinnert. Auf der weißen Lippe befinden sich zahlreiche rot-violette Pünktchen, die sich bei genauerer Betrachtung mit Hilfe einer Lupe als feine gefärbte Härchen (sogenannte Papillen) entpuppen. Im Inneren des Helms befindet sich der Fortpflanzungsapparat der Pflanze, der aus einer glänzenden, klebrigen Narbe und zwei dunkelroten bis violetten Pollenpaketen besteht, die am Ende eines Stielchens mit einer Klebscheibe versehen sind, die der Befestigung am Körper der besuchenden Bienen bzw. Fliegen dienen.

An der dritten Schautafel, die den Waldbäumen gewidmet ist, wenden wir uns im rechten Winkel nach links und besteigen, sanft aufwärts gehend vorbei an Halbtrockenrasen mit schönen Beständen des Gewöhnlichen Sonnenröschens (*Helianthemum nummularium*) und heute meist brachliegenden Feldern sowie einer weiteren Schautafel den Bornberg, wo wir uns beim Erreichen einer verwilderten Obstplantage erneut scharf links halten und auf eine weithin sichtbare und zum Naturlehrpfad gehörende Schutzhütte zugehen. Auch hier sind weitere Schautafeln aufgebaut. Wir betreten nun einen unter der Schutzhütte beginnenden und in westlicher Richtung abwärts verlaufenden Weg, der an Lichtungen vorbei durch Mischwald und zum Teil hohlwegartig wieder in Richtung Treffurt führt. Hier finden wir zahlreiche Exemplare des Purpur-Knabenkrautes, meist einzeln stehend, viele davon auch ohne Blütenstand, an ihren großen, saftig-glänzenden Blattrosetten aber gut erkennbar. Noch häufiger ist freilich das Bleiche Waldvöglein. Mehrfach ist an dieser Strecke auch die Grünlichen Waldhyazinthe zu finden. Hier tritt auch der als Heilkraut geschätzte Sanikel (*Sanicula europaea*) auf.

Wenn der Weg aus dem Wald heraustritt, stößt er nach kurzer Strecke senkrecht auf einen von oben kommenden anderen Weg, dem wir links einschwenkend abwärts folgen. Geht man diesen Weg dagegen nach rechts aufwärts, gelangt man nach etwa 400 m zum eingangs erwähnten Parkplatz über der Burg Normannstein. Abwärts dagegen erreicht man nach einer S-kurvenartigen Windung in der Nähe des erwähnten kleinen künstlichen Teiches wieder den Hauptweg. Von hier aus sind es nur wenige 100 m zurück bis zum Abstellplatz des Autos.

Creuzburg - Wisch und Ebenauer Köpfe

Länge der Wanderung: ca. 3,5 km
zu überwindender Höhenunterschied: ca. 170 m

Creuzburg, heute ein kleines Landstädtchen mit 2.500 Einwohnern, liegt am Beginn des mittleren Werratales, wo sich die Werra tief in die Schichten des mittleren Muschelkalkes eingegraben hat. Der Ort verdankt seine Entstehung einer Werrafurt, die schon im 13. Jahrhunderts mit einer steinernen Bogenbrücke überbaut wurde, der ältesten in Thüringen. Zusammen mit der 1499 geweihten Liborius-Kapelle bildet sie ein sehr beeindruckendes bauliches Ensemble.

Im Mittelalter bildete die auf einer Kalkklippe über der Stadt gelegene Burg den Lebensmittelpunkt der Landgrafen von Thüringen, während die nahe gelegene Wartburg bei Eisenach mehr der höfischen Repräsentanz als dem Alltag diente. So war beispielsweise Landgraf Ludwig IV. von Thüringen (1200 bis 1227) auf der Creuzburg geboren, und auch seine Ehefrau, die heilige Elisabeth (1207-1231) gebar ihre Kinder hier, unter ihnen Hermann II. (1222-1241), den vorletzten Landgrafen aus dem Geschlecht der Ludowinger, der mit nur 19 Jahren auf der Creuzburg vergiftete wurde. Sein Vater Ludwig IV. war von der Creuzburg aus zum 5. Kreuzzug nach Jerusalem aufgebrochen, starb aber noch im gleichen Jahr in Italien an einer Seuche.

Als sich im Jahre 1547 der ehemalige Kurfürst Johann Friedrich von Sachsen (1503-1544) vor die Notwendigkeit gestellt sah, eine neue Landesuniversität für das ernestinische Sachsen zu gründen, weil er die bisherige in Wittenberg verloren hatte, wurde neben Jena auch Creuzburg als Universitätsort in Erwägung gezogen. Wenn der Zuschlag 1558 nicht an Jena gefallen wäre, sähe Creuzburg heute sicher anders aus!

Creuzburg kann man von Eisenach aus entweder mit dem Bus oder über die B 7 mit dem Pkw erreichen. Ausgangspunkt unserer Wanderung ist der kleine Marktplatz gegenüber der Nikolaikirche, wo man auch sein Auto abstellen kann. Wer länger in Creuzburg bleiben möchte, findet hier am Marktplatz auch zwei preiswerte Hotels. Das hinter der Kirche gelegene kleine Fachwerk-Rathaus ist ebenfalls sehr ansehenswert. Die daneben stehende Schule trägt den Namen eines anderen berühmten Sohnes der Stadt, des Komponisten Michael Praetorius (1571-1621), von dem man heute noch den vierstimmigen Satz des schönen Weihnachtsliedes „Es ist ein Ros entsprungen ...“ kennt.

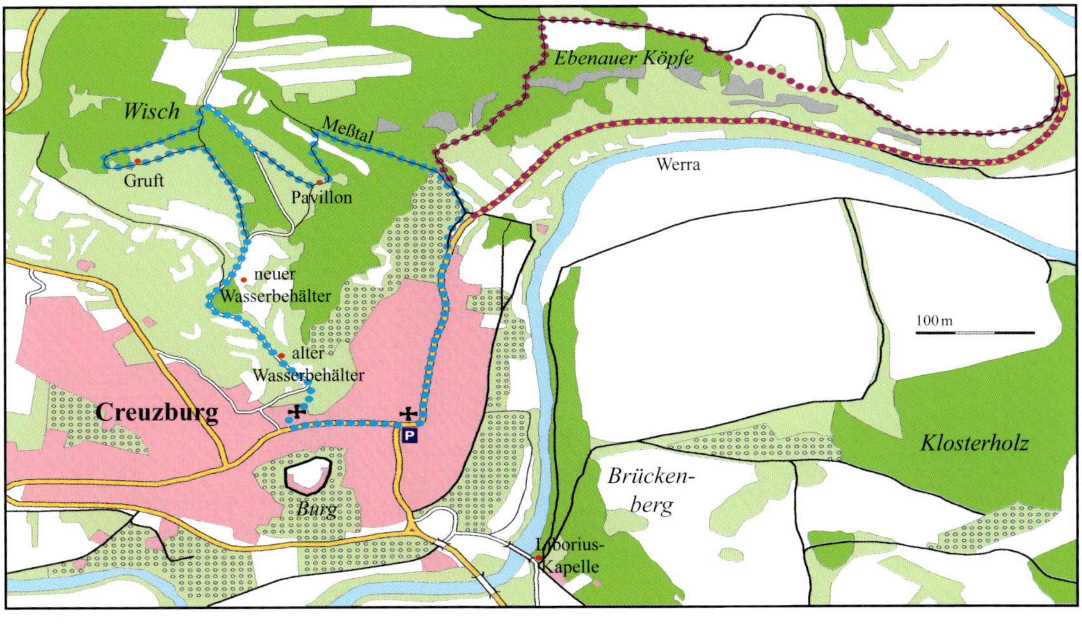

Blick von den Ebenauer Köpfen über Creuzburg nach Süden

Die 1223 erbaute Werrabrücke mit der Liborius-Kapelle

Blick vom Wisch in Richtung Süden

Wir folgen der Marktstraße in Richtung Westen, bis wir kurz nach den auf der rechten Seite erkennbaren Resten der Stadtmauer den Treppenaufgang zum alten Friedhof mit der Gottesackerkirche erreichen. Der Eingangstorbogen wird durch eine Mahnung der Toten an die Lebenden geschmückt. Nachdem wir die Treppe erstiegen und den Friedhof überquert haben, betreten wir die sogenannte „alte Scherbdaer Chaussee", über die ehemals der Verkehr nach dem Dorfe Scherbda rollte, bis 1930 die neue Straße durch den Herzbergsgraben gebaut wurde. Scherbda ist heute nach Creuzburg eingemeindet. Beim Erreichen eines alten Behälters für die Wasserversorgung können wir am Wegrand die ersten Orchideen beobachten. Vornehmlich handelt es sich um Exemplare des Helm-Knabenkrautes (*Orchis militaris*), welche die Hänge des etwas in das Gelände eingetieften Weges säumen. Es ist an seinem aschgrauen Helm gut erkennbar und nicht mit dem Purpur-Knabenkraut zu verwechseln, das einen dunkelpurpurnen Helm besitzt und sich etwas weiter oberhalb zum Helm-Knabenkraut gesellt. Da beide Arten nahe verwandt sind, kommt es überall, wo beide gemeinsam siedeln, zur Ausbildung von Mischlingen, sogenannter Hybriden. Das Hybriden-Knabenkraut (*Orchis ×hybrida*) zeichnet sich vor den Eltern durch besondere Wüchsigkeit und eine prächtige Färbung aus, so dass schon der bekannte Eisenacher Florist Arno BLIEDNER (1848-1931) über die Vorkommen am Wisch und den Ebenauer Köpfen begeistert berichtete: „[*Orchis ×hybrida*] fällt dem einigermaßen geübten Auge

Helm- und Purpur-Knabenkraut am Wisch. In der Mitte ein knospiges Exemplar der Großen Händelwurz

Blütenstand des Helm-Knabenkautes

Hybride zwischen Purpur- und Helm-Knabenkraut

Zwei Pflanzen der Kleinen Spinnen-Ragwurz

Blüten der Kleinen Spinnen-Ragwurz

alsbald auf nicht nur durch die oft beträchtliche Länge der Blütenähre, sondern auch durch die prachtvolle Färbung der Blüten, bei der sich das Purpurbraun von *Orchis fusca* [d. i. *Orchis purpurea*] und das Aschgrau von *Orchis galeata* [d. i. *Orchis militaris*] in das schönste Rosenrot verwandelt hat.“

Auf einer kleinen Wiese links am Wegrand gegenüber einem in den letzten Jahren neu angelegten Wasserbehälter lassen sich einige wenige Exemplare des Dreizähnigen Knabenkrautes (*Neotinea tridentata*) bewundern, eine Art, die sonst in der näheren Umgebung Creuzburgs fehlt.

Nach etwa 100 m weiterer Wegstrecke verlassen wir die alte Scherbdaer Chaussee bei einer scharfen Rechtskurve und folgen dem geradeaus bergauf führenden Fußweg. Unter lichtem Gebüsch und in kleinen Waldpartien lassen sich hier nicht nur die bereits erwähnten Arten beobachten, sondern auch die merkwürdige Fliegen-Ragwurz (*Ophrys insectifera*) und etwas später im Sommer an der gleichen Stelle auch die Bienen-Ragwurz (*Ophrys apifera*), die allerdings nicht in jedem Jahr erscheint. Auch die Große Händelwurz (*Gymnadenia conopsea*), die Fuchssche Kuckucksblume (*Dactylorhiza fuchsii*), die Braunrote Stendelwurz (*Epipactis atrorubens*) und das Rote Waldvöglein (*Cephalanthera rubra*) sind auf diesem Wegabschnitt nicht selten, blühen aber ebenfalls etwas später als die Knabenkräuter. Dazwischen schmücken die auffälligen Blüten des Großen Windröschens (*Anemone sylvestris*) die Hänge

Kurz vor Erreichen des Wisch-Gipfels wenden wir uns nach links und folgen einem begrasten Fußweg in Richtung Westen. Nach kurzer Strecke erreicht man eine leere und halb verfallene Gruft, von den Einheimischen „Koschenhaschens Grab“ genannt. Hier haben in den vergangenen Jahren Pflegearbeiten stattgefunden. Auf dem entbuschten Hang unterhalb der Gruft blühen seither sehr viele Exemplare des Helm-, des Purpur- und des Hybriden-Knabenkrautes, die inzwischen auch den Halbtrockenrasen oberhalb der Gruft besiedeln.

Nach dieser Stelle geht der Weg in einen schmalen Fußpfad über, der im Halbkreis durch lichten Wald auf den Gipfel des Wisch führt. Mit etwas Glück lässt sich hier rechts am Pfadrand eine weitere Ragwurzart finden, die in Thüringen sehr seltene Kleine Spinnen-Ragwurz (*Ophrys araneola*), die natürlich (also ohne menschliches Zutun) in Thüringen nur an wenigen Stellen in der näheren Umgebung Creuzburgs vorkommt. Von manchen Botanikern wird sie nur als Unterart der gewöhnlichen Spinnen-Ragwurz (*Ophrys sphegodes*) betrachtet. Noch seltener ist ihre Hybride mit der Fliegen-Ragwurz (*Ophrys ×apicula*), die nicht in allen Jahren und wenn überhaupt, dann nur in ganz wenigen Exemplaren auftritt. Sie ist an den beiden Petalen (das sind die direkt über der insektenähnlichen Lippe stehenden Blütenblätter) gut zu erkennen. Während sie bei der Fliegen-Ragwurz sehr schmal und kurz (siehe S. 77) und bei der kleinen Spinnen-Ragwurz ziemlich breit sind, vermitteln sie bei der Hybride zwischen den Eltern. Die Bilder am unteren Seitenrand verdeutlichen diesen Umstand.

Haben wir den über den Gipfel des Wisch verlaufenden Waldrand erreicht, lädt ein aus einem alten Mühlstein verfertigter steinerner Tisch zur Rast. Unser Blick schweift nach Süden weit hinaus ins Land bis hinüber zur mächtigen Autobahnbrücke über die Werra.

Wir folgen dem Fußpfad weiter in Richtung Osten und durchqueren ein kurzes Stück verhältnismäßig dunklen Laubwaldes aus Rotbuche (*Fagus sylvatica*) und Hainbuche (*Carpinus betulus*), in dessen spärlicher Bodenvegetation wir ganze Herden der chlorophyllfreien Nestwurz (*Neottia nidus-avis*) entdecken können. Ihre vertrockneten Fruchtstände überdauern meist den Winter und mischen sich unter die diesjährigen frischen Austriebe. Das gleichfalls an dieser Stelle vorkommende Bleiche Waldvöglein (*Cephalanthera damasonium*) öffnet seine cremeweißen Blüten nur sehr selten und bestäubt sich deshalb fast immer selbst.

Nach kurzer Wegstrecke erreichen wir den nördlichen Waldrand und treffen hier wieder auf die alte Scherbdaer Chaussee, der wir ein kurzes Stück zurück in Richtung Creuzburg in südöstlicher Richtung folgen. Rechts am Wegrand können wir unter Gebüsch zahlreiche Exemplare des unscheinbaren Großen Zweiblattes (*Listera ovata*) beobachten. Auf den Lippen der kleinen, grünlichen Blüten befindet sich ein glänzendes Saftmal, welches den bestäubenden Fliegen den Weg zu den Pollenpaketen zeigt. An einer lichten Stelle unter Wald-Kiefern (*Pinus sylvestris*) ist ebenfalls am rechten Wegrand auch eine schöne Population der Fliegen-Ragwurz zu finden.

Etwa an dieser Stelle schwenken wir auf einen schmalen Fußpfad ein, der in eine links der Straße gelegene aufgelassene Streuobstwiese führt, die wir in Richtung eines Aussichtspavillons durchqueren. Überall blühen Helm- und Purpur-Knabenkraut, an Gebüschrändern wird die farbige Blütenpracht auch hier durch die weißen Blüten des Großen Windröschens wirkungsvoll ergänzt. Am Aussichtspavillon bietet sich ein schöner Ausblick über die Stadt und ihre südliche Umgebung. In östlicher Richtung

Kleine Spinnen-Ragwurz, charakteristisch sind der gelbe Rand und die breiten, grünen Petalen

Bienchen-Ragwurz, Hybride zwischen Kleiner Spinnen-Ragwurz und Fliegen-Ragwurz

Verwilderte Gartenformen der Schneerose

Blüten und Knospen der Astlosen Graslilie

erblickt man die Felsvorsprünge des Naturschutzgebietes „Ebenauer Köpfe“. Am Pavillon befindet sich auch ein Kinderspielsplatz.

Hinter dem Spielplatz betreten wir einen kleinen Fußpfad in nordöstlicher Richtung, der durch Wald abwärts bis zu einer schmalen Wiese führt. Erneut sind hier zahlreiche Exemplare der Nestwurz und des Bleichen Waldvögleins zu beobachten. Nach dem Überqueren der Wiese erreichen wir einen weiteren Fußpfad, der entlang des Meßtales hinunter zur Stadt führt. Beim Meßtal handelt es sich um einen grabenartigen, bewaldeten Wasserriss. An lichten Stellen können neben den Knabenkräutern die Orchideenarten Große Händelwurz, Braunrote Stendelwurz und Fliegen-Ragwurz beobachtet werden. Im Sommer beeindrucken die Blütenstände einer mächtige Staude, des Breitblättrigen Laserkrautes (*Laserpitium latifolium*), aus dessen Wurzeln früher Schnaps gebrannt wurde. Nachdem der Pfad einen Schießstand passiert hat, erreicht er am Ortsausgang von Creuzburg die Klosterstraße, wo man es sich in der Gaststätte „Zum Klostergarten“ wohl sein lassen kann, ehe man wieder den Marktplatz und damit den Ausgangspunkt der Wanderung erreicht.

Wer gut zu Fuß ist und noch Lust zu weiteren Unternehmungen in sich verspürt, kann auch noch die Ebenauer Köpfe besteigen, denn am Ausgang des Meßtales führt auf der anderen (östlichen) Seite der „Ebenauer Fußweg“ in Serpentinen hinauf auf die Hochfläche und dann parallel zu den Klippen sanft abwärts bis zur Straße nach Mihla, auf der man dann in Richtung Creuzburg unterhalb der Ebenauer Köpfe zurückläuft. Auf deren Unterhängen wachsen große Mengen des Helm-Knabenkrautes, auch das Purpur-Knabenkraut und das Hybriden-Knabenkraut sind nicht selten. Im Sommer kann sich der Pflanzenfreund an beeindruckenden Massenvorkommen der Großen Händelwurz erfreuen. Noch gewaltigere Bestände bildet allerdings die Astlose Graslilie (*Anthericum liliago*), die im Juni zu Tausenden an den Hängen blüht und auf die steilsten Felspartien hinaufsteigt. Ehe man Creuzburg erreicht, treten als Zeichen früheren Gartenbaues rechts der Straße große Bestände der Schneerose (*Helleborus*-Hybriden) auf, die bei milder Witterung in manchen Jahren schon Ende Dezember oder im Januar blüht und deshalb auch Christrose genannt wird.

Wiesenthaler Schweiz

Länge der Wanderung: ca. 4,1 km
zu überwindender Höhenunterschied: ca. 100 m

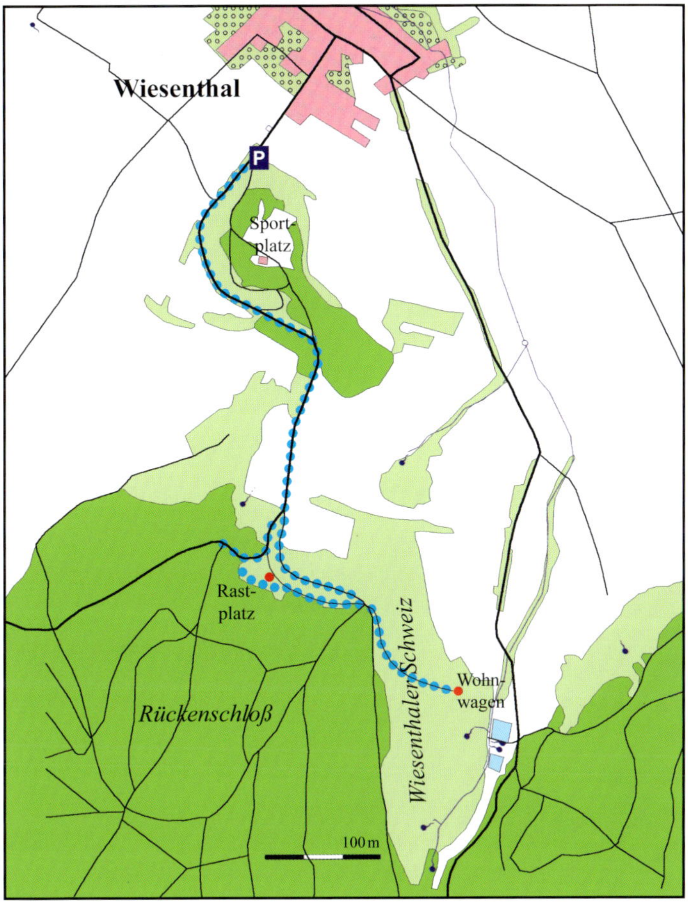

Die Umgebung des überwiegend landwirtschaftlich geprägten Ortes Wiesenthal gehört zu den reizvollsten der thüringischen Rhön. Den Besucher beeindrucken vor allem die herrlichen Triften mit ihren Wacholdergebüschen, die sich wie breite Bänder an den Wald anschließen, der die Gipfel der umliegenden Berge bedeckt. Dieses reizende Bild ist heute in Thüringen selten geworden! Fast überall ist seit dem Ende der DDR die Wanderschäferei zu Grunde gegangen, der wir die Existenz solcher Hutungen verdanken. Mit dieser speziellen Form der Schafhaltung - sie lohnt sich heute nicht mehr - wäre auch das Ende der Wacholdertriften eingeläutet, würde man sie nicht in Teilen der Rhön durch Subventionen am Leben erhalten.

Wiesenthal ist ein typisches „Haufendorf" und weit über 1.000 Jahre alt, die älteste urkundliche Erwähnung stammt aus dem Jahre 785. Etwas erhöht, am östlichen Ortsrand, befindet sich die Jakobuskirche mit Resten eines alten Wehrkirchhofes. Der Ort besitzt heute knapp 800 Einwohner. Ein etwas längerer Aufenthalt ist durchaus empfehlenswert, denn die Umgebung bietet weit mehr als nur die hier beschriebene Wanderung. Übernachtungsmöglichkeiten stehen dem Gast in gut ausgestatteten Ferienwohnungen zur Verfügung, zwei Gaststätten mit Mittagstisch sorgen für das leibliche Wohl und im benachbarten Dermbach direkt an der B 285 bieten sich weitere Möglichkeiten.

Wiesenthal ist über die L 1026 von Dermbach oder Wernshausen aus mit dem Auto erreichbar. Den Ausgangspunkt unserer Wanderung erreicht man z.B. aus Richtung Dermbach, indem man nach Passieren der abwärts in den Ort führenden S-Kurve den ersten Abzweig nach rechts in die Kiesstraße benutzt und dann nach links in die Gerbersgasse einbiegt. Beim Wegweiser zum Schwimmbad biegt man noch einmal rechts in die Pfarrer-Carlsson-Straße ein, auf der man den Ort südlich in Richtung des Sportplatzes verlässt. An einer Weggabelung ist die Weiterfahrt verboten. Hier stellt man das Auto ab und benutzt den rechten Fahrweg, der nach gut 200 m von einer Linkskurve an für fast 400 m an einem schönen, bebuschten Halbtrockenrasen entlangführt. Hier begrüßt uns als erste Orchidee die Große Händelwurz (*Gymnadenia conopsea*) mit ihren auffälligen und duftenden Blütenständen. Außerdem fallen dem aufmerksamen Beobachter die hübschen Fruchtstände der Gewöhnlichen Kuh-

Sommeraspekt (mit Großer Händelwurz) in der Wiesenthaler Schweiz

Blick von der Wiesenthaler Schweiz in nordöstlicher Richtung

Wacholdertrift auf der Wiesenthaler Schweiz

schelle *(Pulsatilla vulgaris)* ins Auge, die der Volksmund „Hexenbesen" nennt, weil jede der zahlreichen Einzelfrüchte mit einem Federschweif versehen ist, die zusammen einen besenartigen Anblick gewähren.

Nach dem Durchqueren eines kleinen Waldstückes wendet sich der Fahrweg wieder in südliche Richtung. Bei einer Weggabelung entdecken wir die ersten Hinweisschilder auf das NSG „Wiesenthaler Schweiz". Von hier ab ist das Verlassen der Wege verboten; jeder Naturfreund wird im Interesse der Erhaltung seltener Pflanzen gebeten, diese Vorschrift auch einzuhalten.

Kurz nach der Weggabelung erblicken wir auf dem rechts vom Weg liegenden Hang ein kleines Kalk-Quellmoor. Ein völlig vergraster alter Weg gestattet uns die Annäherung an die in diesem Moor und seiner Umgebung siedelnde Sumpf-Stendelwurz (*Epipactis palustris*). Von allen neun in Thüringen vorkommenden Arten dieser Gattung besitzt sie sicherlich die attraktivsten Blüten. Ihre zweigliedrige Lippe ist im hinteren, schüsselartigen Teil auf weißlichem Grund rot geadert und mit einem orangegelben, nektarabsondernden Mittelstreifen versehen. Die halbrundliche Vorderlippe ist mit der Hinterlippe über ein bewegliches Gelenk verbunden. Sie wirkt wie ein weißes Lätzchen, ist am Rande wellig gekerbt und an der Basis mit zwei gelbrandigen Längswülsten ausgestattet. Die hellgelben Pollinien vervollständigen die wirkungsvollen Farbkontraste der Blüte. Da die Pflanze sich über Wurzelsprosse vegetativ vermehren kann, tritt sie oft gesellig auf.

Kalk-Quellmoor mit reichem Bestand der Sumpf-Stendelwurz

Blütenstand der Sumpf-Stendelwurz

Einzelblüte der Sumpf-Stendelwurz

Auf dem gleichen Hang blühen noch mehrere andere Orchideenarten, wenn auch zu unterschiedlichen Zeiten. Zu ihnen gehören neben dem Großen Zweiblatt (*Listera ovata*) und der Großen Händelwurz noch die Breitblättrige Stendelwurz (*Epipactis helleborine*) und in wenigen Exemplaren auch Müllers Stendelwurz (*E. muelleri*). In manchen Jahren sind auch einzelne Exemplare der Bienen-Ragwurz (*Ophrys apifera*) zu beobachten.

Wir treten zurück auf den Hauptweg und folgen ihm, wenn wir erst im Sommer unterwegs sind, noch ein Stück aufwärts bis in den Wald hinein. Vor einer Linkskurve können wir ab Ende Juli bis in den August hinein am Wegrand die Violette Stendelwurz (*Epipactis purpurata*) beobachten. Im Frühjahr oder Frühsommer lohnt sich dieser Abstecher aber nicht, und wir gehen gleich zu einem vor der Waldkulisse befindlichen überdachten Tisch mit Bänken weiter und wandern von hier aus in östlicher Richtung einen Weg am Waldrand des Rückenschlosses entlang. Hier sind im Spätsommer schöne Gruppen der Breitblättrigen Stendelwurz zu sehen. Etwas früher erblüht hier auch ein umfangreicher Bestand der Fuchsschen Kuckuckblume (*Dactylorhiza fuchsii*) und noch früher kann man hier die ersten Exemplare des Stattlichen Knabenkrautes (*Orchis mascula*) entdecken. Unter den Nadelbäumen am Wegrand tritt mehrfach der chlorophyllfreie Echte Fichtenspargel (*Monotropa hypopitys*) auf, der auf den Wurzeln von Nadelbäumen parasitiert, meist denen der Gewöhnlichen Fichte (*Picea abies*). Seine schwärzlichen, ausgesamten Fruchtstände überdauern oft den Winter und sind noch im Folgejahr erkennbar.

Nach etwas mehr als 300 m Wegstrecke erreichen wir eine Waldecke, an der sich der Blick auf eine der schönsten Wacholdertriften der thüringischen Rhön öffnet, die sich auch am gegenüberliegenden Hang des Rossberges fortsetzt. Es handelt sich um das Gebiet der „Wiesenthaler Schweiz". Hier, an einem NSG-Schild, beginnt ein schmaler Fußpfad, der abwärts quer durch die Trift führt und bei mehreren als Wochenendhäusern genutzten fest installierten Wohnwagen endet. Er sollte unter keinen Umständen verlassen werden, denn auf den ersten zweihundert Metern kann man zu beiden Seiten einen der Edelsteine der thüringischen Orchideenflora bewundern, die Einknollige Honigorchis (*Herminium monorchis*).

Ihr Name leitet sich aus dem Umstand her, dass die Pflanze während der Blütezeit nur ein unterirdisches Speicherorgan besitzt, während es bei den meisten anderen knollentragenden Orchideen deren zwei sind und dass die Blüten nach Honig duften. Der Duft ist allerdings nur bei bestimmten Wetterlagen deutlich wahrnehmbar. Die an sich unscheinbare, gelbgrüne Pflanze ist in ihrer Umgebung nur bei aufmerksamer Beobachtung zu bemerken, man muss also sehr genau hinsehen, will man sie entdecken. Andererseits hängt ihr Erscheinen sehr stark von den Witterungsbedingungen der Vorjahre ab. Herrschte hier große Trockenheit, kann es im Folgejahr zum Totalausfall blühender Pflanzen kommen. Da die Art sich auch durch unterirdische Ausläufer vermehrt, neigt sie stark zur Gruppenbildung. Die Stängel werden nur 9 bis 15 cm hoch (selten auch etwa größer) mit einem allseitswendigen Blütenstand aus 12 bis 40 nickenden und kleinen Blüten. Sie sitzen auf einem aufrecht stehenden Fruchtknoten, der meist schon zur Blütezeit deutlich geschwollen ist (siehe das Foto links unten auf Seite 71). Von den Blütenblättern fällt vor allem die dreilappige Lippe auf. Die Bestäuber, kleine Verwandte der Schlupfwespen, sind bereits von Charles Darwin (1809-1882) ermittelt worden.

Eine herzliche Bitte sei an dieser Stelle noch geäußert: Unterlassen sie bitte das Fotografieren der Pflanzen an dieser Stelle. Es bleibt nämlich nicht aus, dass im Eifer des Gefechtes und ob eines guten Bildes wegen der Pfad verlassen und dabei Jungpflanzen zertreten werden, selbst wenn man sehr vorsichtig ist. Man muss die Pflanzen nicht unbedingt an dieser Stelle fotografieren, wenn man schon nicht auf eigene Aufnahmen verzichten kann. Im Interesse der Erhaltung des Fundortes sollte man sich den Naturschutzgesetzen strikt unterordnen. Wird man bei ihrer Übertretung ertappt, muss man mit empfindlichen Geldbußen rechnen! Der Freistaat Thüringen hat in den vergangenen Jahren erhebliche Mittel in Pflege und Erhalt dieses bemerkenswerten Orchideenstandortes investiert, die nicht leichtfertig vertan werden sollten, indem man sich über die nun einmal notwendigen Einschränkungen beim Besuch hinwegsetzt.

Blütenstände der Einknolligen Honigorchis

Blüten der Einknolligen Honigorchis

Gruppe der Einknolligen Honigorchis

Die Wiesenthaler Schweiz ist über das bisher Gesagte hinaus auch durch ihren Bestand an Stattlichem Knabenkraut bekannt. Die Pflanzen konzentrieren sich heute vor allem in der näheren Umgebung der bereits erwähnten Wohnwagen, während sie in früheren Jahren weitflächiger in großen Stückzahlen auftraten. Wahrscheinlich haben sie vor Jahren vom stärkeren Bewuchs mit Gewöhnlichem Wacholder (*Juniperus communis*) profitiert, weil sie im Schutz der Büsche vor Stress durch Trockenheit, Wind und Sonneneinstrahlung besser geschützt waren als heute, wo die Wacholderbüsche durch Pflegeeingriffe stark zurückgedrängt wurden (vgl. das untere Bild auf S. 68). Solche Eingriffe werden von Zeit zu Zeit nötig, weil Wacholder von Schafen nicht verbissen wird. Andere Orchideen wie Große Händelwurz, Großes Zweiblatt, Fliegen-Ragwurz (*Ophrys insectifera*) und Fuchssche Kuckucksblume werden von den Pflegeeingriffen dagegen eher gefördert als benachteiligt und besiedeln die Kalkmagerrasen der Wiesenthaler Schweiz in großen Anzahl. Dazu gesellt sich in der Nähe des oberen Waldrandes noch die Braunrote Stendelwurz (*Epipactis atrorubens*).

Indes sind es nicht nur die Orchideen, welche den floristischen Reichtum dieses Schutzgebietes ausmachen. Hier ist praktisch das gesamte Inventar der Kalk-Magerrasen vertreten. Hervorgehoben werden soll davon aber an dieser Stelle nur die Silberdistel (*Carlina acaulis*), der man früher bei Gewittern den Schutz vor Blitzeinschlägen zuschrieb und deshalb getrocknete Exemplare in den Haustüren aufhing. Heute wird sie gern in Trockensträußen und zum Grabschmuck benutzt. Durch starke Übernutzung sind ihre Bestände so stark zurückgegangen, dass sie unter Schutz gestellt werden musste. Das Abpflücken ist deshalb verboten.

Nachdem wir an den bei den Wohnwagen aufgestellten Bänken und Tischen gerastet und uns an der mitgebrachten Wegzehrung gestärkt haben, machen wir uns auf den Rückweg, der im Prinzip auf der Route des Herweges erfolgt. Nur am Ende des Fußpfades benutzen wir eine unterhalb des Waldrandes verlaufende Abkürzung, auf der wir den Fahrweg in Richtung des Abstellplatzes des Autos schneller erreichen.

Silberdistel

Eisenach - Petersberg und Hammelsberg

Länge der Wanderung: ca. 2,6 km

zu überwindender Höhenunterschied: ca. 110 m

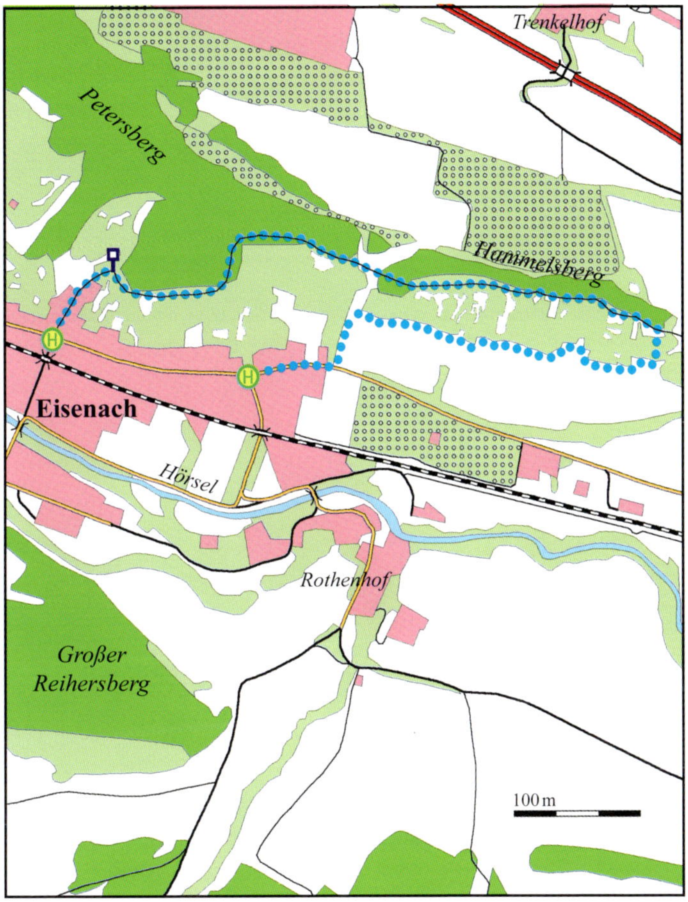

Ausgangs- und Endpunkt unserer Wanderung auf dem Gebiete der traditionsreichen Wartburgstadt erreicht man am einfachsten mit öffentlichen Verkehrsmitteln. Auswärtige Besucher sollten daher ihren Pkw auf einem der Eisenacher Parkplätze abstellen und mit einem Bus der Linie 6 oder 6a bis zur Haltestelle Auestraße fahren, dem Ausgangspunkt unserer Wanderung.

Beim Aussteigen aus dem Bus fällt das sogenannte Schloss Fischbach auf der nördlichen Seite der Gothaer Straße ins Auge, welches seine Bezeichnung als „Schloss" wahrscheinlich dem Umstand verdankt, dass es 1614 vom Eisenacher Herzog JOHANN ERNST III. (1566-1638) aus dem Geschlecht der Wettiner seiner Frau CHRISTINE geschenkt wurde, die das Vorgängergebäude im Stile der Eisenacher Fachwerkarchitektur umgestalten ließ. In Wirklichkeit handelt es sich aber um einen ehemaligen Gutshof, der mit einer Mauer umfriedet war. Reste dieser Mauer mit dem Eingangstor sind an der Westseite noch erhalten. Noch vor 1684 wurde das Anwesen von den Erben der Herzogin verkauft und diente seit dem 18. Jahrhundert bis über die erste Hälfte des 20. Jahrhunderts hinaus als Gasthaus mit Besucherzimmern, einem Tanzsaal, überdachter Kegelbahn sowie einem Biergarten mit schattigen Lauben, von dem der Lokalgeschichtsschreiber Johann Wilhelm STORCH (1765-1851) aus dem Jahre 1837 zu berichten weiß: „Sonntags nach dem Gottesdienste ist der Gasthof ein Tummelplatz der jungen Welt aus Eisenach, die scharenweis dahin zieht und sich mit Tanzen belustigt." Zu DDR-Zeiten war es anfangs Wohnhaus und beherbergte dann den Kreisbetrieb des VEB Denkmalpflege. Heute domiziliert darin die inzwischen privatisierte Nachfolgeeinrichtung.

Wir gehen den westlich am Schlösschen vorüberführenden Malittenburgweg hinauf, der nach dem Passieren des letzten Hauses in einen ungepflasterten Hohlweg wechselt. Nach wenigen Metern erreichen wir zwei Informationstafeln, zwischen denen nach rechts ein steil aufwärtsführender Fußpfad abzweigt, anfangs kaum erkennbar, nach kurzer Strecke sich aber verbreiternd. Er führt ostwärts durch verhältnismäßig dunklen Laubwald. Hier bemerkt das aufmerksame Auge im Mai die blühenden Pflanzen des Bleichen Waldvögleins (*Cephalanthera damasonium*). Nach kurzer Strecke erreicht der Pfad einen grasigen, mit Gebüsch durchsetzten Hang. Hier kann man sich im Juni an zahlreiche Exemp-

Schloss Fischbach in der Oststadt von Eisenach

Lichter Wald am Südhang des Hammelsberges bei Eisenach

Blick zur Wartburg und dem Burschenschaftsdenkmal

laren der Großen Händelwurz (*Gymnadenia conopsea*) mit ihren auffälligen, roten Blütenständen erfreuen. Von dieser Stelle ab begleiten uns in den Offenbiotopen unseres Weges auch zahlreiche Exemplare des Salomonssiegels (*Polygonatum odoratum*) und des Blut-Storchschnabels (*Geranium sanguineum*). Der eigenartige Name „Salomonssiegel" erklärt sich aus dem Umstand, dass der kriechende Wurzelstock dieser zu den Mäusedorngewächsen gehörenden Pflanze zahlreiche vorjährige Stängelansätze trägt, die wie kleine Siegelabdrücke aussehen.

Das anschließende, bogenförmige Wegestück hinüber zum Hammelsberg führte früher durch lichten Wald aus Schwarz-Kiefern (*Pinus nigra*). Dieser Forstbaum stammt aus Südeuropa und wurde vor allem im 19. Jahrhundert zur Aufforstung ehemaliger Triften über Kalk angepflanzt, weil er sich für diesen Zweck besonders gut eignet. Inzwischen ist der größte Teil davon gefällt worden. Leider ließ man alle Äste und schwächeren Stammstücke einfach liegen. Die Begehung des Pfades ist dadurch recht mühsam geworden.

Nach der Überwindung dieser „Durststrecke" ist man auf dem Hammelsberg angelangt, auf dem sich der nun breitere Fußweg durch ein sehr reichhaltig strukturiertes Gebiet dahinschlängelt. Dichter und verhältnismäßig dunkler Wald wechselt sich mit wiesigen Partien und lichten Gebüschzonen ab. Diese Biotopstruktur leitet sich aus der Nutzungsgeschichte der letzten 200 Jahre her. Wie schon der Name „Hammelsberg" verdeutlicht, war das stadtnahe

Helm-Knabenkraut auf einer Pflegefläche am Unterhang des Hammelsberges

Blüten des Helm-Knabenkrautes

Weiße Blüten des Helm-Knabenkrautes sind selten

Gelände ursprünglich Weide für Schafe und Ziegen, die vor allem vom ärmeren Teil der Eisenacher Bevölkerung gehalten wurden. Deshalb war in der Zeit der intensiven Viehhaltung sowohl der Peters- wie auch der Hammelsberg kahl mit Ausnahme weniger Gebüsche und „Hutebäume“, die man als Sonnenschutz für die Weidetiere an heißen Sommertagen stehen ließ. In dem Maße, wie die Viehhaltung in der Stadt zurückging, wurden Teile der nun nicht mehr benötigten Triften aufgeforstet, wieder andere in Obstgärten umgewandelt, wovon noch alte, verwilderte Obstbäume vor allem am Unterhang zeugen, wieder andere blieben einfach sich selbst überlassen und der Wald eroberte sie nach und nach zurück. Heute ist jegliche Nutzung des Geländes eingestellt. Deshalb nimmt die Bewaldung von Jahr zu Jahr zu. Nur durch Pflegeeingriffe kann dieser Prozess zeitweilig etwas aufgehalten werden. Auf den lichten Stellen sind im Zusammenhang mit diesen Pflegeeingriffen oder auf private Initiative hin in kürzeren Abständen Bänke aufgestellt worden, auf denen man verweilen und den Ausblick bis hinüber zur Wartburg und dem Burschenschaftsdenkmal genießen kann.

Nach wenigen hundert Metern erreichen wir die Schneise einer Hochspannungsleitung, die den Hammelsberg überquert. Hier treffen wir erstmalig auf Exemplare des Helm-Knabenkrautes (*Orchis militaris*), das von hier ab in sehr unterschiedlicher Bestandsdichte die lichten Stellen des Südhanges besiedelt. Selten sind dabei auch weißblütige Exemplare anzutreffen. Die Bestände dieser Orchideenart profitieren von Pflegeeingriffen in besonders starkem Maße. Schon wenige Jahre nach Entbuschungsmaßnahmen nimmt die Anzahl blühender Pflanzen fast explosionsartig zu. Auf der anderen Seite stehen die Pflanzen jetzt bei längeren trockenen und heißen Wetterperioden unter starkem Stress, weil sie nun des Schutzes der Gebüsche entbehren. Die Anzahl der blühenden Exemplare nimmt dann so schnell wieder ab, wie sie anfangs zunahm. In den letzten Jahren war dies wegen des häufig sehr trockenen Frühjahrs gut zu beobachten.

Zum Helm-Knabenkraut gesellt sich am mittleren Hang des Hammelsberges an wenigen Stellen die Fliegen-Ragwurz (*Ophrys insectifera*). Bei dieser Orchideenart handelt es sich um einen Sexualparasiten, weil es den Männchen einer Grabwespenart (*Argogorytes mystaceus*) durch Aussehen und Duft ein paarungsbereites Weibchen vortäuscht. Bei den naturgemäß vergeblichen Begattungsversuchen dieser Insekten werden ihnen Pollenpakete angeheftet und von einer Blüte zur nächsten übertragen. Damit ist die Bestäubung herbeigeführt. Obwohl sich der Samenansatz in bescheidenen Grenzen hält, ist er für den Arterhalt offensichtlich ausreichend. Ob der geringe Ausbreitungsgrad dieser Art damit zusammenhängt, ist eine offene Frage. Die nahe mit der Fliegen-Ragwurz verwandte Bienen-Ragwurz (*Ophrys apifera*) ist auf dem Hammelsberg ebenfalls heimisch. In manchen Jahren erscheint sie zu Hunderten, während in anderen nicht ein einziges Exemplar zu finden ist. Auch Pflanzen mit gelben Blüten (apochrome Exemplare) wurden hier schon gesichtet und solche mit stark vergrößerten Petalen, den inneren Blütenblättern (var. *jurana*). Die Art ist im Gegensatz zur Fliegen-Ragwurz selbstbestäubend.

Ergänzt wird die Artengarnitur der Wiesenstellen im Juni durch zahlreiche Exemplare der Großen Händelwurz. Zu dieser Zeit sind die Hänge auch mit zahllosen Exemplaren der Ästigen Graslilie (*Anthericum ramosum*) geschmückt, die mit ihren weißen Blüten dem Auge einen besonders prächtigen Anblick bieten.

In den dunkleren Waldpartien unterscheiden sich die Lebensbedingungen für Orchideen sehr stark von denen, die auf den offenen Geländeteilen vorherrschen. Hier ist es vor allem der Lichtmangel, der nur solchen Arten eine Besiedlung gestattet, die an derartige Verhältnisse angepasst sind. Zu ihnen gehört in erster Linie die Nestwurz (*Neottia nidus-avis*), die wegen fehlenden Blattgrüns keine Photosynthese betreibt und deshalb noch bei sehr geringem Lichteinfall gedeihen kann. Besonders große Gruppen dieser Orchideenart sind rechts vom Wege zu beobachten, kurz bevor er das letzte Waldstück verlässt.

An etwas lichteren Waldstellen kommt regelmäßig das Große Zweiblatt (*Listera ovata*) vor. Die unscheinbare Pflanze mit kleinen, grünen Blüten wird leicht übersehen, fällt aber dem geübten Auge doch einigermaßen durch die beiden großen Blätter auf (sehr selten sind es drei oder mehr), auf denen parallel zueinander zahlreiche starke Nerven verlaufen. Diese Orchideenart ist äußerst anpassungsfähig und kommt deshalb mit den unterschiedlichsten Biotopen zurecht. Selbst auf völlig freien und in voller

Blüten der Fliegen-Ragwurz

Blüte der Fliegen-Ragwurz

Fliegen-Ragwurz

Die hängenden Blüten des Salomonssiegels

Blütenstände des Wolligen Schneeballs

Sonne stehenden Wiesen ist sie gelegentlich anzutreffen.

Wenn der Weg das letzte Waldstück durchquert hat, erreicht er einen nur von wenigen Gebüschen und Bäumen bewachsenen Bereich. Gleich anfangs teilt sich der Pfad hinter einer Bank, wir benutzen von den beiden Wegen den unteren, der weiter an der Hangkante entlangführt. Hier können besonders viele Exemplare des Helm-Knabenkrautes beobachtet werden, weil auf dieser Fläche vor Jahren als Arbeitsbeschaffungsmaßnahme intensive Entbuschungsaktionen stattgefunden haben.

An einer Pforte aus einbetonierten Stahlrohren verlassen wir den Weg und laufen senkrecht den Hang hinunter, bis wir die untere Waldgrenze erreichen. Zwar gibt es hier keine Wege mehr, das Gelände ist aber trotzdem in Richtung der weithin sichtbaren Hochspannungsleitung gut zu begehen. Unseren Weg säumen auch hier zahlreiche Exemplare des Helm-Knabenkrautes. Bei den Sträuchern fällt im Mai vor allem der Wollige Schneeball (*Viburnum lantana*) mit seinen schönen, halbkugeligen Blütenständen auf. An manchen Stellen sind die Gebüsche von windenden Exemplaren des Echten Geißblattes (*Lonicera caprifolium*) mit seinen eigenartigen Blütenständen durchsetzt. Wegen ihres angenehmen Duftes wird die Pflanze vom Volksmund auch „Jelängerjelieber" genannt. An einer den Hang hinaufführenden, schmalen Pflegezone wachsen an der westlichen Grenze unter Gebüsch auch einige wenige Exemplare des Stattlichen Knabenkrautes (*Orchis mascula*).

Unter der Hochspannungsleitung geht unsere Wanderung ihrem Ende entgegen. Nach dem Erreichen eines eingezäunten Privatgrundstücks laufen wir hinunter zur stark befahrenen B 7, die im Bereich der Eisenacher Oststadt „Gothaer Straße" heißt. Nach wenigen hundert Metern Fußweg stadteinwärts gelangen wir zur Endstation Rothenhof der städtischen Buslinien 6 bzw. 6a, die uns wieder ins Stadtzentrum befördern. Dort können wir uns in einer der zahlreichen Gaststätten bei echten Thüringer Klößen von den „Strapazen" der Wanderung erholen oder an einem mobilen Stand eine Rostbratwurst genießen.

Großer Hörselberg

Länge der Wanderung : ca. 4,4 km (kleine Tour) bzw. ca. 7,2 km (große Tour)
zu überwindender Höhenunterschied: ca. 120 m bzw. 180 m

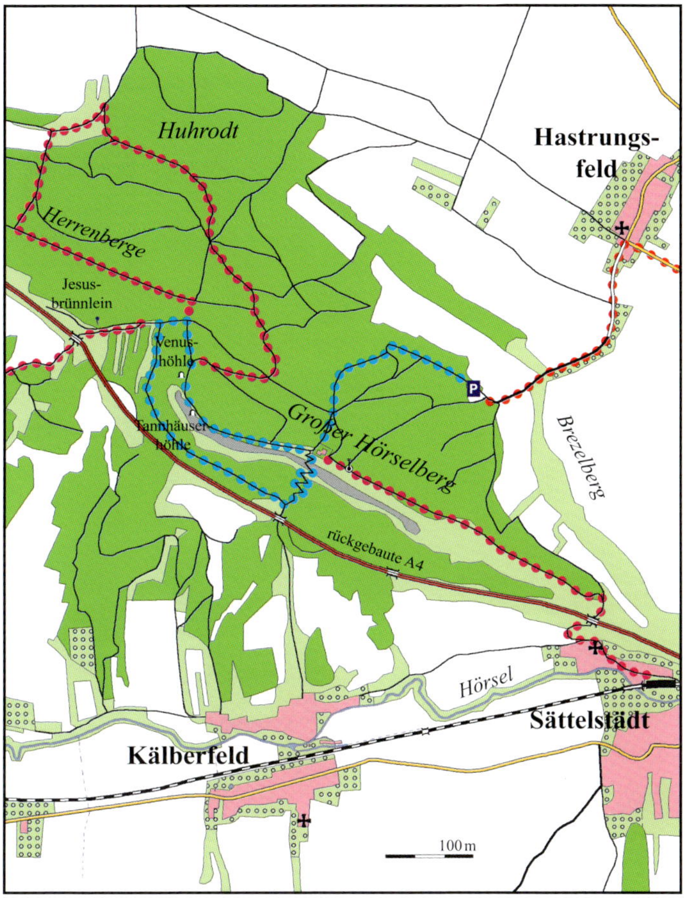

Das sagenumwobene Ensemble der Hörselberge, das mit dem Venusberg aus der Wagneroper „Tannhäuser" identifiziert wird, erstreckt sich bogenförmig über gut 7 km hinweg in West-Ost-Richtung entlang der B 7 zwischen den Orten Wutha-Farnroda und Sättelstädt. Aus geologischer Sicht handelt es sich um eine sogenannte Pultscholle aus Muschelkalk, die zur Hörsel hin in imposanten Bastionen mit einer Höhe von bis zu 75 m steil abfällt, zum nördlich gelegenen Nessetal dagegen sanft ausläuft. Jahrzehntelang zog sich am Südhang die vielbefahrene Bundesautobahn A4 hin, die 2010 im Zuge des sechsstreifigen Ausbaues im weiten Bogen nördlich um die Hörselberge herumgeführt wurde. Seit dieser Zeit ist die Zufahrt zum Ausgangspunkt unserer Wanderung sehr erleichtert worden, weil Sättelststädt eine eigene Anschlussstelle erhielt. Fährt man hier von der A4 ab, erreicht man nach kurzer Strecke auf der L2120 den nördlich des Großen Hörselberges gelegenen Ort Hastrungsfeld. Bei der ersten innerorts gelegenen Straßenkreuzung biegt man im rechten Winkel links ab auf einen Plattenweg, der in eine Schotterstraße übergeht. Am Waldrand befindet sich ein schöner Parkplatz, wo man das Auto abstellen kann. Der Große Hörselberg lässt sich aber auch mit einem der im Stundentakt verkehrenden Regionalzüge der Deutschen Bahn über den Bahnhof Sättelstädt erreichen. Diese Variante ist in der obigen Karte durch eine besondere Wegemarkierung gekennzeichnet.

Bereits in der Umgebung des Parkplatzes kann man verschiedene Orchideenarten beobachten. Zu ihnen gehören die Braunrote Stendelwurz (*Epipactis atrorubens*), die Große Händelwurz (*Gymnadenia conopsea*), die Fuchssche Kuckucksblume (*Dactylorhiza fuchsii*) und am Rande eines kleinen, aufgelassenen Steinbruchs sogar das besonders eindrucksvolle Rote Waldvöglein (*Cephalanthera rubra*).

Für den Aufstieg zum Hörselberghaus bieten sich zwei Möglichkeiten an: Einmal der sanft aufwärts führende Fahrweg zur Gaststätte, dann aber auch ein steiler, aber kürzerer Fußpfad durch lichten Kiefern- bzw. Mischwald. Kurz vor dem Hörselberghaus vereinigen sich die beiden Wege. Hat man die steil abfallende Südseite des Großen Hörselberges erreicht, bietet sich ein sensationeller Ausblick über große Teile Westthüringens. Zur Rechten erkennt man die Wartburg und das Burschenschaftsdenkmal

Blick vom Großen Hörselberg in westlicher Richtung

Blick vom Großen Hörselberg auf Kälberfeld

Auf der „Apotheke" blüht alljährlich das Stattliche Knabenkraut

bei Eisenach, im Süden schweift der Blick hinüber zum Thüringer Wald mit dem Großen Inselsberg, während man östlich im Dunst die Türme von Gotha erkennen kann. Hier ist gut ruhen und wer jetzt schon Hunger und Durst verspürt, kann ihn in den gastlichen Räumen des 1890 errichteten Hörselberghauses stillen. Die meisten Wanderer werden eine Einkehr indes ans Ende der hier als Rundweg konzipierten Route verlegen, die uns zunächst auf dem Kamm des Großen Hörselberges in westliche Richtung führt.

Der Steilhang wird von einer sehr artenreichen Pflanzengesellschaft besiedelt. Unter ihren Mitgliedern fallen sommers die Ästige Graslilie (*Anthericum ramosum*) und der Blut-Storchschnabel (*Geranium sanguineum*) mit Massenbeständen besonders ins Auge. Bemerkenswert, wenn auch weniger auffällig, sind im Frühling der rötlich blühende Edel-Gamander (*Teucrium chamaedrys*), der Frühblühende Thymian (*Thymus praecox*), das Frühlings-Fingerkraut (*Potentilla tabernaemontani*) und das Kalk-Blaugras (*Sesleria albicans*). Im Juli beeindrucken imposante Stauden wie Hirsch-Haarstrang (*Peucedanum cervaria*) und Breitblättriges Laserkraut (*Laserpitium latifolium*), während in der Strauchschicht das Auftreten der Gewöhnlichen Zwergmispel (*Cotoneaster integerrimus*) besonders erwähnenswert ist. Ob hier früher die Flaumeiche (*Quercus pubescens*) tatsächlich vorgekommen ist, wie manchmal behauptet wird, bleibt zweifelhaft. Heute gibt es jedenfalls am Hörselberg keine Exemplare dieses südlichen Florenelements mehr. An Orchideen

Schmallippige Stendelwurz im Buchenhochwald

Blüte der Schmallippigen Stendelwurz

Blütenstand der Schmallippigen Stendelwurz

Kleistogame Form der Schmallippigen Stendelwurz

Violette Stendelwurz

trifft man hier die Fliegen-Ragwurz (*Ophrys insectifera*), die Große Händelwurz und die Braunrote Stendelwurz an, sehr selten auch das Rote Waldvöglein. Gegen Ende des Kammweges kommt man an zwei kleineren Höhlen vorbei, zuerst an der Tannhäuser- und danach an der Venushöhle, beide etwas unterhalb des Weges liegend und nicht betretbar, weil sie als Fledermausquartiere dienen. Die Venushöhle ist neuerdings sogar durch ein Gitter abgesperrt.

Kurz nach Passieren der Venushöhle tritt der Weg in verhältnismäßig dunklen Laub-Hochwald ein. An dieser Stelle ist eine Entscheidung über den weiteren Verlauf der Wanderung fällig. Wer in den Monaten Juli bzw. August unterwegs ist, um die beiden hier ausführlich behandelten Orchideenarten Schmallippige und Violette Stendelwurz (*Epipactis leptochila* und *E. purpurata*) zu beobachten, muss der zusätzlichen Route folgen, die durch eine rötliche Punktierung auf der Karte hervorgehoben wird. In den Monaten davor ist von ihnen aber nichts oder nur der Austrieb zu sehen. In diesem Falle wird man gleich zum Jesusbrünnlein und der „Apotheke" absteigen.

Die genannten beiden Stendelwurzarten sind Besiedler falllaubreicher und tiefgründiger Laubmischwälder, wie sie auf der Nordseite des Großen Hörselberges stocken. Wir laufen deshalb im Bogen auf schwach abwärts führenden Waldwegen auf die Nordseite hinüber, wo wir nach einer Wegstrecke von ca. 800 m die ersten Pflanzen der Schmallippigen Stendelwurz antreffen. Wie bei allen Arten dieser Gattung ist die Lippe zweigeteilt. Der vordere Abschnitt, das sogenannte Epichil, ist bei dieser Art schmal und spitz nach vorn gestreckt, während das hintere (das Hypochil) napfartig und mit Nektar gefüllt ist. Die Art ist selbsbestäubend, die krümeligen Pollinien rutschen von selbst auf die Narbe herunter. Am Hörselberg kommen auch Pflanzen vor, bei denen das Hypochil nektarlos ist und sich die meisten Knospen gar nicht oder nur teilweise öffnen (siehe hierzu das rechte untere Bild auf S. 81). Die Früchte werden gleich aus dem knospigen Zustand heraus gebildet (var. *altensteiniana*). Oft sind die Pflanzen während ihrer Blütezeit das einzige Grün im Biotop (siehe die linke obere Abbildung auf Seite 81) und werden dann vom Rehwild regelmäßig verbissen, was zur Büschelbildung infolge vegetativer Vermehrung beiträgt.

Das trifft auch für die 2 bis 3 Wochen später blühende Violette Stendelwurz zu, bei der Büschelbildung sehr häufig auftritt. Auf unserer Wanderung treffen wir die Pflanzen vor allem auf der Wegstrecke an, die den Nordhang des Großen Hörselberges von dem eine eigene

Erhebung bildenden Huhrodt trennt. Sie ist hier zwar nicht selten, ihre Entdeckung bedarf trotzdem eines scharfen Auges, weil die Pflanze nur verhältnismäßig kleine, violett überlaufene Blätter besitzt. Im knospigen Zustand sind die Blütenstände ähnlich einem Bischofstab eingerollt und strecken sich erst kurz vor dem Aufblühen. Die Pflanze wird von Wespen geradezu belagert und schon kurz nach dem Aufblühen sind alle Blüten bestäubt, der Fruchtansatz ist deshalb fast vollständig. Von anderen Arten der Gattung unterscheidet sich die Art durch ihre späte Blütezeit, Größe und Farbe der Laubblätter und die vor allem am Grunde dunkelviolett gefärbten Stängel.

Wenn der Weg die große Wiese (früher eine Ackerfläche am Huhrodt) erreicht, biegen wir wieder nach links in südliche Richtung um und steigen zum Kammweg der Herrenberge auf, den wir nach etwa 500 m Wegstrecke erreichen. Hier wenden wir uns wieder in östlicher Richtung und laufen an zahlreichen alten Steinen vorbei, welche die Grenze zwischen dem ehemaligen Großherzogtum Sachsen-Weimar-Eisenach (SWE) und dem Herzogtum Sachsen-Gotha (HSG) markieren. Der Volksmund hat die beiden Länderkürzel auf den Steinen zu dem Spruch umgedeutet „Schinken, Wurst und Eier haben sie gegessen." Auf der nördlichen Seite des Weges liegt ein Massenvorkommen des Märzbechers (*Leucojum vernum*), jetzt freilich ist die Pracht verblüht, ab Mitte März lohnt sich aber ein speziell diesem Vorkommen gewidmeter Besuch. Man umrundet anschließend den tief eingegrabenen Ausläufer des Zapfengrundes und kehrt auf den Kammweg des Großen Hörselberges zurück oder steigt auf schmalem Fußpfad zum Talgrund ab, wo sich der Weg mit dem direkten Abstieg zum Jesusbrünnlein vereint, das wir als nächstes aufsuchen. Die jetzt gefasste und nur spärlich rinnende Quelle ist der Sage nach auf Fürbitte eines Schäfers hin für seine durstige Herde entsprungen. In der unmittelbaren Umgebung sind zahlreiche Bänke aufgestellt, weil hier am Sonntag nach Pfingsten alljährlich ein Gottesdienst gefeiert wird.

Etwas oberhalb des Jesusbrünnleins biegt links ein schmaler Fußpfad zu einem der interessantesten Biotope des Großen Hörselberges ab, der sogenannten „Apotheke". Der Name deutet darauf hin, dass hier früher die kräuterkundigen Bauersfrauen der umliegenden Dörfer ihren Heilkräuterbedarf

Knospige Exemplare der Violetten Stendelwurz

Blütenstände der Violetten Stendelwurz

deckten. Heute sind die schmalen Wiesenflächen mangels regelmäßiger und ausreichender Nutzung durch Verbuschung in ihrer Existenz bedroht, denn aus dem angrenzenden Wald dringt besonders stark die Gewöhnliche Esche (*Fraxinus excelsior*) in die Wiesenflächen ein. Für den Orchideenfreund ist die Apotheke ein wahres Eldorado. Im zeitigen Frühjahr schmücken zahlreiche Exemplare des Stattlichen Knabenkrautes (*Orchis mascula*) vor allem die oberste Wiesenfläche, dem das Purpur-Knabenkraut (*Orchis purpurea*) als nächstes mit der Blüte folgt. Zu ihm hat sich in den letzten Jahren eine auf über 100 Exemplare angewachsene Population des Helm-Knabenkrautes (*Orchis militaris*) gesellt. Das Auftreten der prächtigen Hybride zwischen beiden ist wohl nur noch eine Frage der Zeit. Zu den bereits aufgezählten Arten kommen die beiden Waldhyazinthen (*Platanthera chlorantha*, *P. bifolia*) mit ihrer Hybride (*P.* ×*hybrida*) hinzu. Noch etwas später erblüht eine mächtige Population der Fuchsschen Kuckucksblume (*Dactylorhiza fuchsii*), und auch das Große Zweiblatt (*Listera ovata*) ist hier häufig. Am Waldrand wird das Ensemble der Orchideenarten der „Apotheke" durch das Bleiche Waldvöglein (*Cephalanthera damasonium*) vervollkommnet. Nach diesem Glanzpunkt unserer Wanderung über den Großen Hörselberg treten wir den Rückweg an. Wer mit der Bahn gekommen ist, wird die ehemalige A4 queren und durch den Zapfengrund nach Schönau wandern, um vom dortigen Bahnhof aus die Heimreise anzutreten. Für das leibliche Wohl ist hier direkt am Waldrand in einer rustikalen Gaststätte gesorgt. Auch der Besuch des Hörselbergmuseums in Schönau in Bahnhofsnähe kann sehr empfohlen werden.

Wer dagegen sein Auto auf dem Parkplatz bei Hastrungsfeld abgestellt hat, muss wohl oder übel den Rückweg über das Hörselberghaus antreten. Zunächst geht man von der „Apotheke" aus auf schmalem Fußpfad immer über der rückgebauten A4 in östlicher Richtung weiter, bis man bei einer an einem kleinen Wiesenstück gelegenen ehemaligen Unterführung auf den sogenannten Zickzackweg trifft, der (nomen est omen) in zahlreichen Serpentinen hinauf zum Hörselberghaus führt. Wie zur Belohnung für den anstrengenden Aufstieg erblühen auf diesem Wiesenstück in manchen Jahren einige Exemplare der Bienen-Ragwurz (*Ophrys apifera*), während im unteren Teil des Aufstieges, der zunächst durch Hochwald führt, die bräunlichen Blütenstände der Nestwurz (*Neottia nidus-avis*) den „Durchhaltewillen" des Orchideenfreundes stärken. Der Zickzackweg endet direkt beim Hörselberghaus, wo nach einer ausführlichen Rast die Lebensgeister nach der Anstrengung des Aufstieges wieder erweckt werden können. Der Rückweg zum Parkplatz erfolgt dann leichten Fußes abwärts auf der bekannten Strecke, die uns bereits zum anfänglichen Aufstieg diente.

Blut-Storchschnabel

Kühndorf - Drachengraben und Dolmar

Länge der Wanderung: Drachengraben ca. 1,4 km, Dolmar ca. 3,4 km
zu überwindender Höhenunterschied: ca. 20 m, Dolmar ca. 70 m

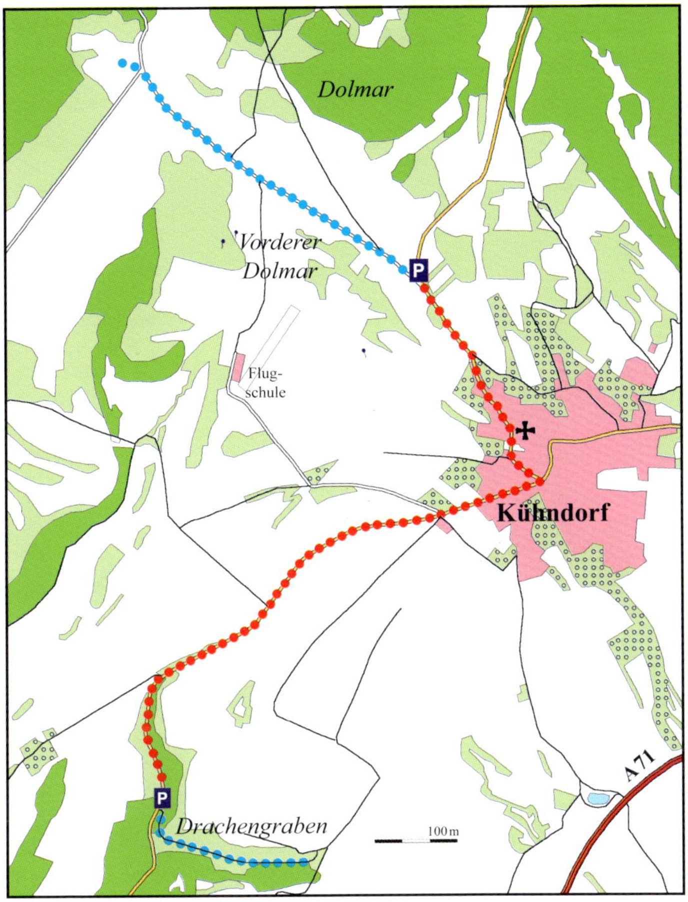

Nur 10 km nordöstlich von Meiningen, der ehemaligen Residenzstadt des thüringischen Herzogtums Sachsen-Meiningen, liegt Kühndorf. Die Gemeinde mit heute etwas mehr als 1.000 Einwohnern wurde bereits im Jahre 795 erstmals urkundlich erwähnt. Ihre hübschen Fachwerkhäuser im fränkischen Baustil schmiegen sich malerisch an den Südosthang des Dolmars, eines 739 m hohen, erloschenen Vulkans, der geologisch noch zur Rhön gehört und den Übergang zwischen dieser Landschaft und dem Thüringer Wald darstellt.

Wahrzeichen des Ortes ist die weithin sichtbare und zwischen 1291 und 1315 erbaut Johanniterburg, der einzigen, die aus jener Zeit in Deutschland erhalten blieb. Die heute private Anlage beherbergt auch eine Ferienwohnung. Neben der Schlossscheune vis á vis der Burg befinden sich die Kühndorfer Heimatstuben und ein sehr gut erhaltenes Backhaus, das noch heute für Backhausfeste betrieben wird.

Der Dolmar ist seit 1927 ein bekannter Segelflugstandort, der sich heute zu einem beliebten Start- und Landeplatz für Drachenflieger und Ultraleichtflugzeuge entwickelt hat. Von der Flugschule aus können sehr schöne Rundflüge zwischen Thüringer Wald und Rhön gebucht werden. Auf dem Gipfel des Berges erhebt sich das Charlottenhaus, das 1999 auf alten Fundamenten errichtet wurde und eine Gaststätte mit Übernachtungsmöglichkeit beherbergt. Eine schmale, aber asphaltierte Straße zieht sich von Kühndorf in Windungen zum Gebäude hinauf.

Die Biotopstruktur am Südwesthang des Dolmars wird noch heute davon gesprägt, dass hier der Berg über Jahrzehnte hinweg Truppenübungsplatz der sowjetischen Armee gewesen ist. Auf den ehemaligen Schießbahnen erstrecken sich heute Wiesen und Gebüschzonen, wo sich seltene Pflanzen erhalten haben, die anderswo längst ausgestorben sind. Zu ihnen gehört auch das Kleine Knabenkraut (*Anacamptis morio*). Dagegen ist der Gipfel des Dolmars von schönem Laubhochwald bedeckt, in dem im Frühjahr Massenbestände des Busch-Windröschens (*Anemone nemorosa*) und des Gelben Windröschens (*A. ranunculoides*) das Auge erfreuen. Als drittes im Bunde ziert das Große Windröschen (*A. sylvestris*) vor allem den Drachengraben, der nahe der Anschlussstelle Meinigen-Nord der neuen

Charlottenhaus auf dem Dolmar

Blick vom Dolmar über Kühndorf und zur neugebauten A 71

Drachengraben südwestlich von Kühndorf an der ehemaligen B 280

A 71 in west-östlicher Richtung verläuft. Dieser sehr bemerkenswerte Orchideen-Fundort ist nur mit dem Auto erreichbar, indem man entweder die erwähnte Abfahrt von der A 71 benutzt oder direkt von Meiningen her über die ehemalige B 280 anfährt, die inzwischen zur Kreisstraße 581 umgewidmet wurde. Hat man den Autobahnzubringer passiert, verläuft die Straße ein Stück durch Wald, ehe am Ende der ersten Linkskurve rechts ein Fußweg zum Drachengraben abzweigt. Hier besteht auch eine Abstellmöglichkeit für maximal zwei Fahrzeuge.

Der Nordhang des Drachengrabens, den man nach einer Wegstrecke von gut 200 m erreicht, wird von steinigen Enzian-Schillergras-Rasen (Gentiana Koelerietum) eingenommen, die mit Gebüschen und einzelnen Wald-Kiefern (*Pinus sylvestris*) durchsetzt sind. Es handelt sich bei diesem Biotop um einen bekannten Wuchsort für die Spinnen-Ragwurz (*Ophrys sphegodes*), die hier alljährlich zu Hunderten zur Blüte gelangt. Der bemerkenswerte Bestand ist allerdings keines natürlichen Ursprungs, sondern wurde um 1974 mit behördlicher Genehmigung künstlich begründet. Fachlichen Rat hat dabei der verdienstvolle Orchideenforscher Norbert Wiśniewski (1927-1976) geleistet, Gründer und Vorsitzender des AHO der DDR.

Die insektenähnliche Lippe der Spinnen-Ragwurz (das Artepitheton des wissenschaftlichen Namens bedeutet allerdings „wespenähnlich") dient dem Anlocken von Sandbienen-Männchen der Gattung *Andrena,* denen - ähnlich wie bei der Fliegen-

Blüten der Spinnen-Ragwurz

Gelbblütiges Exemplar der Spinnen-Ragwurz

Spinnen-Ragwurz im Biotop

Gruppe des Kleinen Knabenkrautes

Blick in den Helm des Kleinen Knabenkrautes

Ragwurz (*Ophrys insectifera*) - ein paarungsbereites Weibchen vorgetäuscht wird. Bei den naturgemäß vergeblichen Begattungsversuchen werden diesen Insekten Pollenpakete angeheftet, die sie dann auf andere Blüten übertragen und damit die Bestäubung vollziehen. Im Drachengraben kommen offenbar genügend Sandbienen vor, denn andernfalls wäre das Anwachsen der Population von einigen wenigen auf viele hundert Exemplare gar nicht möglich gewesen. Auch die Existenz zahlreicher Hybriden mit der Fliegen-Ragwurz (*Ophrys ×hybrida*), die im Drachengraben seit alters her heimisch war, wäre ohne Bestäuber nicht erklärbar. Insofern war der Drachengraben für einen Ansiedlungsversuch sehr geschickt ausgewählt.

Die Spinnen-Ragwurz treibt bereits im Herbst sogenannte Winterblätter aus den unterirdischen Speicherknollen, dadurch ihre Herkunft aus der Mittelmeerregion anzeigend. Die ersten Blüten erscheinen im Drachengraben bereits Ende April. Außerdem zeichnet sich die Art in ganz Europa und auch im Drachengaben durch eine bedeutende Veränderlichkeit aus, von der vor allem Form, Farbe und Größe der Lippe betroffen sind. Auch die Höckerung und die Malgestaltung unterliegen größeren Schwankungen. Auffällig sind vor allem gelbblütige Exemplare, die in manchen Jahren gehäuft auftreten. Meldungen, wonach im Drachengraben auch die Kleine Spinnen-Ragwurz (*Ophrys araneola*) aufgetreten sei, haben bisherigen Überprüfungen nicht standgehalten, sondern sind sehr wahrscheinlich auf Verwechslungen mit kleinblütigen Exemplaren der gewöhnlichen Spinnen-Ragwurz zurückzuführen. Auch Beobachtungen zahlreicher anderer Hybriden, welche angeblich im Drachengraben vorkommen sollen, sind wahrscheinlich eher auf die Variabilität der Spinnen-Ragwurz als tatsächlichen Hybriden geschuldet. Lediglich das Einbringen von Erbmaterial der Helenen-Ragwurz (*Ophrys helenae*) in die Population durch Unbekannte nach 1990 ist wahrscheinlich, aber ebenfalls nicht mit Sicherheit nachzuweisen. Dagegen sind die in den letzten Jahren im Drachengraben aufgetauchten Exemplare des Dreizähnigen Knabenkrautes (*Neotinea tridentata*) mit hoher Wahrscheinlichkeit „angesalbt“ worden, während die Große Händelwurz (*Gymnadenia conopsea*), das Große Zweiblatt (*Listera ovata*) und die Grünliche Waldhyazinthe (*Platanthera chlorantha*) bereits vor der Ansiedlung der Spinnen-Ragwurz hier vorkamen und damit zweifellos natürlichen Ursprungs sind.

Das Beispiel des Drachengrabens lehrt, dass bei künstlich begründeten Populationen, selbst wenn sie genehmigt sind und wissenschaftlich begleitet werden, die Hemmschwelle für das Ausbringen zusätzlicher, nicht genehmigter Arten und die Vornahme willkürlicher Kreuzbestäubungen bei manchen Liebhabern sinkt, obwohl ein derartiges Gebaren strafbar ist.

Nach dem Besuch des Drachengrabens kehren wir zum Abstellplatz des Autos zurück und fahren die ehemalige B 280 in Richtung Kühndorf weiter, wo wir nicht weit vom Ortsanfang entfernt nach links auf die Zufahrt zum Charlottenhaus einbiegen und ihr bis zu einer Weggabelung folgen, bei der ein Parkplatz angelegt wurde, wo wir unser Fahrzeug erneut abstellen. Zwar wäre es möglich, auch den nach links abzweigenden Weg mit dem Auto zu befahren, er befindet sich aber in einem derart schlechten Zustand, dass dringend davon abzuraten ist. Unser Besuch gilt hier dem in Thüringen vom Aussterben bedrohten Kleinen Knabenkraut. Bevor wir aber den Wuchsort dieser Art erreichen, können wir links am Wege in von Quellen oder auch nur den Niederschlägen gespeisten feuchten Senken einen ansehnlichen Bestand der Breitblättrigen Kuckucksblume (*Dactylorhiza majalis*) beobachten, die mit ihren gefleckten, breiten Laubblättern und einem sehr schönen, lilapurpurnen bis purpurroten Blütenstand aus zahlreichen Einzelblüten den Besucher beeindruckt. Die Art blüht hier verhältnismäßig spät, etwa ab der zweiten Maihälfte, denn das Vorkommen liegt bereits auf einer Höhe von etwa 600 m über NN.

Das trifft auch für den Bestand des Kleinen Knabenkrautes zu, der leider seit der Aufgabe des Truppenübungsplatzes stetig zurückging und inzwischen trotz aufopferungsvoller Pflege des Gebietes auf wenige Exemplare sank. Deshalb ist beim Beobachten höchste Vorsicht und größte Aufmerksamkeit geboten. Ein Besuch durch große Besucher-Gruppen mit aufwendiger Suche nach den verstreut wachsenden Exemplaren verbietet sich von selbst, und es wird auch an dieser Stelle dringend darum gebeten, davon Abstand zu nehmen. Die Pflanzen wachsen etwa dort, wo ein sehr schlechter, holperiger Fahrweg senkrecht nach unten in Richtung Utendorf abzweigt.

Blütenstände des Kleinen Knabenkrautes

Gelbes Windröschen am Dolmar

Großes Windröschen im Drachengraben

Das Kleine Knabenkraut ist eine ausgesprochen hübsche Orchidee von variabler Blütenfärbung, die sich von hellrosa bis hin zu dunkelrot erstreckt. Auch weiße Exemplare kommen vor, sind aber sehr selten. Das Farbspektrum der Blüte wird durch grünliche Streifen auf den helmbildenden Blütenblättern ergänzt. Auf die bunten Blüten nimmt auch der wissenschaftliche Name Bezug, denn das aus dem Griechischen stammende Wort „morio" bedeutet in der Übersetzung „Narr" und bezieht sich auf die buntgestreifte Narrenkappe, mit der die Blüte verglichen wurde.

Das Kleine Knabenkraut gehörte früher in Thüringen wie in ganz Deutschland mit zu den häufigsten Orchideenarten, so dass seine unterirdischen Knollen sogar im großen Stil zu medizinischen und anderen Zwecken gesammelt wurden. Die getrockneten Speicherorgane kamen unter dem Namen „Tubera Salep" in den Handel. Eine Aufkochung des Saleps wurde z. B. in der Kinderheilkunde zur Behandlung von Durchfällen verwendet. Inwischen sind die Populationen in dramatischer Art und Weise dahingeschmolzen und an vielen Orten sogar völlig verschwunden. Der Rückgang setzte schon nach dem 1. Weltkrieg ein und verstärkte sich nach 1945. Über die Ursachen dieses Rückganges sind verschiedene Theorien in Umlauf, völlige Klarheit darüber besteht indes nicht. Das Salepsammeln kommt dafür nicht in Frage, weil es beim Einsetzen des Rückganges längst eingestellt war. Veränderungen in der Wiesenbewirtschaftung sind als Ursache noch am wahrscheinlichsten. Die Art ist nämlich sehr konkurrenzschwach und wird durch wüchsige Gräser und Kräuter verdrängt, wenn diese durch Düngung und andere Maßnahmen gefördert werden. Beweidung und Zurückdrängung der spontan einsetzenden Wiesenverbuschung werden derzeit als beste Verfahren zur Förderung und Bewahrung der Art angesehen.

Zurückgekehrt zum Abstellplatz des Autos, sollte man noch einen Abstecher zum Charlottenhaus unternehmen, einmal um den schönen Ausblick zu genießen, dann aber auch, um sich bei einer Einkehr durch Küche und Keller der Gaststätte verwöhnen zu lassen.

Floh-Seligenthal - Ebertswiese und Spittergrund

Länge der Wanderung: ca. 2,3 km, Erweiterung zum Spitterfall 2,1 km
zu überwindender Höhenunterschied: ca. 35 m, zum Spitterfall zusätzlich 100 m

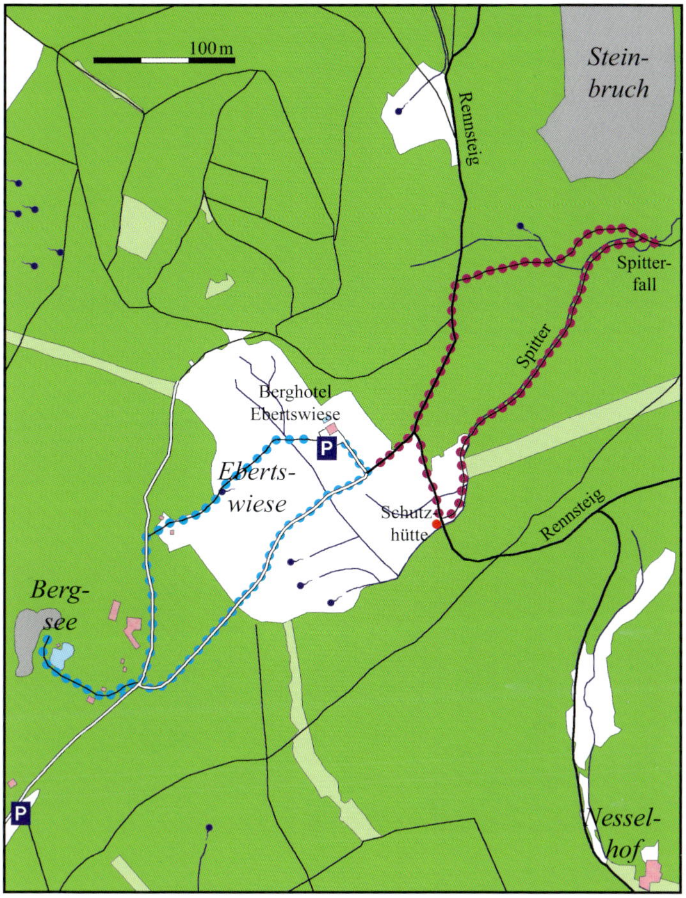

Die Ebertswiese, zwischen der Gemeinde Floh-Seligenthal und dem Kleinstädtchen Tambach-Dietharz gelegen, gehört zu den zahlreichen Bergwiesen des Thüringer Waldes, deren Bewirtschaftung unter heutigen Bedingungen meist unrentabel ist, so dass ihre Pflege dem Naturschutz anheimfällt. Wo dies aus Mangel an finanziellen Ressourcen nicht möglich ist, werden sie entweder aufgeforstet oder sind sich selbst überlassen. In beiden Fällen ist es um den Artenreichtum dieser Biotope bald geschehen!

Dieses Schicksal droht auch der Ebertswiese, die nach Eberhard, Graf von Berg benannt ist, der zwischen 1080 und 1152 lebte und erster Abt des Zisterzienser-Klosters Georgenthal war, das 1140 von seinem Schwager Graf Sizzo III. von Käfernburg (1093-1160) gegründet wurde. Die Ebertswiese gehörte zum Grundbesitz des Klosters.

Auf der stellenweise sehr sumpfigen und quellenreichen Fläche entspringt die Spitter, die nach nur 1,5 km im Spitterfall über eine 20 m hohe Felswand in Kaskaden hinunterstürzt. Auch der Rennsteig tangiert das Gelände an seiner Südostecke, das auf einer Höhe von etwa 800 m über NN liegt. Erst im Jahre 2001 ist die Ebertswiese offiziell in das Naturschutzgebiet „Spittergrund“ einbezogen worden. Für die beliebten Rennsteigwanderungen stellt das Berghotel auf der Ebertswiese ein wichtiges Etappenziel dar, welches Übernachtungsmöglichkeiten und sehr gute thüringische Küche bietet. Die witzige Speisekarte des Restaurants ist unter Kennern Legende!

In engem Verbund mit der Ebertswiese steht das Naherholungsgebiet „Bergsee“, dessen kristallklares Wasser zum Baden und Tauchen einlädt. Er ist aus einem ehemaligen Steinbruch hervorgegangen, dessen Steilwände dem See eine imposante Kulisse bieten. Eine Gaststätte und ein in der Nähe gelegener großer Parkplatz ergänzen das Ensemble.

Zur Ebertswiese gelangt man am einfachsten mit dem Auto über Floh-Seligenthal, das man entweder über die A 4 (Abfahrt Waltershausen) oder von Süden her über die A 71 (Abfahrt Meiningen-Nord) erreichen kann. In Floh biegt man bei der Gemeindeverwaltung links in die Höhnbergstraße ein und fährt an der Kreuzung bei einem Tegut-Supermarkt geradeaus auf einer schmalen Fahrstraße etwa 6 km bergauf, der Ausschilderung zum Berghotel folgend, wo man auch das Auto abstellen kann.

Blick auf den Ostteil der Ebertswiese

Auf der Ebertswiese gibt es große Bestände der Trollblume

Berghotel auf der Ebertswiese

Die Orchideenflora der Ebertswiese beschränkt sich heute auf die Breitblättrige Kuckucksblume (*Dactylorhiza majalis*). Früher kamen auf der Wiese noch drei weitere Orchideen-Arten vor: Große Händelwurz (*Gymnadenia conopsea*), Fuchssche Kuckucksblume (*Dactylorhiza fuchsii*) und Grüne Hohlzunge (*Coeloglossum viride*), die aber seit einer Reihe von Jahren verschollen sind. Möglicherweise kommen sie aber an versteckter Stelle doch noch in einigen wenigen Exemplaren vor.

Die Breitblättrige Kuckucksblume besiedelt besonders nasse Stellen, die auf der Wiese mehrfach in verschiedenen Teilen vorkommen. Die Gemeindeverwaltung hat einen speziell zur Pflanzenbeobachtung geeigneten Wanderpfad hergerichtet, der nasse Stellen auf Holzbohlen überquert. Wir folgen ihm direkt vom Hotelparkplatz aus in westlicher Richtung und stoßen schon bald auf die ersten Exemplare der Breitblättrigen Kuckucksblume, die sich bequem vom Wege aus beobachten lassen.

Ihre namengebenden breiten Laubblätter sind bei den meisten Exemplaren oberseits mit purpurbraunen oder schwärzlichen Punkten oder Flecken versehen. Das oberste ist tragblattartig und überragt den Beginn des Blütenstandes. Oft ist es braunrot überlaufen. Die zuerst pyramidenförmige, später walzliche Blütenähre besteht aus 7 bis 35 lilapurpurnen bis purpurroten Blüten, die in der Achsel von dunkelpurpurn überlaufenen Tragblättern sitzen. Zwei seitliche äußere Blütenblätter (Sepalen) sind zurückgeschlagen, das mittlere Sepalum ist etwas kleiner

Breitblättrige Kuckucksblume im Biotop

Blüten der Breitblättrigen Kuckucksblume

Blütenstände der Breitblättrigen Kuckucksblume

und bildet zusammen mit den beiden inneren Blütenblättern (Petalen) einen geschlossenen Helm, der die Säule bedeckt. Die schwach dreilappige Lippe trägt eine aus Schleifen, Punkten und Strichen bestehende Zeichnung.

Der erwähnte Fußpfad verläuft in Richtung eines Wochenendhauses, das wir nach einer Wegstrecke von etwa 400 m erreichen. Unterwegs können wir schöne Einblicke in den bunten Blumenreichtum der Ebertswiese genießen, der sich so wohltuend vom monotonen Einerlei einer modernen Wirtschaftswiese unterscheidet. Im Mai strahlt das gesamte Areal im sonnigen Gelb der massenhaft auftretenden Trollblumen (*Trollius europaeus*). Besonders nasse und quellige Stellen sind von großen Mengen der ebenfalls gelbblühendend Sumpf-Dotterblume (*Caltha palustris*) bedeckt. Im Juni erscheint die Wiese im rosafarbenen Schleier des Schlangen-Wiesenknöterichs (*Bistorta officinalis*). Dazwischen leuchtet das Lichtblau der Wiesen-Glockenblume (*Campanula patula*) und das Dunkelblau der Kopfigen Teufelskralle (*Phyteuma orbiculare*) hervor, deren gelblichweiß blühende Schwester, die Ährige Teufelskralle (*Phyteuma spicatum*) mit langgezogenem Blütenstand ebenfalls nicht selten ist. Aspektbildend tritt an manchen Stellen der wunderhübsche Wald-Storchschnabel (*Geranium sylvaticum*) auf, hier im Gegensatz zu seinem Namen eine Wiesenpflanze, dessen Früchte dem Schnabel eines Storches verblüffend ähnlich sehen. Die Farbpalette der Wiesenblumen wird durch das Weiß des Rauhhaarigen Kälberkropfes (*Chaerophyllum hirsutum*) und das Lila der Tauben-Skabiose (*Scabiosa columbaria*) wirkungsvoll ergänzt.

Neben den genannten Arten und vielen anderen treffen wir bei unserer Wanderung am Wegesrand noch mehrfach auf kleinere Populationen der Breitblättrigen Kuckucksblume. Sie beginnt übrigens wegen der großen Höhe ihres Wuchsortes auf der Ebertswiese erst Ende Mai mit der Blüte, die Hauptblütezeit liegt hier Mitte Juni.

Etwa 100 m nach dem Wochenendhaus, das wir rechts passieren, treffen wir im Wald auf einen Fahrweg, auf den wir nach links einbiegen. Dort, wo er den zurück zum Hotel führenden Fahrweg trifft, geht rechts ein Weg zum Bergsee ab. Folgen wir diesem Weg, finden wir nach einer Wegstrecke von etwa 150 m links unter Gebüsch die ersten Exemplare der Fuchsschen Kuckucksblume, die in der ganzen Umgebung des Bergsees immer wieder an verschiedenen Stellen auftritt. Sie wird begleitet von der Breitblättrigen Stendelwurz (*Epipactis helleborine*), die ebenfalls die ganze Umgebung des Bergsees besiedelt, an seiner Nordwestseite aber besonders häufig ist, dort wo ein Zaun aus Maschendraht vor eventuell von der Steilwand herabstürzenden Gesteinsbrocken schützt. An dieser Stelle kommen noch zwei weitere, sehr bemerkenswerte Pflanzen vor, das Birngrün (*Orthilia secunda*) und das Kleine Wintergrün (*Pyrola minor*), beide zur Familie der Wintergrüngewächse (Pyrolaceae) gehörend. Vor allem das letztere besitzt in Thüringen nicht allzuviele Fundorte. Es ist doch recht erstaunlich, dass das Gelände um den Bergsee, das alljährlich besonders an den Wochenenden von zahllosen Badegästen und anderen Erholungssuchenden frequentiert wird, von nicht gerade häufigen Pflanzen besiedelt wird, die sich hier offenkundig seit vielen Jahren trotz der von den Besuchern ausgehenden Belastung halten konnten.

Die Breitblättrige Stendelwurz wurde früher von den Botanikern als sogenannte „Sammelart“ sehr weit gefasst. Im Laufe der Zeit wurden aber immer mehr Sippen als eigenständige Arten abgetrennt, vor allem solche, die sich durch Besonderheiten in der Fortpflanzung von der Nominatsippe unterscheiden (z.B. fakultative oder obligate Autogamie). Dieser Prozess hält auch heute noch an. Am Bergsee siedelt aber ausschließlich die Nominatsippe, die hier allerdings erst Ende Juli bzw. Anfang August mit der Blüte beginnt.

Die Pflanzen werden zwischen 35 und 80 cm hoch, bleiben am Bergsee aber meist kleiner und erreichen kaum die Hälfte der Maximalgröße. Am Stängel sind 6 bis 14 grüne, stark geaderte und breite Laubblätter verteilt, die nach oben zu kleiner werden. Der langgestreckte Blütenstand besteht aus 10 bis 80 mittelgroßen, grünlichen, meist rötlich oder purpurn überlaufenen Blüten. Drei der sechs Blütenblätter neigen zu einem weiten Helm zusammen, der sich über die Fortpflanzungsorgane neigt, während zwei weitere seitlich nach unten abstehen. Das sechste Blütenblatt, die Lippe, ist in zwei Teile gegliedert: Die napfförmige Hinterlippe ist tief rotbraun glänzend und führt Nektar, die weißlich, rosa oder schmutzigrote Vorderlippe besitzt am Grunde zwei gekräuselte Höcker. Die Pflanzen werden meist von Wespen bestäubt. Sie berüh-

Gruppe der Breitblättrigen Stendelwurz

Blütenstand der Breitblättrigen Stendelwurz

Einzelblüte der Breitblättrigen Stendelwurz

Wald-Storchschnabel und Rauhhaariger Kälberkropf

Schlangen-Wiesenknöterich (im Vordergrund)

ren beim Blütenbesuch die auf dem unteren Bild der Seite 95 gut erkennbare kugelförmige, milchglasige Rostelldrüse, die einen Klebstoff enthält, mit dem die darüber sichtbaren Pollinien am Insektenkörper besfestigt werden. Beim Besuch einer neuen Blüte werden sie auf die unter der Rostelldrüse erkennbare rechteckige, klebrige Narbe übertragen, an der sie haften bleiben. Damit ist die Bestäubung vollzogen. Der Insektenbesuch ist bei der Breitblättrigen Stendelwurz sehr effektiv, denn der Fruchtansatz ist meist außergewöhnlich gut.

Wir kehren auf den erwähnten Fahrweg zum Berghotel zurück und durchwandern auf ihm erneut die Ebertswiese zurück zum Ausgangspunkt. Auch hier ist bei einem von Büschen und Bäumen gesäumten Graben noch einmal ein größerer Trupp der Breitblättrigen Kuckusblume zu beobachten. Weitere Exemplare finden sich rechts des Weges, wenn man den Abzweig zum Berghotel links liegen lässt und eine Erweiterung der Wanderroute in Angiff nimmt, die über den Spittergrund zum Spitterfall führt.

Zwar sind hier, abgesehen von den erwähnten Exemplaren der Breitblättrigten Kuckucksblume, keine weiteren Orchideen zu bewundern, aber doch manch hübsches Pflänzchen wie das Busch-Windröschen (*Anemone nemorosa*), im Frühsommer allerdings bereits verblüht, die Zweiblättrige Schattenblume (*Maianthemum bifolium*), die Quirlblättrige Weißwurz (*Polygonatum verticillatum*), der Hain-Gilbweiderich (*Lysimachia nemorum*), der Europäische Siebenstern (*Trientalis europaea*) und der Straußenfarn (*Matteuccia struthiopteris*). Die Erweiterung führt zunächst auf dem Rennsteig in nordöstlicher Richtung entlang, bis nach knapp 500 m ein Wegweiser auf den rechts abzweigenden schmalen Fußpfad verweist, der durch Wald hinunter zum Spitterfall führt. Da die Wasserführung der Spitter stark schwankt, ist der optische Eindruck vom Wasserfall nur in Perioden ergiebiger Regenfälle wirklich beeindruckend. Immerhin handelt es sich aber um den höchsten natürlichen Fall Thüringens. Den Rückweg zur Ebertswiese treten wir auf einem Fußweg entlang der Spitter an, der anfangs steil, dann aber sanft aufwärts bis zu einer Schutzhütte an der Südostecke der Ebertswiese führt, wo einige Schautafeln u.a. auch über die Vegetation des Gebietes informieren. Hier liegt der Hotelparkplatz bereits in Sichtweite.

Seidingstadt - Schwengersgrund

Länge der Wanderung: ca. 1,9 km
zu überwindender Höhenunterschied: ca. 20 m

Seidingstadt in Südthüringen, dicht an der Grenze zu Bayern gelegen, wurde im Jahre 800 als "Siduchesstadt" erstmals urkundlich erwähnt. In späteren Zeiten wandelte sich der Ortsname in "Sidungestat", 1317 in "Sydingistadt". Ab 1690 ließ der erste Hildburghäuser Herzog Ernst (1680–1715) hier ein Jagdschloss mit Park und Vorwerk errichten, das der herzoglichen Familie als Sommerresidenz diente. Im Schloss wurde Prinzessin Therese von Sachsen-Hildburghausen (1792-1854) geboren, die 1810 den Kronprinzen und späteren bayerischen König Ludwig I (1786-1868) heiratete. Mit dieser Hochzeit wurde die Tradition des „Oktoberfestes" begründet, das auf der nach ihr benannten „Theresienwiese" in München alljährlich begangen wird. Das Seidingstädter Schloss steht heute nicht mehr. Seine Reste wurden Ende der siebziger Jahre des vorigen Jahrhunderts nach einem Brand abgerissen. Lediglich der „Schlosspark zu Seidingstadt" erinnert an die einstige Sommerresidenz der Hildburghäuser Herzöge. Er war ursprünglich nach englischem Vorbild angelegt worden und dient noch heute zahlreichen kulturellen Veranstaltungen als Austragungsort.

Von Seidingstadt aus hat man einen guten Blick auf den Straufhain. Diese 450 Meter emporsteigende Basaltkuppe, dicht an der Landesgrenze gelegen, krönt eine seit dem Bauernkrieg von 1525 in Trümmern liegende Burg, die Struph, Strufe bzw. Struff genannt wurde und eine sehr interessante und wechselvolle Geschichte besitzt. Heute trägt der kommunale Gemeindeverband, zu dem auch Seidingstadt gehört, den Namen des Berges „Straufhain". Zentralort der Einheitsgemeinde ist Streufdorf mit der auf einer Anhöhe gelegenen Marienkirche. In der Zeit von 1608 bis 1618 wurde um die Kirche eine Wehranlage gebaut, die sogenannte „Kemenaten". In den erhaltenen gebliebenen und inzwischen schön restaurierten Teilen wurde im Herbst 2009 das „Zweiländermuseum Rodachtal" eröffnet, das der Geschichte der Region im 20. Jahrhundert gewidmet ist.

Der Ausgangspunkt unserer Wanderung in Seidingstadt ist nur mit dem Auto zu erreichen, am einfachsten über die A71, von der man von Norden kommend an der Anschlussstelle Rentwertshausen abfährt, um über Römhild, Simmershausen und Streufdorf nach Seidingsstadt zu gelangen. Von Süden her empfiehlt sich dagegen die Abfahrt Bad Neustadt an der Saale, von wo aus man über

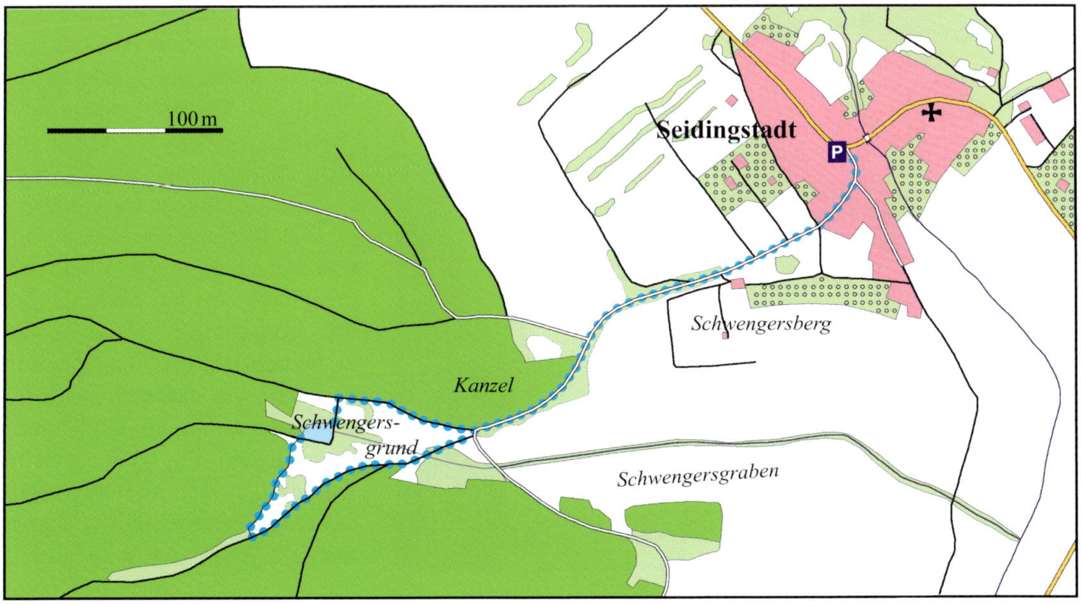

Kemenaten in Streufdorf

Schwengersgrund bei Seidingstadt

Breitblättriges Wollgras

Bad Königshofen und Trappstadt nach Streufdorf und Seidingstadt fährt. Auch die A73 kann zur Anfahrt genutzt werden, von der man bei den Anschlussstellen Neustadt-Süd (aus nördlicher Richtung) oder Coburg (aus südlicher Richtung) abfährt, um über Bad Rodach nach Streufdorf und von hier aus nach Seidingstadt zu gelangen.

Nachdem wir das Auto in der Ortsmitte abgestellt haben, wandern wir in südwestlicher Richtung auf einem guten Fahrweg aus dem Ort heraus, um vorbei am Schwengersberg in einer engen Kurve des Weges den Eingang zum Schwengersgrund zu erreichen. Der Schwengersgrund besteht aus einem Wiesengelände von etwa 3,6 ha, in dessen Nordwestecke sich ein Teich mit einer Wasseroberfläche von ca. 8 a befindet, der vom Schwengersgraben durchflossen wird (siehe S. 21, untere Abbildung).

Da es sich bei den Wiesen des Schwengersgrundes um Feuchtbiotope mit zum Teil sumpfigen Stellen handelt, verbietet sich eine Betreten der Fläche von selbst, weil dadurch beträchtliche Schäden angerichtet würden. Wenn sich die Autoren dazu entschlossen haben, trotz der nicht völlig auszuschließenden Gefährdung durch uneinsichtige Besucher auch den Schwengersgrund bei der Auswahl der hier vorgestellten Wanderungen zu berücksichtigen, dann auch in der Hoffnung, dass sich die Besucher strikt an die vorgeschlagene Route halten, die so ausgewählt wurde, dass man alle vorgestellten Orchideenarten gut beobachten kann, ohne den Weg zu verlassen. Insbesondere wird hier

Steifblättrige Kuckucksblume, normalfarbige Blüten

Steifblättrige Kuckucksblume, hellblütige Variante

Gruppe der Steifblättrigen Kuckucksblume

Gruppe der Fuchsschen Kuckucksblume

Blütenstände der Fuchsschen Kuckucksblume

die Erwartung ausgesprochen, dass Pflanzenfotografen sich nicht dazu verleiten lassen, ob eines guten Bildes diese Regel zu verletzen.

Glanzpunkt des Schwengersgrundes ist das Vorkommen der Steifblättrigen Kuckucksblume (*Dactylorhiza incarnata*). Die Art kam früher in Thüringen sehr zerstreut vor, von den ehemals besetzten Wuchsorten sind aber inzwischen über 80% durch Melioration und Trockenlegung von Feuchtbiotopen, durch ihre Umwandlung in Wirtschaftswiesen oder Ackerflächen, aber auch durch Aufgabe jeglicher Nutzung verloren gegangen. Zwar besiedelt die Art gern Sekundärstandorte wie Tagebau-Restlöcher, aufgelassene Kies- und Sandgruben, wovon aber Thüringen nicht profitieren konnte, denn solche Vorkommen fehlen im Freistaat praktisch vollkommen. Sie wird in Thüringen inzwischen unter der Gefährdungskategorie 1 (vom Aussterben bedroht) geführt.

Im Schwengersgrund gelangen zwischen Ende Mai und Mitte Juni alljährlich etwa 200 Exemplare zur Blüte, je zur Hälfte aus normalfarbigen (dunklen) und hellblütigen Exemplaren (lus. *rosea*) bestehend. Blühende Pflanzen besitzen einen kantigen, hohlen Stängel, der im oberen Bereich oft purpurrot überlaufen ist und 5 bis 8 grüne, ungefleckte und stängelumfassende Laubblätter trägt, die steif nach oben gerichtet und an der Blattspitze kapuzenförmig zusammengezogen sind. Der anfangs schmale, längliche Blütenstand ist mit 15 bis 60 kleinen und hell bis dunkel fleischfarbenen Blüten dicht besetzt. Zwei der äußeren Blütenblätter sind nach oben geschlagen, während das mittlere mit den beiden inneren Blütenblättern einen Helm bildet, der das Säulchen bedeckt. Das sechste Blütenblatt, die Lippe, ist schwach dreilappig und meist leicht gefaltet. Im Zentrum ist die Lippe heller gefärbt und mit einem feinen dunkelroten einfachen oder doppelten Schleifenmuster versehen, ihr konischer Sporn ist meist leicht abwärts gerichtet.

Bei der Wanderung durch den Schwengersgrund folgen wir zunächst einem vom Fahrweg nach rechts abzweigenden Waldweg entlang des nördlichen Waldrandes, bis wir den oben erwähnten, von Bäumen - meist Schwarz-Erlen (*Alnus glutinosa*) und Sal-Weiden (*Salix caprea*) - umstandenen Teich erreicht haben. Dabei sind auf der links liegenden schmalen Wiesenpartie bereits die ersten Exemplare der Steifblättrigen Kuckucksblume zu erblicken. In Höhe des Teiches biegen wir nach links auf einen schmalen Fußpfad ab, der an der Ostseite des Teiches auf einem Damm und dann an seiner Südseite entlang bis zum Rand eines Forstes aus Gewöhnlicher

Fichte (*Picea abies*) führt. Jetzt gehen wir am Waldrand in südwestlicher Richtung entlang bis zum Einsetzen von Buschwerk, wo wir die hier sehr schmale Wiese überqueren und einen breiten Waldweg erreichen, der uns entlang des Wiesenareals bis zum Ausgangspunkt am Fahrweg nach Seidingstadt zurückführt. Überall auf diesem Weg können wir in näherer oder größerer Entfernung weitere Exemplare der Steifblättrigen Kuckucksblume erblicken.

Mit der Fuchsschen Kuckucksblume (*Dactylorhiza fuchsii*) kommt mit alljährlich um 100 Exemplaren eine zweite Art aus der Gattung der Kuckucksblumen (*Dactylorhiza*) im Schwengersgrund vor, die in Thüringen und darüber hinaus in ganz Deutschland weit verbreitet ist. Noch vor wenigen Jahren gab es zahlreiche kontroverse Diskussionen darüber, ob diese Pflanzen nicht doch als Gefleckte Kuckucksblume (*Dactylorhiza maculata*) zu bezeichnen wären. Inzwischen hat aber der deutsche Orchideenforscher Helmut Baumann (geb. 1937) klargestellt, dass die echte Gefleckte Kuckucksblume in Deutschland nur in atlantischen Heidemoorgebieten vorkam, deren Vorkommen inzwischen aller Wahrscheinlichkeit nach sämtlich erloschen sind. Bei allen anderen Pflanzen handelt es sich damit in Wirklichkeit um die morphologisch ähnliche, aber doch deutlich von der Gefleckten Kuckucksblume zu unterscheidende Fuchssche Kuckucksblume, die Ihren Namen nach einem der Altväter der Botanik führt, dem Tübinger Gelehrten Leonhart Fuchs (1501-1566).

Im Unterschied zur Steifblättrigen Kuckucksblume ist der Stängel der Fuchschen Kuckucksblume nicht hohl und die Blätter sind mit einer deutlichen, aber variablen Fleckung versehen, die von einer punkt- bis fleckenförmigen Ausgestaltung reicht. Der Blütenstand ist beim Aufblühen kegelförmig, später zylindrisch und besteht aus 14 bis 60 mittelgroßen, fast geruchlosen Blüten. Die Blütengrundfarbe reicht von reinweiß bis purpurn, wobei hellrot dominiert. Ähnlich wie bei der Steifblättrigen Kuckucksblume sind die seitlichen äußeren Blütenblätter ausgebreitet bis aufwärts gerichtet, während das mittlere und die beiden inneren Blütenblätter einen Helm bilden, der die Säule bedeckt. Die Lippe unterscheidet sich dagegen stark von derjenigen der Steifblättrigen Kuckucksblume. Sie ist schwach

Blüten der Fuchsschen Kuckucksblume aus der Nähe

bis stark dreilappig, ausgebreitet, an den seitlichen Rändern oft abwärts gebogen, breiter als lang, und ihr Mittellappen ist halbkreisförmig und kurz bis lang dreieckig vorgezogen. Die ornamentale Lippenzeichnung besteht aus roten Punkten oder Strichen, die sich fast über die ganze Lippe erstrecken und manchmal auf die Sepalen übergreift.

Im Schwengersgrund kommen neben den beiden hier ausführlich beschriebenen Orchideenarten noch das Große Zweiblatt (*Listera ovata*) und randlich in wenigen Exemplaren auch die Breitblättrige Stendelwurz (*Epipactis helleborine*) sowie die Grünliche Waldhyazinthe (*Platanthera chlorantha*) vor.

Der Blütenschmuck der Wiesen im Schwengersgrund wird durch die sattgelbe Trollblume (*Trollius europaeus*), die hellgelbe Wasser-Schwertlilie (*Iris pseudacorus*) und die weißhaarigen Fruchtstände des Breitblättrigen Wollgrases (*Eriophorum latifolium*) auf das Schönste ergänzt. Im Herbst gesellen sich dazu die helllila Blütentrichter der Herbst-Zeitlose (*Colchicum autumnale*), deren Blätter und Fruchtstände erst im kommenden Frühjahr erscheinen werden. Als Besonderheit sei schließlich noch erwähnt, dass kürzlich ein kleiner Bestand des weißblühenden Sumpf-Herzblattes (*Parnassia palustris*) entdeckt werden konnte.

Nach der Umrundung des Schwengersgrundes ist noch der Rückweg nach Seidingstadt zum abgestellten Auto zu bewältigen. Wer einkehren will, um Hunger und Durst zu stillen, findet in Seidingstadt nur die Gaststätte „Zum Krug“ vor. Wer höhere Ansprüche stellt oder eine Übernachtungsmöglichkeit sucht, weil er die reizvolle Umgebung gründlicher erkunden will, sollte auf die nahe gelegene Kreisstadt Hildburghausen ausweichen, zum Beispiel auf das vor den Toren der Stadt gelegene Hotel „Grüner Baum“ im Ortsteil Ebenhards, das auch eine komfortable Ferienwohnung anbietet.

Anzuraten ist außer der Besichtigung von Hildburghausen auch noch ein Besuch der Gleichberge. Hier wurden im 19. Jahrhundert Reste einer keltischen Stadtanlage (Oppidum) aus vorchristlicher Zeit gefunden. Im Steinsburgmuseum, das sich auf dem Sattel zwischen dem Kleinen und dem Großen Gleichberg befindet, werden viele der hier gefundenen keltischen Gegenstände ausgestellt.

Blüten der Herbst-Zeitlose

Rüdigsdorfer Schweiz

Länge der Wanderung: ca. 5,1 km (Kurzvariante ca. 3 km)
zu überwindender Höhenunterschied: ca. 50 m

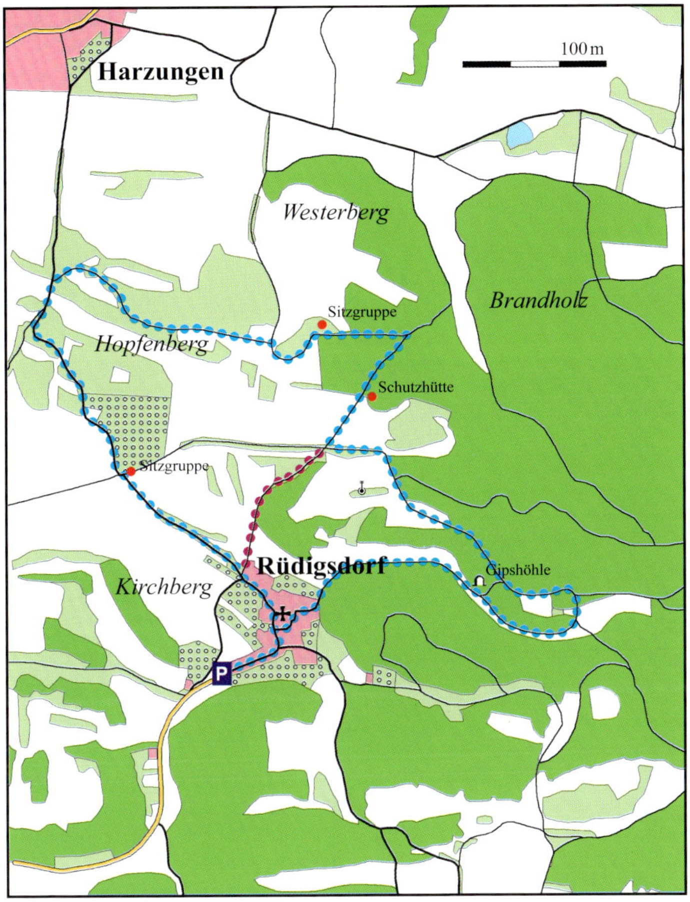

Rüdigsdorf, eine fränkische Gründung mit heute noch nicht einmal 80 Einwohnern, bestand früher aus nur sieben Höfen. Erst in neuerer Zeit ist es am südwestlichen Ortsrand zu Erweiterungsbauten gekommen, zu denen auch die Pension „Rüdigsdorfer Schweiz" gehört. Wer nicht nur, wie hier empfohlen, im Südharzer Gipskarstgürtel wandern will, einer in Thüringen einmaligen Landschaft, sondern auch die weitere Umgebung mit der alten Reichsstadt Nordhausen (zu der heute Rüdigsdorf gehört) und den sagenumwobenen Brocken mit der „Harzer Schmalspurbahn" erkunden will, der sollte sich hier für einige Tage einquartieren und die vorzügliche Küche und den Aufenthalt im schönen Biergarten genießen.

Eine Rüdigsdorfer Besonderheit stellt die Kirche St. Jakobi dar, deren Ursprünge auf das 12. Jahrhundert zurückgehen dürften, auch wenn am Kirchenschiff die Jahreszahl 1527 angebracht ist.

Rüdigsdorf ist am einfachsten mit dem Auto über die A38 zu erreichen, die man an der Abfahrt Nordhausen-West verlässt. Von hier aus führt die ehemalige B 80 (jetzt L 3080) schnurgerade nach Nordhausen hinein, wo man nach Überquerung des Flüsschens Zorge nach links auf die B 4 einbiegt. Nach etwa 3,7 km erreicht man den Ortsteil Krimderode. Hier zweigt nach rechts eine ausgeschilderte schmale Straße nach Rüdigsdorf ab, das nach einer Strecke von etwa 3 km erreicht wird. Am Ortseingang kann man das Auto auf einem befestigten Parkplatz abstellen.

Von hier aus gehen wir an der Kirche vorbei in nordöstlicher Richtung aus dem Ort heraus. Rechts werden wir von einem steilen Buchenwaldhang, links von offenen Wiesenflächen begleitet. Bald endet die Wiese zur Linken und wir erreichen den Waldrand. Nach etwa 50 m kann man links am Hang im Gebüsch versteckt den Eingang zu einer Gipshöhle besichtigen, die man allerdings wegen Einsturzgefahr nicht betreten sollte! Bei der nach kurzer Strecke folgenden Weggabelung bleiben wir rechts im Tal, wo wir bald am linken Wegrand die ersten Orchideen zu Gesicht bekommen. Es handelt sich um das Große Zweiblatt (*Listera ovata*), das inmitten einer typischen Waldflora über Kalk mit Haselwurz (*Asarum europaeum*), Sanikel (*Sanicula europaea*), Gewöhnlichem Seidelbast (*Daphne mezereum*), Leberblümchen (*Hepatica nobilis*), Einbeere (*Paris quadrifolia*) und Christophskraut

Rüdigsdorf mit seiner altehrwürdigen Dorfkirche

Am Karstwanderweg liegt häufig Gips (bzw. Anhydrit) offen zu Tage.

Blick auf Harzungen vor der Silhouette der Harzberge

(*Actaea spicata*) gedeiht. Der Talweg mündet in eine Waldwiese und trifft hier auf einen Querweg. Kurz vor der Einmündung, im letzten Haselgebüsch auf der linken Seite, sind hier im Mai die Blütenähren des Stattlichen Knabenkrautes (*Orchis mascula*) zu sehen. Am oberen Gebüschrand gelangen trotz starker Beschattung einige Exemplare der Fliegen-Ragwurz (*Ophrys insectifera*) zur Blüte. Großes Zweiblatt und Bleiches Waldvöglein (*Cephalanthera damasonium*) sind ebenfalls zu entdecken. Im Frühjahr schmückt sich die Waldwiese mit Wiesen-Primel (*Primula veris*), später mit Wiesen-Salbei (*Salvia pratensis*) und mit Skabiosen- und Wiesen-Flockenblume (*Centaurea scabiosa*, *C. jacea*), am Ostrand auch mit Heilziest (*Betonica officinalis*).

Wir verlassen die Wiese auf dem Querweg hangaufwärts in nordwestlicher Richtung und treten in den Wald ein. Nach wenigen Metern zweigt nach rechts ein Waldweg ab, dem wir einige Meter folgen. Hier, in einem aufgelichteten, steilen und mit großen Buchen durchsetzten Waldbereich blüht im Juni an besonnten Stellen in kleiner Zahl das prächtige Rote Waldvöglein (*Cephalanthera rubra*) und zwischen Anfang Juni und Ende Juli zahlreiche Exemplare aus der Gattung Stendelwurz (*Epipactis*). Den Anfang macht die Braunrote Stendelwurz (*Epipactis atrorubens*), ab Anfang Juli bis in den August folgen Übersehene Stendelwurz (*Epipactis neglecta*), Schmallippige Stendelwurz (*Epipactis leptochila*) und Breitblättrige Stendelwurz (*Epipactis helleborine*).

Blüten und Knospen der Übersehenen Stendelwurz

Blüten der Übersehenen Stendelwurz

Übersehene Stendelwurz im Buchenhochwald

Blütenstände der Schmallippigen Stendelwurz

Blüten der Schmallippigen Stendelwurz

Die Übersehene Stendelwurz ist erst 1987 von dem thüringischen Orchideenforscher Horst KÜMPEL (1935-1998) beschrieben worden. Sie unterscheidet sich von der Schmallippigen Stendelwurz, mit der sie eng verwandt ist, durch eine rosafarbene anstelle einer grünen Lippe, ein nach hinten umgeschlagenes Lippen-Vorderteil sowie einen engeren, schlüssellochartigen Übergang zwischen den beiden Lippenteilen. Manche Botaniker billigen ihr nur die Rangstufe einer Unterart der Schmallippigen Stendelwurz zu.

Auf unseren Wanderweg zurückgekehrt, zweigt nach etwa 120 m der Weg nach rechts hangaufwärts ab. Er führt durch eine für den Gipskarst typische Waldlandschaft mit vielen kleinen Kuppen und Vertiefungen. Die Niederschlagswasser haben in dem leicht löslichen Gestein ein abwechslungsreiches Oberflächenprofil geschaffen, und an vielen Stellen liegen Gips oder Anhydrit ohne Humusdecke offen zu Tage. Im wegnahen Wald finden wir nicht selten weitere Stendelwurz-Pflanzen sowie das Bleiche Waldvöglein und in manchen Jahren auch reichlich die Nestwurz (*Neottia nidus-avis*). Nach weiteren 300 m treten wir auf eine Wiese hinaus, die hier die Kuppe des Höhenrückens bedeckt. Am rechten Wald- bzw. Gebüschrand entlang geht es auf einem schmalen Fußpfad in leichter Rechtskurve bergan bis zur Kreuzung mit dem Karstwanderweg, der hier den Wald verlässt. Er ist mit Wegezeichen markiert, die im weißem Feld einen roten Querbalken mit dem Buchstaben „K" zeigen. Wir folgen ihm für etwa 200 m in westlicher Richtung bis zu einer Wegkreuzung. Wenn uns die Sommerhitze zu sehr zusetzt oder ein Unwetter überrascht, können wir hier dem nach links ausgeschilderten Abstieg nach Rüdigsdorf durch einen Hohlweg folgen. Am linken Waldrand lassen sich dabei Rotes Waldvöglein, Schmallippige und Übersehene Stendelwurz beobachten.

Im Normalfall wenden wir uns aber im spitzen Winkel nach rechts, Richtung Neustadt, denn unser Weg soll uns nun durch die schönen Trocken- und Halbtrockenrasen des Südharzer Gipskarstgürtels führen. Nach etwa 200 m erreichen wir eine kleine Schutzhütte und gehen noch etwa 160 m in Richtung Neustadt weiter, um die erste Abbiegung nach links zu nutzen. Der Weg führt nach Westen durch einen Fichtenforst. Wo sich der Wald zur Rechten öffnet, gibt er einen wunderschönen Blick auf das Dorf Harzungen vor der Silhouette der Harzberge frei. Bald lädt eine Sitzgruppe aus derben Eichen-Halbstämmen zum Verweilen ein. Weiter schwingt sich der Weg am nach rechts abfallenden Hang entlang und führt auf von Trockenrasen bedeckte Kuppen zu. Wenn er in den von unten kommenden Weg einmündet, bleiben wir bei unserer bisherigen Richtung. Pfadlos queren wir die erste Rasenfläche gegen Westen und finden bald auf der Höhe der halbrechts liegenden Kuppenreihe wieder einen ausgetretenen Fußpfad in unserer Richtung.

Diese Trockenrasen sind ein Juwel der Landschaft. Vom Frühjahr bis in den Herbst bieten sie uns ihre Blütenpracht in großer Fülle. Der Jahreskreis beginnt – um wenigstens einige Arten zu nennen – mit Frühlings-Fingerkraut (*Potentilla tabernaemontani*), führt weiter über Saat-Esparsette (*Onobrychis viciifolia*), Dänischen Tragant (*Astragalus danicus*), Kleines Mädesüß (*Filipendula vulgaris*) und Hügel-Meier (*Asperula cynanchica*) hin zur Sommerblüte mit Echtem Labkraut (*Galium verum*), Rundblättriger Glockenblume (*Campanula rotundifolia*), Gewöhnlichem Dost (*Origanum vulgare*), Feld-Thymian (*Thymus pulegioides*), Skabiosen-Flockenblume (*Centaurea scabiosa*) und Tauben-Skabiose (*Scabiosa columbaria*), um im Spätsommer mit der Gewöhnlichen Golddistel (*Carlina vulgaris*) und dem blauen Fransen-Enzian (*Gentianella ciliata*) abzuschließen.

Der Fußpfad endet am Fahrweg, der von Harzungen nach Rüdigsdorf führt. Über diesen teils sehr ausgewaschenen Fahrweg, in dem häufig das anstehende Anhydrit- und Gipsgestein zu Tage tritt, führt der letzte Teil unserer Wanderung. Wir biegen also nach links ein und folgen ihm bergauf in südlicher Richtung. Nach etwa 100 m zweigt in einem kleinen Winkel ein Karrenweg nach rechts ab. An der Böschung zur Rechten tritt schiefriges Gestein zu Tage. Reibt man zwei der Steine gegeneinander, wird ein Geruch nach Schwefelwasserstoff wahrnehmbar. Es handelt sich hier um Stinkschiefer, eine mit organischen Zerfallsprodukten angereicherte Schicht aus der Zechsteinzeit vor etwa 258 Millionen Jahren, in der ja auch die Anhydrit- bzw. Gipsablagerungen ihren Ursprung haben.

Nestwurz mit vorjährigem Fruchtsstand

Blüten der Nestwurz

Heilziest

Gewöhnliches Katzenpfötchen

Hier sollten wir unseren Fahrweg noch einmal kurz verlassen, denn oberhalb des hier abzweigenden Karrenweges liegt in etwa 50 m Entfernung, unterhalb eines überschaubaren Gebüsches ein wunderschöner Halbtrockenrasen, den wir über diesen Weg leicht erreichen. Er birgt in überraschender Vielfalt auf kleinem Raum zahlreiche schöne und seltene Pflanzenarten. Darunter sind die Knäuel-Glockenblume (*Campanula glomerata*) und Raritäten wie das Steppen-Greiskraut (*Tephroseris integrifolia*), das Gewöhnliche Katzenpfötchen (*Antennaria dioica*) und der Zwerg-Schneckenklee (*Medicago minima*). Auch Orchideen sind vielzählig vertreten: Fliegen-Ragwurz, Braunrote Stendelwurz, Große Händelwurz (*Gymnadenia conopsea*) und, am unteren Gebüschsaum, das Große Zweiblatt sowie in dem kleinen Gebüsch zahlreiche Bleiche Waldvöglein und die Nestwurz. Wir verlassen diese schöne Fläche, um auf den Fahrweg Richtung Rüdigsdorf zurückzukehren. Bergauf passieren wir eine weitere Kuppenreihe, die wir ebenfalls begehen können, wenn uns die Neugier noch reizt. Die Anzahl der im Juni hier blühenden Großen Händelwurz kann riesig sein, und, wenn das Glück es will, können wir auf die vor wenigen Jahren hier neu entdeckte Bienen-Ragwurz *(Ophrys apifera)* stoßen.

Auf dem Scheitelpunkt des Fahrweges kreuzen wir wieder den Karstwanderweg. Die hier eingerichtete Sitzgruppe bietet eine letzte Gelegenheit, zu rasten und auf die Harzberge und die Gipskarstlandschaft zurückzublicken. Vielleicht kreist gerade jetzt über den Hügeln der hier noch heimische Rotmilan (*Milvus milvus*) oder ein Schwarzstorch (*Ciconia nigra*) aus den nahen Harzwäldern lässt sich vom Aufwind vorübertragen. Sicher singt im Mai aus dem Buschwerk die Nachtigall (*Luscinia megarhynchos*) und der Kuckuck (*Cuculus canorus*) ruft, oder wir können den Neuntöter (*Lanius collurio*) sehen, der das dichte Schlehengebüsch und die auf den Hängen zahlreichen Wildrosen liebt. Wenn dann noch der Schäfer mit der kopfstarken Herde - an die 800 Tiere - und seinen zwei aufmerksamen Hunden durchzieht, ist die Idylle vollkommen. Uns bleibt nur noch der bequeme Weg bergab nach Rüdigsdorf und zum Parkplatz.

Gotha - Großer Seeberg

Länge der Wanderung: ca. 2,5 km
zu überwindender Höhenunterschied: ca. 60 m

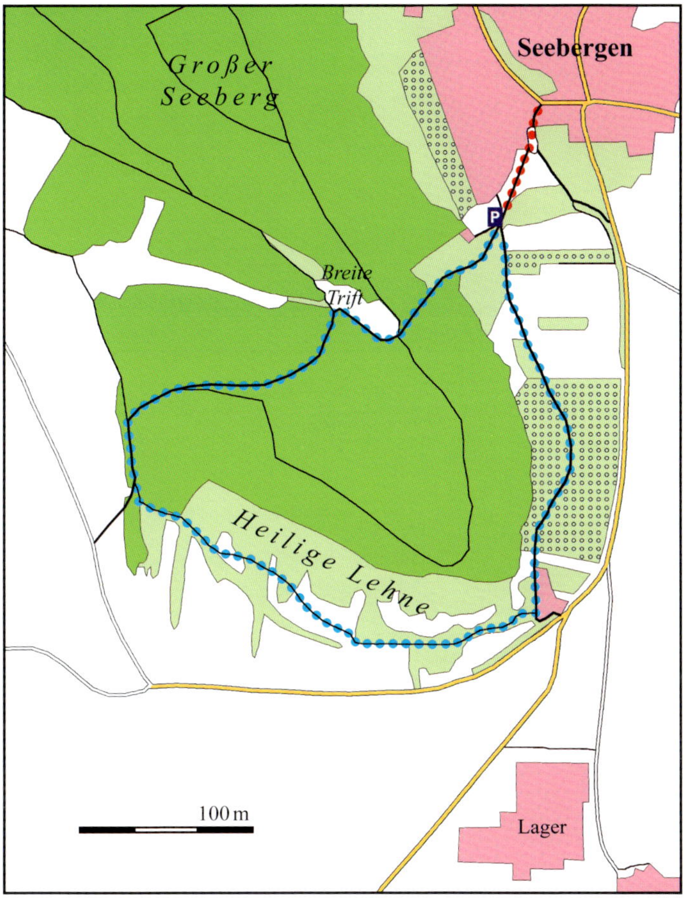

Gotha, die fünftgrößte Stadt des Freistaats Thüringen, wurde 775 erstmals als villa Gothaha (= gutes Wasser) urkundlich erwähnt. Mitte des 12. Jahrhunderts erhielt sie unter Landgraf LUDWIG II. (1128-1172) das Stadtrecht. Im 17. Jahrhundert wurde Gotha unter dem aufgeklärten protestantischen Herzog ERNST I. (1601-1675) Residenz des Herzogtums Sachsen-Gotha (seit 1826 in Personalunion mit Sachsen-Coburg). Die Gothaer Herzöge förderten vor allem die Naturwissenschaften, bereits 1757 wurde hier Porzellan hergestellt, die Porzellanmanufaktur gehörte damit zu den ältesten Europas. Unter ERNST II. von Sachsen-Gotha-Altenburg (1745-1804) entstand auf dem Seeberg die damals modernste Sternwarte der Welt, die auch für das Vermessungswesen in Deutschland große Bedeutung erlangte. Auch für das deutsche Verlagswesen spielte Gotha eine beachtliche Rolle. 1785 wurde hier der geographische Verlag Justus PERTHES (1749-1816) gegründet, in dem vor allem Landkarten erstellt wurden und der Gothaer Adelskalender (der „Gotha") erschien. Außerdem wurde 1820 in der Stadt durch Ernst-Wilhelm ARNOLDI (1778-1841) mit der Gothaer Versicherung das deutsche Versicherungswesen begründet. 1875 entstand im Gothaer Tivoli die Sozialistische Arbeiterpartei Deutschlands (SAP), die sich später in SPD umbenannte. In industrieller Hinsicht war Gotha zumindest früher ebenfalls von überregionaler Bedeutung. In der Gothaer Waggonfabrik wurden vor allem Straßenbahnen und Flugzeuge produziert. In Gotha fährt mit der Thüringerwaldbahn eine der letzten Überlandstraßenbahnen Deutschlands (nach Waltershausen und Tabarz).

Das Stadtbild wird vom barocken Schloss Friedenstein dominiert (Abb. S. 14 und 110). Es beherbergt neben dem Schlossmuseum, dem Staatsarchiv Gotha und der Forschungsbibliothek, die der Universität Erfurt angegliedert ist, auch das Ekhof-Theater, das in der Geschichte des deutschen Theaters eine herausragende Rolle gespielt hat.

Wer Gotha gründlicher kennenlernen will, der findet in einem der zahlreichen Hotels und Pensionen leicht eine geeignete Unterkunft. Das Hotel „Alte Sternwarte" auf dem Kleinen Seeberg sei vor allen denjenigen empfohlen, die ein besonderes Faible für historisch bedeutsame Orte besitzen.

Schloss Friedenstein in Gotha

Blick von der Heiligen Lehne auf Wechmar

Breite Trift auf dem Seeberg

Den Ausgangspunkt unserer Wanderung am Südrand des Dorfes Seebergen erreicht man entweder mit dem im Stundentakt verkehrenden Regionalexpress zwischen Gotha und Erfurt oder mit dem Auto. Im ersten Falle hat man vom Bahnhof Seebergen aus noch einen zusätzlichen Fußweg von ca. 1,5 km bis zum Beginn eines geschotterten Fahrweges zu einer Siedlung aus Wochenendhäusern vor sich. Hier beginnt auch ein hohlwegartiger Aufstieg zur Breiten Trift und es besteht die Möglichkeit, ein Auto abzustellen.

Die Breite Trift auf dem Großen Seeberg ist ein weithin bekannter Wuchsort für eine in Deutschland hochgradig gefährdete Orchideenart, die Herbst-Wendelorchis (*Spiranthes spiralis*). Sie wird in Thüringen unter der Gefährdungskategorie 1 „vom Aussterben bedroht“ geführt. Da sie die Letzte im Jahresreigen blühender Orchideen in Thüringen darstellt, ist ein Besuch der Breiten Trift nicht vor der zweiten Augusthälfte zu empfehlen, wenn man die Art blühend beobachten will. Zu früheren Zeiten bekommt man nur ihre Blattrosetten zu Gesicht, kann dafür auf der „Heiligen Lehne“ sehr interessante Steppenpflanzen und andere Orchideen antreffen. So kann man z. B. gleich zu Beginn unserer Wanderung einen eindrucksvollen Doldenblütler beobachten, das Feld-Mannstreu (*Eryngium campestre*). Die buschartige Pflanze bricht nach der Samenreife dicht über der Erdoberfläche ab und wird dann vom Wind weit umhergerollt, auf diese Art und Weise für möglichst weite Verbreitung sorgend. Der Weg zur „Heiligen Lehne“ am Südhang des Großen Seeberges führt uns zunächst auf den oben erwähnten Schotterweg. Kurz bevor er die asphaltierte Steinbruchstraße erreicht, biegen wir auf einen nach rechts abzweigenden Fußpfad ein, der das zum NSG „Seeberg" gehörende Gebiet in seiner ganzen Länge bis zum westlichen Waldrand durchquert. Das zwischen 15 und 30 Grad nach Süden abfallende Gelände wird heute hauptsächlich von Trockenrasen eingenommen, die von Gebüschen und Waldstreifen durchsetzt sind. Früher wurde hier Wein angebaut, heute ist jede Nutzung mit Ausnahme gelegentlicher Beweidung durch Schafe eingestellt.

Im Bestand der hier siedelnden Trockenrasen, die von dem Thüringer Biologen und Geographen Ernst Kaiser (1885-1961) sehr treffend als Goldhaaraster-Trockenrasen bezeichnet wurden, sind neben der namengebenden Goldhaar-Aster (*Aster linosyris*) auch die Berg-Aster (*Aster amellus*), der Dänische Tragant (*Astragalus danicus*), Sichel-Hasenohr (*Bupleurum falcatum*), Knäuel-Glockenblume (*Campanula glomerata*), Fransen-Enzian (*Gentianella ciliata*), Blut-Storchschnabel (*Geranium sanguineum*), Sichel-Luzerne (*Medicago falcata*), Sand-Esparsette (*Onobrychis arenaria*), Gelbe Sommerwurz (*Orobanche lutea*), Steppen-Lieschgras (*Phleum phleoides*), Gewöhnliche Kuhschelle (*Pulsatilla vulgaris*), Mittleres Vermeinkraut (*Thesium linophyllon*), Großer Ehrenpreis (*Veronica teucrium*) und andere bemerkenswerte Pflanzen vertreten.

Am Rand zu den südlich angrenzenden Äckern hin kann man in einer Sommeradonis-Gesellschaft neben dem Sommer-Adonisröschen (*Adonis aestivalis*) auch den Rauhaar-Eibisch (*Althaea hirsuta*), den Ackerkohl (*Conringia orientalis*) und das Dreihörnige Labkraut (*Galium tricornutum*) antreffen.

Orchideen sind dagegen auf der Heiligen Lehne verhältnismäßig selten. Bisher sind nur vier Arten dort beobachtet worden, und diese auch nur in geringer Stückzahl. Es handelt sich um die Braunrote Stendelwurz (*Epipactis atrorubens*), die Große Händelwurz (*Gymnadenia conopsea*) sowie Bienen- und Fliegen-Ragwurz (*Ophrys apifera, O. insectifera*). Die beiden Ragwurz-Arten kommen gleich zu Beginn unserer Wanderung im östlichen Teil der Heiligen Lehne vor, die Große Händelwurz etwa dort, wo ein breiterer

Blütenstand der Großen Händelwurz

Bienen-Ragwurz mit vollzogener Selbstbestäubung

Waldstreifen die Trockenrasen in zwei Hälften teilt, die Braunrote Stendelwurz dann in der westlichen Hälfte. Alle genannten Arten gedeihen hier vorwiegend am Waldrand. Am häufigsten ist die Bienen-Ragwurz, die allerdings wegen ihres unregelmäßigen Blühverhaltens nicht in allen Jahren anzutreffen ist. Die Art ist im Gegensatz zu ihrer Schwester, der Fliegen-Ragwurz, keine Sexual-Täuschblume, sondern bestäubt sich regelmäßig selbst (sie ist autogam). Schon wenige Stunden nach dem Öffnen der Knospen rutschen die Pollinien aus den schützenden Fächern heraus, das Stielchen krümmt sich nach hinten und drückt dadurch das Pollenpaket gegen die Narbe, womit die Bestäubung vollzogen ist. Der Fruchtansatz der Art liegt wegen dieses Mechanismus stets bei fast 100%. Die Fliegen-Ragwurz wird dagegen durch die Männchen einer Grabwespenart (*Argogorytes mystaceus*) bestäubt, denen durch Aussehen, Oberflächenform und Blütenduft ein paarungsbereites Weibchen vorgetäuscht wird. Bei den vergeblichen Begattungsversuchen werden ihnen Pollenpakete angeheftet, die sie dann auf andere Blüten übertragen. Alle genannten Orchideen-Arten blühen ausnahmslos einige Monate bzw. Wochen vor der Herbst-Wendelorchis.

Dies trifft auch für die Bocks-Riemenzunge (*Himantoglossum hircinum*) zu, von der im 19. Jahrhundert auf dem Seeberg mindestens zweimal einzelne Exemplare gefunden wurden. Ob diese Fundorte auf der Heiligen Lehne lagen, ist nicht überliefert, aber doch wenigstens wahrscheinlich. Heute kommt diese Art hier bislang nicht vor. Der letzte Fund stammt aus dem Jahre 1899. Da die Art aber in Thüringen in den letzten Jahren in zunehmendem Maße geeignete Biotope neu besiedelt, kann vielleicht auch auf der Heiligen Lehne zukünftig mit ihrem Wiederauftreten gerechnet werden.

Hat man nach Durchschreiten der Wiesenflächen an der Heiligen Lehne den westlichen Waldrand erreicht, kann man auf zwei dort aufgestellten Bänken rasten und die schöne Aussicht in südwestlicher Richtung auf Günthersleben und Wechmar, den Stammort der Musikerfamilie Bach genießen, denn in Wechmar lebten Veit Bach (~1550-1619) und sein Sohn Johannes Bach (~1580-1626), die ersten bekannten Musiker aus dieser Familie. In ihrem ehemaligen Wohnhaus ist heute eine Bach-Gedenkstätte eingerichtet.

Von der asphaltierten Steinbruchstraße geht ein Feldweg zum Wald hinauf, um bei den beiden Ruhebänken zunächst am Waldrand entlang und dann im weiten Bogen zur Breiten Trift hinzuführen. Eine mächtige, zweigabelige Wald-Kiefer (*Pinus sylvestris*) zeigt an, dass wir den Wuchsort der Herbst-Wendelorchis erreicht haben (unterste Abb. auf S. 110). Wir laufen am Südrand der Trift entlang bis wir am Ostrand, am höchsten Punkt unserer Wanderung, auf einen von Gotha herkommenden Wanderweg stoßen, dem wir etwa 80 m bis zu einigen angepflanzten Rot-Eichen (*Quercus rubra*) folgen, unter denen ebenfalls Ruhebänke aufgestellt sind. Hier, direkt am Wegrand, können wir dann die Herbst-Wendelorchis beobachten. Man muss genau hinschauen, um die kleinen, unscheinbaren Pflanzen nicht zu übersehen. Hat man aber die erste entdeckt, fallen einem bald weitere Exemplare ins Auge.

Die Herbst-Wendelorchis zeichnet sich durch einen besonderen Vegetationsrhythmus aus. Im Frühjahr beginnt nämlich die Blattrosette der vorjährigen Mutterpflanze bis auf die Anlage eines Blütensprosses abzusterben. Dieser streckt sich im Spätsommer nach Regenfällen. Zu dieser Zeit hat sich die Blattrosette der Tochterpflanze gebildet, die neben dem Blütenstängel sitzt. Zur Blütezeit bilden die zwei rübenförmigen, unterirdischen Speicherorgane der Mutterpflanze und die Rosette der Tochterpflanze eine Ernährungsgemeinschaft. Bevor die Rüben der Mutterpflanze absterben, müssen sich die der Tochterpflanze gebildet haben, die dann durch Bildung der neuen Rosette den Vegetationsrhythmus fortsetzen. Die Rosette besteht aus 3 bis 7 dunkelgrünen, meist fettig glänzenden Laubblättern, die in der Regel dem Boden eng anliegen und dadurch auch durch intensive Schafbeweidung nur wenig Schaden erleiden. Blühende Pflanzen werden 10 bis 22 cm hoch und besitzen einen schmalen Blütenstand mit dicht weißfilzig behaartem Stängel, der mit 13 bis 30 spiralig angeordneten, kleinen, weißlichen, fein duftenden Blüten besetzt ist. Blüten, Tragblätter und Fruchtknoten sind drüsig behaart. Das mittlere äußere und die beiden inneren Blütenblätter bilden zusammen mit der fast waagrecht liegende Lippe eine Röhre, in welche die Bestäuber eindringen müssen. Die Art wird vor allem durch Furchenbienen der Gattung *Lasioglossum* bestäubt. Die Bestäuber werden durch einen vanilleähnlichen Duft angelockt

Gruppe der Herbst-Wendelorchis auf dem Seeberg

Zwei Blütenstände der Herbst-Wendelorchis

Blüten der Herbst-Wendelorchis seitlich

Blattrosetten der Herbst-Wendelorchis im Mai

Fransen-Enzian

Blütenstände des Feld-Mannstreu

und durch den von der Pflanze gebildeten Nektar belohnt, der am Lippenende gesammelt wird. Selbstbestäubung (Autogamie) ist bei der Herbst-Wendelorchis ausgeschlossen, weil die Pollinien durch den Bau der Säule am Herabfallen gehindert werden. Ihre Blütezeit liegt zwischen Ende Juli bis Mitte Oktober, Hauptblütezeit ist der August. Bei ausbleibendem Sommerregen kann sich die Blütezeit bis um einen Monat verzögern, auch die Zahl der blühenden Exemplare bleibt dann niedriger. Der Fruchtansatz liegt mit etwa 50 % recht hoch und schwankt von Jahr zu Jahr nur wenig. Bei den unteren und mittleren Blüten einer Ähre ist er fast vollständig, die im oberen Viertel sitzenden Blüten verkümmern dagegen meist. Die Fruchtreife tritt ab Anfang November ein; bis aus den Samen blühende Pflanzen hervorgehen ist ein Zeitraum von mindestens drei Jahren erforderlich. Die Art kann sich auch durch Kallusknospen auf den Wurzeln ungeschlechtlich vermehren, was zu der bei der Herbst-Wendelorchis relativ häufigen Gruppenbildung führt.

Einst kam die Art auf der Breiten Trift zu Hunderten vor, während heute ein deutlicher Rückgang zu verzeichnen ist. Wegen ihrer extremen Konkurrenzschwäche benötigt die Art eine sehr intensive Schafbeweidung, die einen lückigen Rasen hinterlässt. Unter den heutigen Wirtschaftsbedingungen ist dies aber trotz aufopferungsvollen Einsatzes der Naturschutzbehörden und ehrenamtlicher Helfer nicht mehr regelmäßig zu gewährleisten. Ersatzmaßnahmen wie Mahd können den Schwund nicht auf Dauer aufhalten. Die randliche Beschattung durch Forstbäume, die ebenfalls zum Rückgang beitrug, ist in den letzten Jahren durch Fällungen reduziert worden. Die Wiederentdeckung weniger Exemplare westlich der Breiten Trift auf ehemaligem Bundeswehrgelände stimmt dagegen hoffnungsvoll!

Zum Schluss bleibt noch der Abstieg über den Hohlweg hinunter zum Abstellplatz des Autos und für Fußgänger der anschließende Rückweg zum Bahnhof Seebergen übrig. Auf einen Abstecher zur Ausflugsgaststätte „Düppel“ sollte man dabei nicht verzichten, deren Namen an die Erstürmung der Düppeler Schanzen im deutsch-dänischen Krieg von 1864 erinnert. Hier kann man neben Thüringer Gastlichkeit auch einen sehr schönen Ausblick in östlicher Richtung genießen.

Drei Gleichen

Länge der Wanderung: ca. 3,0 km (nördlicher Teil) bzw. 4,2 km (südlicher Teil)
zu überwindender Höhenunterschied: ca. 30 m (nördlicher Teil) bzw. 110 m (südlicher Teil)

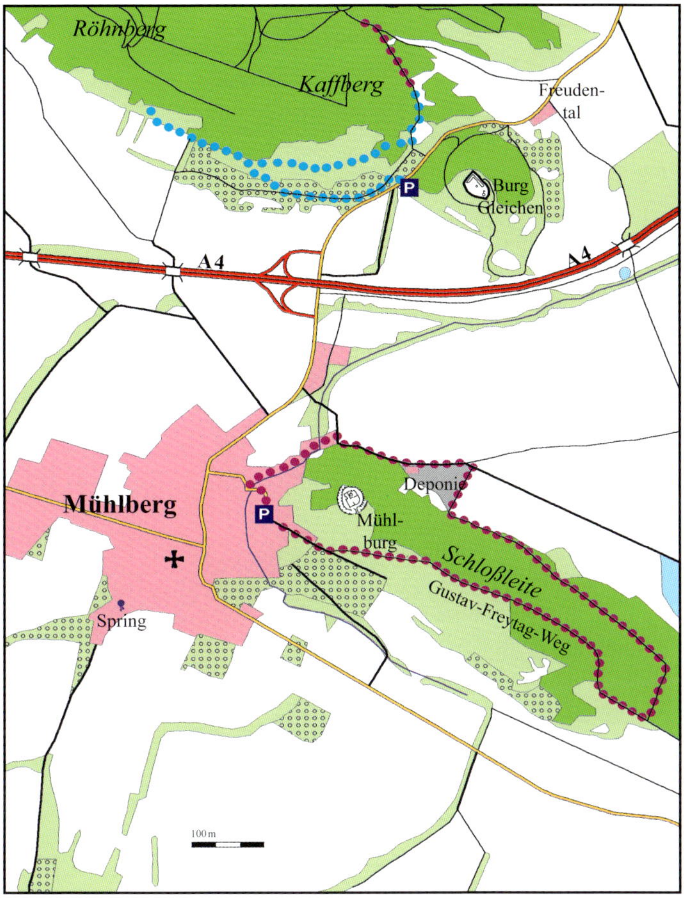

Durchquert man den Westen Thüringens auf der Autobahn A4, dann fällt einem zwischen Gotha und Erfurt das sagenumwobene Burg-Ensemble der „Drei Gleichen“ ins Auge.

Nördlich der Autobahn thront die namengebende Burg Gleichen (auch Wanderslebener Gleiche genannt) auf kegelförmiger Bergspitze, südlich die aus Gustav Freytags (1816–1895) Roman „Die Ahnen“ als „Nest der Zaunkönige“ bekannte Mühlburg. Weiter im Hintergrund ist die Wachsenburg zu erkennen, als einzige auch heute noch intakt und als Hotel genutzt. Sie war einst berüchtigt als Sitz des Raubritters Apel Vitzthum (vor 1420–1475), der vom Volksmund „Brandmeister von Thüringen“ genannt und 1451 von Truppen der damals reichen und mächtigen Städte Erfurt, Mühlhausen und Nordhausen vertrieben wurde. Die Burg Gleichen ist dagegen durch die Sage vom „zwybeweibten“ Grafen bekannt, der auf einem Kreuzzug in Gefangenschaft geriet, dem aber mit Hilfe einer sarazenischen Prinzessin die Flucht gelang, die er dann mit außerordentlicher Bewilligung des Papstes aus Dankbarkeit ehelichte, obwohl er zu Hause bereits verheiratet war. Im Dorfe Mühlberg am Fuße der Mühlburg ist der bedeutende deutsche Botaniker Hermann Müller (1829–1884) geboren, nach dem die Orchideenart Müllers Stendelwurz (*Epipactis muelleri*) benannt wurde.

Die hier vorgeschlagenen beiden Wanderrouten sollte man zu unterschiedlichen Zeiten begehen, zuerst die südliche, je nach Witterungsverhältnissen in der zweiten Märzhälfte bis spätestens Anfang April zur Blütezeit der Frühlings-Knotenblume (*Leucojum vernum*), auch Märzbecher genannt, und des Hohlen Lerchensporns (*Corydalis cava*), drei Wochen später dann die nördliche Route zur Hauptblütezeit des Blassen Knabenkrautes (*Orchis pallens*). Für beide Wanderungen kommt nur die Anfahrt mit dem Auto über die A4 in Betracht, die man bei der Abfahrt Wandersleben/Mühlberg verlässt.

Ausgangspunkt der südlichen Route stellt der Parkplatz unterhalb des Hotels Schützenhof in Mühlberg vor der Kulturscheune dar. Man erreicht ihn, indem man in Mühlberg die erste links abzweigende Straße benutzt und dann der Beschilderung zum Schützenhof folgt. Neben dem Gasthof

Blick auf die Burgruine Gleichen aus westlicher Richtung

Frühlings-Adonisröschen am Südhang der Burg Gleichen

Blick vom Röhnberg auf die Wachsenburg

beginnt der Gustav-Freytag-Weg mit zunächst mäßigem Aufstieg bis auf den Grat der Schloßleite, der dann aber bis zum Triniusblick kaum noch Steigungen aufweist und durch einen schönen, jetzt kahlen Laubwald führt. Hier kann der Pflanzenfreund dann nach dem Südhang zu nach Tausenden zählende Exemplare des Hohlen Lerchensporns bewundern, die mit ihren rotvioletten oder weißen Blüten das Auge erfreuen. Nach dem dann folgenden ziemlich steilen Abstieg benutze man den ersten rechtwinklig in den Wald hineinführenden Steg und wandere weiter abwärts bis fast zum unteren Waldrand. Schon beim Abstieg erkennt man eine nach Millionen zählende Menge von Märzbechern, die - so weit das Auge reicht - den Waldboden bedecken, von weitem den Eindruck leichten Schneefalls erweckend. Man durchwandert diese Fülle auf einem schmalen Fußpfad, bis man auf einen Feldweg hinaustreten kann, auf dem man zurück zum Ort und zum Abstellplatz des Autos gelangt. Im Schützenhof mit seiner „gutbürgerlichen" Küche kann man die Wanderung auf angenehmste Art und Weise beenden. Hier kann man sich auch für mehrere Tage einlogieren, um z.B. nacheinander alle drei Burgen zu ersteigen.

Für die zweite Route benutzt man dagegen zweckmäßiger Weise einen unbefestigten Platz direkt rechts an der L2163 am Fuße der Burg Gleichen als Parkmöglichkeit. Wir überqueren die Straße direkt am Parkplatz und betreten eine ausgedehnte Streuobstwiese, meist aus Kirschbäumen bestehend, die

Blasses Knabenkraut am Südhang des Röhnberges

Paar des Blassen Knabenkrautes

Helm und Pollinarien des Blassen Knabenkrautes

Stattliches Knabenkraut (rechts ein Albino)

Blüte des Stattlichen Knabenkrautes

sich Anfang Mai in schönster Blüte befinden. Dieser großartige Anblick macht den Jubel verständlich, mit dem der Frühling seit alters her und auch heute noch von empfänglichen Gemütern begrüßt wird. Wir durchqueren diese Streuobstwiese in westlicher Richtung und biegen dort, wo sie durch eine Neuanpflanzung nach Osten hin ergänzt wurde, zum Rande eines lichten Eichen-Hainbuchen-Waldes hin um, dessen Verlauf wir von nun an folgen. Der Eintritt in den Wald ist durch dichtes Schlehengebüsch meist verwehrt, nur hin und wieder öffnen sich schmale Durchlässe. Etwa 200 m nach dem Ende der Streuobstwiese am Südhang des Röhnberges treten wir bei einem dort befindlichen Durchlass in den Wald ein, wo uns alsbald zahlreiche fahlgelbe, ährige Blütenstände des Blassen Knabenkrautes (*Orchis pallens*) mit seiner dreigeteilten Lippe ins Auge fallen. Es ist in Thüringen die zeitigste Knabenkraut-Art, die in Jahren mit milden Wintern schon Mitte April die ersten Blüten öffnet. Bei den nicht seltenen Spätfrösten fällt dann ein Teil oder auch die gesamte Blüte eines Vorkommens der Kälte durch Erfrieren zum Opfer. Wie andere Populationen des Blassen Knabenkrautes ist auch die vom Röhnberg starken Schwankungen in der Anzahl der alljährlich zur Blüte gelangenden Pflanzen unterworfen. Sie reicht von wenig über 100 Exemplaren bis zu mehr als 2.000. Diese Schwankungen werden seit Jahrzehnten von Karl Heinz und Thomas Oppel (Gotha) registriert, die dadurch einen aus wissenschaftlicher Sicht höchst wertvollen Datenbestand zusammengetragen haben. Die Populationsdynamik des Blassen Knabenkrautes ist nämlich bisher nur ungenügend erforscht, insbesondere weiß man verhältnismäßig wenig über die Ursachen der erwähnten Schwankungen. Klar ist, dass die Witterungsverhältnisse des Vorjahres eine Rolle spielen. Inzwischen hat der AHO Thüringen mit Unterstützung der Stiftung Naturschutz in Thüringen das Areal käuflich erworben. Es erstreckt sich ca. 300 m längs des Waldrandes und reicht etwa 200 m den Hang hinauf. Durch Pflegeeingriffe ist seitdem die Biotopstruktur verbessert worden, indem vor allem die überhand nehmenden Gebüsche zurückgedrängt wurden, die zunehmend den Lebensraum des Blassen Knabenkrautes beeinträchtigten.

An einer Stelle am Röhnberg kommt zusätzlich noch das Staatliche Knabenkraut (*Orchis mascula*) vor, wenn auch in geringer Anzahl. Dadurch wird der naturschutzfachliche Wert des Gebietes noch vergrößert, denn überall, wo die beiden Knabenkraut-Arten gemeinsam siedeln, kann man mit dem Auftreten der Hybride zwischen den beiden nahe verwandten Arten rechnen, des Haussknecht-Knabenkrautes (*Orchis ×haussknechtii*). Es ist nach dem thüringischen Botaniker Carl Haussknecht (1838–1903) benannt worden. Der Mischling tritt auch am Röhnberg regelmäßig auf und lässt sich recht gut von den Eltern unterscheiden, weil er die Blätter der einen Art (*Orchis pallens*) mit der Blüte der anderen (*O. mascula*) kombiniert. Hat man also eine Pflanze vor sich, welche die hellgrünen, breiten und ungefleckten Blätter des Blassen Knabenkrautes und die hell- bis violettpurpurnen Blüten des Stattlichen Knabenkrautes in sich vereint, so kann man sicher sein, die Hybride vor sich zu haben. Bei vielen Exemplaren besitzt die Lippe zusätzlich als Erbteil des Blassen Knabenkrautes an der Basis eine mehr oder weniger stark ausgeprägte Gelbfärbung, doch tritt dieses Merkmal durchaus nicht immer auf.

Wir verlassen nun den Röhnberg und wandern am Waldrand zurück in Richtung des der Burgruine gegenüberliegenden Kaffberges, schwenken aber nicht zurück in die Streuobstwiese ab, sondern gehen geradeaus weiter auf einem Weg, der sich über der Streuobstwiese durch Wald und Gebüsche hinzieht. Hier kann man im Frühsommer sowohl die Braunrote Stendelwurz (*Epipactis atrorubens*), Fliegen- und Bienen-Ragwurz (*Ophrys insectifera*, *O. apifera*) sowie die Große Händelwurz (*Gymnadenia conopsea*) beobachten. Der Weg erreicht nach einem steilen Abstieg über dem östlichen Ende der Streuobstwiese wieder den Waldrand, den wir nun entlang gehen. Hier genießen wir einen phantastischen Blick in das Waldesgrün, das neben seinen Orchideen auch eine beachtenswerte Garnitur an Frühlingsboten aufweist und sich in dieser Jahreszeit, wo der Waldboden durch die unbeblätterten Gehölze noch ausreichend Sonnenlicht erhält, blühreich und farbig präsentiert. Weiß und gelb und dadurch zum Volksnamen verhelfend, blühen Busch- und Gelbes Windröschen (*Anemone nemorosa, A. ranunculoides*), aber auch blau und rosa Leberblümchen (*Hepatica nobilis*), rot, aber beim Verwelken sich blau färbend das Echte Lungenkraut (*Pulmonaria officinalis*), unscheinbar grün das Wald-Bingelkraut (*Mercurialis perennis*) oder weiß, aber mit kleinen Blüten, die beim Zerreiben stark nach Knoblauch duftende und als Salatgewürz geschätzte Knoblauchsrauke (*Alliaria petiolata*). Dagegen besitzt die Haselwurz (*Asarum europaeum*) am Boden aufliegende, braunviolette, von Ameisen bestäubte Blüten, die unter ihrer wintergrünen Blattrosette verborgen bleiben. Der Märzbecher (*Leucojum vernum*), den wir bei einem Abstecher an den Osthang des Kaffberges wieder in ungeheurer Vielzahl antreffen, ist leider zur Zeit der Orchideenblüte bereits verwelkt und bildet inzwischen seine eiförmigen Kapselfrüchte aus. Auch die Blütezeit

Blüten des Blassen Knabenkrautes

Blüten des Stattlichen Knabenkrautes

Haussknecht-Knabenkraut

Massenbestand des Märzbechers am Osthang des Kaffberges

Hohler Lerchensporn an der Schloßleite

des Gewöhnlichen Seidelbastes (*Daphne mezereum*) neigt sich seinem Ende zu. Doch überall inmitten des Unterwuchses leuchten auch hier, wenn auch weniger zahlreich, die Blütenstände des Blassen Knabenkrautes hervor. Auch das Stattliche Knabenkraut ist mit einzelnen Exemplaren vertreten, während hier das Haussknecht-Knabenkraut äußerst selten ist und nicht in jedem Jahr beobachtet werden kann.

Der Rückweg ist nicht weit, den wir auf kürzester Strecke zurücklegen. Verfügt man hier noch über Kraftreserven, kann zusätzlich ein auf der Südseite unter der Burg Gleichen gelegenes prächtiges Vorkommen des Frühlings-Adonisröschen (*Adonis vernalis*) aufgesucht werden. Zu diesem Zwecke geht oder fährt man einen direkt neben dem Parkplatz beginnenden und beidseitig baumbestandenen Feldweg senkrecht auf die Autobahn zu. Das Auto muss man spätestens hier stehenlassen und läuft dann neben der Autobahn in östlicher Richtung weiter, bis man den bebuschten unteren Rand des Gleichberges passiert hat. Anschließend besteigt man den Burgberg aus östlicher Richtung, der hinter dem eben passierten Gebüschstreifen sogenannte „bad lands", also bewuchsfreie Zonen des Keuperuntergrundes aufweist. Hier findet man neben zahlreichen Exemplaren der Gewöhnlichen Kuhschelle (*Pulsatilla vulgaris*) die bei Sonnenschein weit geöffneten, großen, radförmigen, gelben Blütenkronen des Frühlings-Adonisröschens, farblich schön zum Rot des Untergrundes kontrastierend. Das aufgrund seiner herzwirksamen Steroidglykoside giftige Hahnenfußgewächs, von dem biochemisch unterschiedliche Rassen existieren, gilt auch als geschätzte Zier- und Heilpflanze. Die standardisierten Präparate werden vom Arzt bei Herzschwäche und Kreislauflabilität vor allem für Patienten verordnet, die keine *Digitalis*-Präparate (Roter Fingerhut) vertragen.

Für das leibliche Wohl wird in der nur etwa 600 m vom Parkplatz in Richtung Wandersleben gelegenen Ausflugsgaststätte „Freudental" am Fuße der Burg Gleichen gesorgt, deren Namen sich daraus herleitet, dass an dieser Stelle die erste Ehefrau des Grafen Gleichen ihren aus dem Kreuzzug heimkehrenden und auf wundersame Art geretteten Gatten erwartet haben soll.

Plaue - Kleinbreitenbacher Tal

Länge der Wanderung: ca. 5,3 km
zu überwindender Höhenunterschied: ca. 200 m

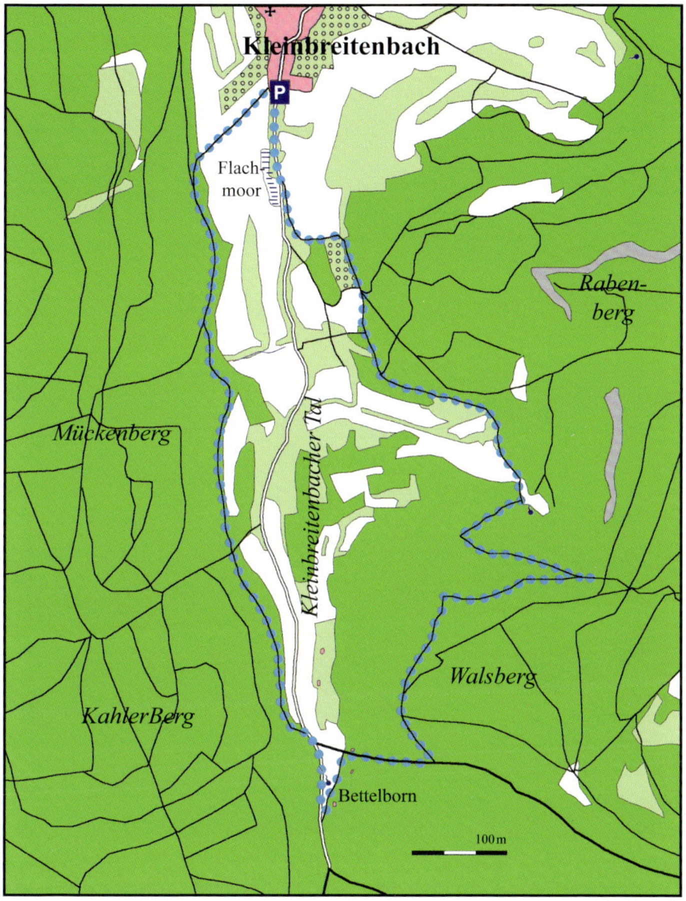

Plaue, am Zusammenfluss der Zahmen und der Wilden Gera gelegen, ist leicht mit der Eisenbahn über einen eigenen Bahnhof an der Strecke Erfurt - Meiningen oder mit dem Auto über die B4 zu erreichen. Die Abzweigung nach Kleinbreitenbach von der Bundesstraße ist leider nicht ausgeschildert, da dieser Ort mit nur etwa 300 Einwohnern heute nach Plaue eingemeindet ist. Aus Richtung Arnstadt handelt es sich um die erste größere nach links abbiegende Straße in Richtung Plauener Bahnhof.

Kleinbreitenbach liegt in einer lang gezogenen Talmulde, dem sogenannten Kleinbreitenbacher Kessel, der sich zwischen den östlich gelegenen und in Nord-Süd-Richtung ausstreichenden, reichlich 10 km langen und 600 m hohen Reinsbergen und dem westlich davon gelegenen Mückenberg und dem Gera-Tal erstreckt. Der in dieser idyllischen Lage von bewaldeten Berghängen auf Gesteinen der Triasformation mit offenen Muschelkalkfelsen eingerahmte, bereits vor Jahrhunderten gegründete Ort besitzt eine bemerkenswerte, aus dem 11. oder 12. Jahrhundert stammende Wehrkirche.

Den Ausgangspunkt unserer Wanderung stellt ein kleiner Parkplatz direkt am südlichen Ortsausgang dar, der eine Abstellmöglichkeit für maximal 3 Fahrzeuge bietet. Das zu erwandernde Ziel gehört zum 2.483 ha großen FFH-Gebiet „Große Luppe-Reinsberge-Veronikaberg". Wir laufen den gut geschotterten Weg ins Kleinbreitenbacher Tal hinein, rechts vom murmelnden Bettelbach begleitet. Nach reichlich 200 m erreichen wir eine Weggabelung, bei der wir die linke Abzweigung benutzen. Ehe wir weitergehen, werfen wir aber noch einen Blick über den Bettelbach hinüber, denn am gegenüberliegenden Ufer hat sich genau an dieser Stelle ein kleines Kalkflachmoor gebildet, das im Mai mit zahlreichen Exemplaren der Breitblättrigen Kuckucksblume (*Dactylorhiza majalis*) geschmückt ist. Ihre schönen lila- bis purpurroten Blütenstände stehen im wirksamen Farbkontrast zu mehreren großen Horsten der gelbblühenden Trollblume (*Trollius europaeus*). Hier blüht mit seinen rosafarbenen Ähren auch der Schlangen-Wiesenknöterich (*Bistorta officinalis*), der als Nässe-Zeiger gilt und früher sogar als Vitamin-C-reiches Wildgemüse geschätzt wurde. Das Flachmoor ist als Flächennaturdenkmal ausgewiesen, ein Betreten der empfindlichen Fläche ist daher unbedingt zu unterlassen.

Kleinbreitenbacher Tal

Flachmoor am Eingang des Kleinbreitenbacher Tales

Kleinbreitenbacher Tal, Schautafel am Bettelborn

Der Weg führt aufwärts an einigen Wochenendhäusern vorbei bis zum Waldrand und schlängelt sich dann am Fuße des Rabenberges entlang nach Süden. Dabei wechseln orchideenreiche Kalk-Buchenwälder mit Eichen-Hainbuchen-Wäldern, trockene Kiefern-Forste über Kalk mit Fichten-Forsten ab. Neben den Charakterarten Rotbuche (*Fagus sylvatica*), Hainbuche (*Carpinus betulus*), Berg-Ahorn (*Acer pseudoplatanus*), Esche (*Fraxinus excelsio*r) und Linden (*Tilia*) fallen in den Laubwald-Gesellschaften vor allem zahlreiche dick- und mehrstämmige Gewöhnliche Mehl- und Elsbeeren (*Sorbus aria, S. torminalis*) auf, die als Vertreter der Rosengewächse im Frühling ihre weißlichen Trugdolden zeigen. Auch relativ hochgewachsene, starkstämmige Wild-Birnen (*Pyrus pyraster*) sind zu beobachten. Im Unterholz sind die zur gleichen Familie gehörige Gewöhnliche Zwergmispel (*Cotoneaster integerrimus*) sowie der Wollige Schneeball (*Viburnum lantana)* als Vertreter der Geißblattgewächse (Caprifoliaceae) erwähnenswert.

Hier begegnet man im Unterwuchs mit dem cremeweiß blühenden Bleichen Waldvöglein (*Cephalanthera damasonium*) und dem grünblütigen, unscheinbaren Großen Zweiblatt (*Listera ovata*) den häufigsten Orchideen des Gebietes. Dazwischen leuchten aber die ersten Exemplare des Frauenschuhs (*Cypripedium calceolus*) hervor. Unscheinbar, aber durchaus nicht selten, tritt die dunkelblütige Fliegen-Ragwurz (*Ophrys insectifera*) auf, etwas später blühen Braunrote Stendelwurz (*Epipactis atrorubens*) und

Gruppe des Kriechenden Netzblattes

Die Drüsenhaare der Blüten sind gut erkennbar

Blütenstand des Kriechenden Netzblattes

Blätter mit typischer, netzartiger Zeichnung

Weiße Waldhyazinthe (*Platanthera bifolia*). Die ähnlich aussehende Grünliche Waldhyazinthe (*Platanthera chlorantha*) öffnet dagegen ihre blassgrünlichen bis cremegelblichen Blüten mit schräg zueinander stehenden Pollinien bereits eine Woche vor ihrer Schwesterart. Im Mai kann man hier auch die chlorophyllfreie und dadurch mykotrophe Nestwurz (*Neottia nidus-avis*) antreffen.

Dort, wo sich der Weg in einer langen Linkskurve nach Südwesten wendet, etwa 50 m nach der Einmündung eines vom Rabenberg herabkommenden Seitenweges, kann man direkt im Moos des rechten Wegesrandes unter Wald-Kiefern eine individuenreiche Population des Kriechenden Netzblattes (*Goodyera repens*) beobachten. Diese zierliche Orchidee wird meistens nur zwischen 10 und 20 cm, maximal 30 cm hoch und blüht erst Ende Juni bis Mitte Juli. Ihre herz- bis eiförmig länglichen Blätter, in einer dicht dem Boden aufliegenden oder sich im Moos aus einem verzweigten Rhizom heraus bildenden Rosette, zeigen - im Gegensatz zu den meisten anderen heimischen Orchideen - eine helle Längs- als auch Queraderung der wintergrünen Blätter. Sowohl der schwach gedrehte Blütenstand, die Tragblätter als auch die 5 bis 15 kleinen, höchsten 6 mm langen, weißen und etwas süßlich duftenden Einzelblüten sind in allen Teilen fein behaart. Die Art gehört inzwischen zu den seltensten Orchideen Thüringens, obwohl nicht ausgeschlossen ist, dass sie oft übersehen wird! Mit ihr vergesellschaftet ist das zu den Wintergrüngewächsen (Pyrolaceae) gehörende Moosauge (*Moneses uniflora*) mit seinen hübschen, weißen Blüten, aus denen der grüne Griffel und die ebenfalls grüne Narbe herausragen, die ähnlich wie der Quirl eines Mixgerätes geformt ist.

Doch auch andere Blütenpflanzen erfreuen uns entlang unseres Weges wie die relativ seltene, nur einblütige Gelbe Spargelerbse (*Tetragonolobus maritimus*) und der Süßholz-Tragant (*Astragalus glycyphyllos*). Beim Erreichen eines rechts liegenden und in den Talgrund führenden Wiesengeländes blühen am Waldessaum zahlreiche Exemplare der stark giftigen Tollkirsche (*Atropa bella-donna*) und des als beruhigende Heilpflanze geschätzten Echten Baldrians (*Valeriana officinalis*). Im Waldesdickicht leuchten die Blütenstände der Ährigen Teufelskralle (*Phyteuma spicatum*) und des Sanikels (*Sanicula europaea*), weiß die Köpfchen des Berg-Klees (*Trifolium montanum*), ebenfalls weiß das giftige Christophskraut (*Actaea spicata*), blauviolett die Gewöhnliche Akelei (*Aquilegia vulgaris*) und grünlichgelblich das kleine, kriechende Gewimperte Kreuzlabkraut (*Cruciata laevipes*). An offenen Lichtungen zeigen sich die vertrockneten Vorjahresköpfe der unter Schutz stehenden Silberdistel (*Carlina acaulis*) und der ebenfalls seltener gewordenen Gewöhnlichen Golddistel (*Carlina vulgaris*), die erst im Frühherbst sich in pflanzliche Schönheiten verwandeln werden.

Am Südrand des erwähnten Wiesengeländes sendet eine oberhalb gelegene Quelle ihr Wasser hinunter zum Bettelbach. Erlaubt man sich hier einen kurzen Abstecher und geht am Waldrand etwa 150 m abwärts, kann man am feuchten Wegrand eine weitere seltene und unter Schutz stehende Pflanze finden, das Echte Fettkraut (*Pinguicula vulgaris*) aus der Familie der Wasserschlauchgewächse (Lentibulariaceae). Diese Karnivore fängt kleine Insekten wie Trauermücken, kleine Fliegen oder Ameisen auf ihren flach rosettig angeordneten, hellgrünen, stark glänzenden und schleimig-drüsigen Blätter, an denen sie kleben bleiben und schließlich im Schleim ersticken. Man spricht deshalb auch von einer Klebfalle. Mit Hilfe der im Schleim enthaltenen Enzyme werden die tierischen Eiweiße bis zu ihren Grundbausteinen abgebaut und dienen vermutlich als eine zusätzliche Stickstoff- und Mineralstoff-Quelle in den generell nährstoffarmen, anmoorigen Biotopen. Untersuchungen zeigten, dass beim Fettkraut etwa die Hälfte des dadurch gewonnenen Stickstoffs in den Winterknospen (Hibernakeln) eingelagert wird, mit denen die Pflanze die unwirtliche Jahreszeit überdauert und aus denen im kommenden Frühjahr die nächste Blattrosette austreibt. Die blauvioletten, mit einem weißen Schlundfleck versehenen und gespornten Blüten entwickeln sich zwischen Mai und Juni einzeln und endständig an etwa 15 cm langen Achsen.

Die sich anschließenden nächsten Abschnitte unserer Wanderung führen aufwärts durch Fichtenwald, der von den Stürmen der vergangenen Jahre arg gebeutelt wurde. Fast auf der Höhe angelangt, muss man einem in einer Spitzkehre abgehenden, stark vergrasten Waldweg folgen, der nach einiger Zeit steil abwärts zum Bettelborn führt. Wir gehen aber zuerst etwa 50 m weiter aufwärts, weil hier

Außergewöhnlich große Gruppe der Korallenwurz

Blütenstände der Korallenwurz

Blüten der Korallenwurz

Früchte der Korallenwurz

Echtes Fettkraut

Moosauge

rechts im lichten Fichtenwald die Korallenwurz (*Corallorhiza trifida*) zu beobachten ist, eine der kleinsten und unscheinbarsten heimischen Orchideen. Erst nach der im Mai erfolgten Blüte, wenn sich die rundlichen, gelbbraunen Fruchtkapseln bilden, streckt sich die Achse nochmals und kann dann bis 25 cm hoch werden. Die 4 bis 8, maximal 12 winzigen, gelb bis gelbgrünen und höchstens 6 mm langen Blüten besitzen eine ungeteilte, weiße und fein rot gepunktete Lippe. Da das kurze, korallenartig verzweigte und wurzellose Rhizom mehrere Achsen treiben kann, erscheinen oftmals Trupps von Pflanzen eng beieinander, die allerdings genetisch identisch sind. In manchen Jahren setzt die Art mit ihrem Wachstum aus, so dass ihre Vorkommen stark schwanken können, was vermutlich mit den Wachstumsbedingungen des Wurzelpilzes zusammenhängt.

Am Bettelborn, der Quelle des Bettelbaches, befindet sich ein schöner Rast- und Grillplatz mit einigen Jagdhütten. Hier sollte man rasten und sich etwas ausruhen, bevor man wenige Meter entfernt eines der schönsten und individuenreichsten Frauenschuh-Vorkommen Thüringens aufsucht. Sowohl der Arbeitskreis Heimische Orchideen (AHO) Thüringens als auch die Untere Naturschutzbehörde des Ilm-Kreises führen hier wissenschaftliche Beobachtungen und Pflegemaßnahmen durch und sorgten auch für eine zweckmäßige Einzäunung des Geländes, ohne das hierdurch die Beobachtungsmöglichkeiten eingeschränkt würden. Von hier aus kann man entweder auf dem schnelleren Hauptweg zum Parkplatz zurückkehren oder man entscheidet sich für einen am Waldrand des Kahlen Berges entlangführenden Weg, der hauptsächlich durch Kalk-Buchenwald führt. Dabei trifft man nochmals auf typische Orchideen des erwähnten Waldtyps wie Bleiches Waldvöglein, Nestwurz, Stendelwurz-Arten und Frauenschuh.

Wenn man schließlich durch eingezäunte Weideflächen nach Kleinbreitenbach absteigt, stößt man auf einen mit modernen Kunstobjekten bestückten Wanderweg rund um das Dorf. Seit 2001 werden hier Werke von Künstlern ausgestellt, die sich zum alljährlichen, einwöchigen Internationalen Kunstsymposium treffen, das von der Volkshochschule Arnstadt-Ilmenau organisiert wird.

Günserode - Wipperdurchbruch

Länge der Wanderung: ca. 2,9 km
zu überwindender Höhenunterschied: ca. 100 m

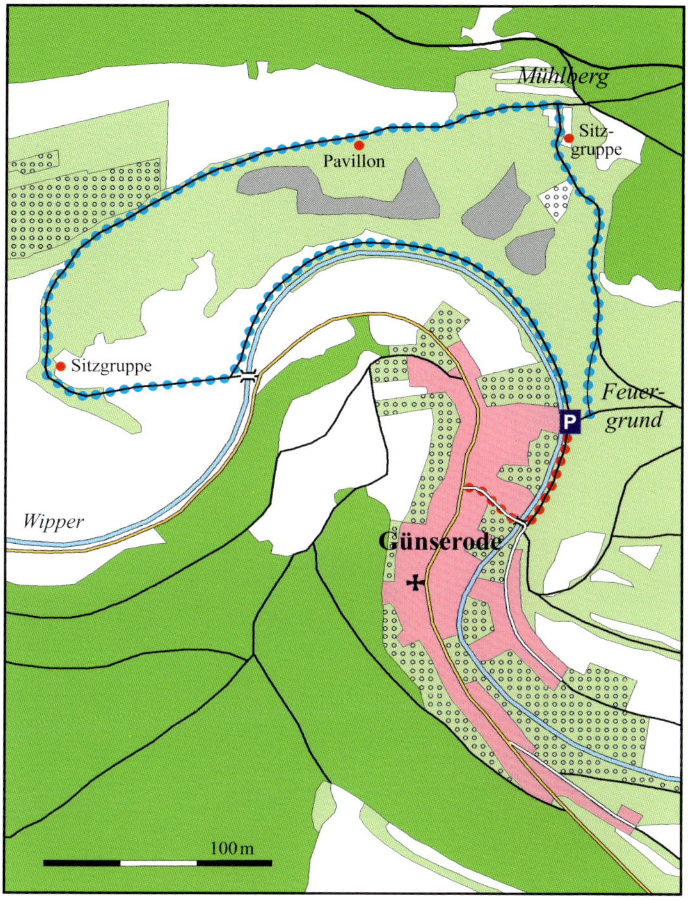

Zu den landschaftlich schönsten und interessantesten Orchideengebieten Thüringens zählt der Wipperdurchbruch durch die Hainleite. Hier, zwischen den Orten Seega und Günserode, hat sich die Wipper, ein etwa 95 km langer Nebenfluss der Unstrut, ein enges Tal durch die Schichten des Unteren und Mittleren Muschelkalkes gegraben, in dem man sich wie in einem Lehrbuch der Geomorphologie die Begriffe des Prall- und des Gleithanges einer Flussbiegung verdeutlichen kann. Besonders schön ist der Steilhang nördlich des Dörfchens Günserode ausgebildet.

Durch das Tal verliefen früher wichtige Heer- und Handelswege, die durch die 1116 erstmals erwähnte Arensburg bei Seega bewacht wurden. Heute ist der Verkehr aber gering, so dass nur eine schmale Ortsverbindungsstraße (L 2290) durch das Tal führt. Das Gebiet gehört zu den Zentren des Großen Deutschen Bauernkrieges zwischen 1524 und 1526, dem die Arensburg zum Opfer fiel. Auch die romanische Ruine des Benediktinerklosters im benachbarten Göllingen erinnert an diese Zeit, obwohl das Kloster erst 1606 aufgelöst wurde. Etwas weiter entfernt in Bad Frankenhausen sollte man das großartige Panoramagemälde von Werner Tübke (1929-2004) am Schlachtberg auf sich wirken lassen, wo der „letzte Haufen" von Thomas Müntzer (um 1489 bis 1525) von Rittern und Landsknechten niedergemetzelt wurde. Es ist der Frühbürgerlichen Revolution in Deutschland gewidmet.

Günserode, heute mit weniger als 180 Einwohnern, ist nur mit dem Auto zu erreichen. Wenn spätestens im Jahre 2014 der Nordabschnitt der A 71 fertiggestellt ist, die in der Nähe vorbeiführt, wird eine bequeme Zufahrt möglich. Bis dahin ist man von Süden her nach dem Ende der A 71 bei Sömmerda auf die B 86 angewiesen, während sich von Norden aus eher die Anfahrt über A 38 und B 4 durch Sondershausen empfiehlt. Etwa 350 m westlich von Günserode befindet sich eine Brücke über die Wipper, die früher meist als Ausgangspunkt einer Wanderung benutzt wurde. Sie ist aber seit Jahren baufällig und deshalb selbst für Fußgänger gesperrt, eine Sanierung ist nicht absehbar. Deshalb muss man die Wipper über eine im Orte befindliche schmale Brücke überqueren, indem man östlich von der Hauptstraße in eine schmale Nebenstraße abbiegt. Unmittelbar nach der Brücke fährt man links auf einen

Blick vom Mühlberg auf Günserode

Steilhang des Wipperdurchbruchs mit Astloser Graslilie und Rauem Alant

Baufällige Brücke über die Wipper bei Günserode

direkt neben der Wipper entlang führenden vergrasten Weg und stellt das Auto am Eingang zum Feuergrund ab.

Gleich am Anfang des Weges in den Feuergrund zweigt links ein steil noch oben führender Fußpfad ab, den wir zum Aufstieg auf den Mühlberg benutzen. Wer nicht so gut zu Fuß ist, kann einen etwas bequemeren Aufstieg wählen, indem er den Weg in den Feuergrund etwa 150 m weiter verfolgt und dann ebenfalls links auf einen breiteren Weg einbiegt, der sich nach einer Strecke von 200 m mit dem Fußpfad vereint.

Bereits am Ende des Fußpfades trifft man auf die ersten Exemplare des Brand-Knabenkrautes (*Neotinea ustulata*), einer in Thüringen nicht gerade häufigen Orchideenart, die bis vor kurzem zur Gattung *Orchis* gestellt wurde. Vor gut 20 Jahren konnten dann allerdings britische Forscher durch molekulargenetische Untersuchungen zeigen, dass die Art zu einer ganz anderen Gattung gehört (*Neotinea*). Das wird u. a. daran deutlich, dass das Brand-Knabenkraut mit den Vertretern der Gattung *Orchis* keine Hybriden bilden kann, obwohl es häufig mit ihnen vergesellschaftet ist.

Die Art ist seit langem bekannt. Schon Hieronymus Bock (1498 bis 1554) hat im Jahre 1539 in seinem „New Kreütterbuch" berichtet, dass „deren blümlin ... als gedrungene Dreüblin, außwendig Castanienbraun, inwendig aber weiß, mit seer kleinen braunen düpffelin besprengt" seien, einer Beschreibung, der auch nach fast 500 Jahren wenig hinzuzufügen ist. Die Blüten der Art sind mit

Gruppe des Brand-Knabenkrautes

Blütenstand des Brand-Knabenkrautes

Mehrere Blütenstände des Brand-Knabenkrautes

Gruppe des Dreizähnigen Knabenkrautes

Blütenstand des Dreizähnigen Knabenkrautes

weniger als 5 mm auffällig klein. Die oberen Knospen des aufblühenden Blütenstandes vermitteln durch ihre dunkle Färbung den Eindruck des Angebranntseins, woraus der deutsche Name resultiert. Bestäubt wird die Art von Igelfliegen und Hummeln. Der Fruchtansatz ist meist recht gut. Am nahen Südrand des Harzes tritt auch eine spätblühende Variante dieser Art auf, die ihre Blüten erst zwei Monate später als die Normalform öffnet.

Wenn wir beim Aufstieg auf den Mühlberg links am Wegrand die erste Ruhebank erreicht haben, wird das Brand-Knabenkraut häufiger, während sich gleichzeitig das nahe verwandte Dreizähnige Knabenkraut (*Neotinea tridentata*) unter die Schwesterart mischt. Dies führt durch Kreuzbestäubungen zu zahlreichen hier auftretenden Hybriden, für die der Wipperdurchbruch berühmt ist. Der Mischling, das Dietrich-Knabenkraut (*Neotinea ×dietrichiana*) ist vor allem an seiner Helmfärbung zu erkennen, welche sich durch den Einfluss des Dreizähnigen Knabenkrautes zu einem sehr schönen Dunkelrosa aufgehellt hat. Durch Rückkreuzungen mit den Eltern ist ein sogenannter Hybridschwarm entstanden, bei dem viele verschiedenartige Übergänge zwischen den Eltern zu beobachten sind.

Von der Ruhebank und ihren weiter oberhalb aufgestellten beiden Schwestern laufen schmale Pfade ein Stück den Steilhang hinunter, auf denen man eine weitere Orchideen-Hybride beobachten kann, die sich in den letzten Jahren deutlich vermehrt hat und jetzt schon häufiger als die Eltern auftritt: die Hybriden-Ragwurz (*Ophrys ×hybrida*). Eine ihrer Eltern, die Fliegen-Ragwurz (*Ophrys insectifera*) kommt am Mühlberg schon immer vor, während die Spinnen-Ragwurz (*Ophrys sphegodes*) als zweiter Elternteil erst in jüngerer Zeit von Unbekannten ohne Genehmigung künstlich angesiedelt wurde. Die Ausbreitung der Hybride belegt, dass derartige Aktionen äußerst problematisch sind, weil ihre Folgen weder zu kontrollieren noch zu beeinflussen sind, wenn sie „aus dem Ruder laufen“ sollten, was hier offensichtlich der Fall ist. Übrigens kann man in Höhe der dritten Bank rechts vom Wege noch eine weitere, künstlich angesiedelte Art finden: die Kleine

Spinnen-Ragwurz (*Ophrys araneola*). Insgesamt sind im Wipperdurchbruch bisher 19 Orchideenarten festgestellt worden.

Von den drei genannten Bänken genießt man nicht nur einen phantastischen Ausblick hinunter ins Tal der Wipper, fast so, als würde man das Gebiet in einem Hubschrauber überfliegen, sondern man kann neben Orchideen auch eine ganze Reihe anderer bemerkenswerter und seltener Pflanzen beobachten. Zu ihnen gehört das Frühlings-Adonisröschen (*Adonis vernalis*), im Mai bzw. Anfang Juni aber schon verblüht, an seinen zapfenartigen Früchten und fein gefiederten Blättern aber gut zu erkennen, der Rauhaarige Alant (*Inula hirta*) und die Astlose Graslilie (*Anthericum liliago*), die beide erst im Frühsommer blühen, dann aber zu Tausenden die Steilhänge überziehen und dem Auge einen richtigen „Blütenrausch" in Gelb und Weiß bieten, wie er in Thüringen und anderswo nur sehr selten anzutreffen ist. Dagegen blüht der hübsche Dänische Tragant (*Astragalus danicus*) gemeinsam mit den Frühjahrsorchideen. Er gehört zu den Schmetterlingsblütlern (Fabaceae) und ist eigentlich eine euroasiatische Steppenpflanze, die in Deutschland recht selten ist und nur in Thüringen und dem benachbarten Sachsen-Anhalt etwas häufiger auftritt.

Der letzten Bank links des Weges folgt, fast auf dem Gipfel des Mühlberges, eine überdachte Sitzgruppe, an der vorbei wir nach links auf einen Weg einbiegen, der an der Schulter des Steilhanges entlang nach Westen führt. Gleich zu Anfang passiert er ein Gelände, wo sich zwischen mit Bäumen durchsetzten Gebüschen mehrere schmale Wiesenstücke den Hang hinunterziehen. Hier kann man erneut zahlreiche Orchideen-Hybriden bewundern, diesmal das Hybriden-Knabenkraut (*Orchis ×hybrida*), das hier in zahlreichen, farblich unterschiedlichen Exemplaren auftritt. Einer seiner Eltern, das Purpur-Knabenkraut (*Orchis purpurea*) ist uns beim Aufstieg auf den Mühlberg schon häufiger begegnet, während der zweite, das Helm-Knabenkraut (*Orchis militaris*) deutlich seltener vorkommt und erst auf dem Gipfel des Mühlberges etwas häufiger wird. Wohl deshalb kommt es erst hier zur vermehrten Bildung von Hybriden, die - ähnlich wie bei *Neotinea ×dietrichiana* - sich vor allem durch

Eine große Gruppe des Hybriden-Knabenkrautes

Dietrich-Knabenkraut

Rauhaariger Alant am Steilhang über der Wipper

Dänischer Tragant

die Helmfärbung zu erkennen geben, die sich zu einem sehr schönen Rosenrot verändert hat. Außerdem sind die Hybriden der ersten Generation meist größer und mastiger als die Eltern, ein Effekt, der als Heterosis bezeichnet wird und auch bei anderen Hybriden zu beobachten ist. Auch in der Tierhaltung wird er zur Steigerung des Ertrages ausgenutzt.

Der nun zwischen Hecken verlaufende Weg erreicht nach etwa 400 m einen Aussichtspavillon, von dem man erneut eine wunderschöne Aussicht ins Wippertal und auf die benachbarten Steilhänge genießt, während sich unterhalb ein wahres Meer von Rauhaarigem Alant ausbreitet. Vor allem aber sollte man hier die Gelegenheit nutzen, um bei einer Rast den mitgebrachten Proviant zu verzehren, denn in Günserode gibt es keine Einkehrmöglichkeiten.

Der Weg führt nun sanft abwärts ins Wippertal hinunter, vorbei an Wiesen und Gebüschen mit zahlreichen Exemplaren der bereits erwähnten Arten samt ihren Hybriden, zu denen sich weitere Arten gesellen. Hier seien noch die Braunrote Stendelwurz (*Epipactis atrorubens*) und die Große Händelwurz (*Gymnadenia conopsea*) erwähnt, die beide erst im Frühsommer erblühen, jetzt aber bereits an ihren Austrieben und noch knospigen Blütenständen zu erkennen sind. Im Schatten von Gebüschen tritt auch das Bleiche Waldvöglein (*Cephalanthera damasonium*) mit meist geschlossenen, cremeweißen Blüten auf.

Kurz vor Erreichen der Brücke führt der Weg noch einmal an einer Sitzgruppe vorbei, um sich dann hohlwegartig bis zur Brücke hinzuziehen, wo eine Erläuterungstafel auf die Besonderheiten des Gebietes aufmerksam macht.

Von hier aus gehen wir immer am Flussufer entlang bis zum Eingang des Feuergrundes zurück. Wer hier noch Kraft genug verspürt, kann auch den Feuergrund besuchen, wo er auf zahlreiche Exemplare des Stattlichen Knabenkrautes (*Orchis mascula*) treffen wird, vor allem auf den rechter Hand gelegenen Hängen.

Niederwillingen - Tännreisig

Länge der Wanderung: ca. 3,8 km
zu überwindender Höhenunterschied: ca. 40 m

Im Zentrum Thüringens breiten sich südlich des flachen Thüringer Beckens landschaftlich attraktive, in West-Ost-Richtung verlaufende Hügelketten von 300 bis 500 m üNN als Vorland des Thüringer Waldes aus. Das vorgeschlagene Wandergebiet befindet sich in ihrem östlichsten Ausläufer, südlich davon erhebt sich der 583 m hohe Singer Berg. Niederwillingen ist der Hauptort der Gemeinde Ilmtal. Das im Jahre 1286 erstmals urkundlich erwähnte Dorf weist liebevoll rekonstruierte Fachwerkhäuser, eine kleine romanische Kirche und seit wenigen Jahren ein Tunnelmuseum auf. Hier werden am Beispiel der sechs Tunnel der A 71 dem Besucher heutige Tunnelbautechnik und Tunnelkonstruktion vermittelt.

Das 35 ha große sowie 297 (!) Flurstücke umfassende Tännreisig liegt als geschlossenes Waldgebiet auf einer Muschelkalkkuppe von 388 bis 441 m üNN zwischen Niederwillingen und Stadtilm inmitten einer abwechslungsreichen, aber agrarisch dominierten Landschaft. Es ist als Naturschutzgebiet seit 1997 sowie seit 2003 auch als Fauna-Flora-Habitat-Gebiet registriert und soll dem „Schutz und Erhalt des gefährdeten Eichen-Elsbeeren-Waldes und der Lebensräume gefährdeter Pflanzen-, Insekten- und Vogelarten“ dienen. Es gilt als einer der letzten Niederwaldbestände Thüringens. Um solche Reste einer ehemals vorherrschenden Bewirtschaftungsform zu erhalten, die nicht nur aufgrund ihrer Naturausstattung, sondern auch kulturhistorisch äußerst wertvoll einzustufen sind, bedarf es steter Pflegeeingriffe. Das hinsichtlich seiner Biotopstrukturen vielfältige und dadurch artenreiche Schutzgebiet ist sowohl floristisch als auch faunistisch bedeutsam. Es wird geprägt von Laubmischwäldern und Kiefernforsten auf kalkhaltigen Böden, die mit orchideenreichen Magerrasen abwechseln. Für das NSG wurden 295 Farn- und Samenpflanzen registriert, darunter 29, die nach der Bundesartenschutz-Verordnung geschützt sind (incl. 15 Orchideenarten) und 19, die auf der „Roten Liste Thüringens“ stehen.

Niederwillingen ist von Erfurt, Weimar, Stadtilm und Rudolstadt durch Bus und Bahn erreichbar. Wer sich der Gegend aber per PKW nähern möchte, kommt am schnellsten über die Autobahn A 71 (Abfahrt Arnstadt-Süd) und Stadtilm zum Ausgangspunkt unserer Wanderung. Dabei biegt man unmittelbar vor dem östlichen Ortsanfang von Niederwillingen in südlicher Richtung (links) ab, wo nach

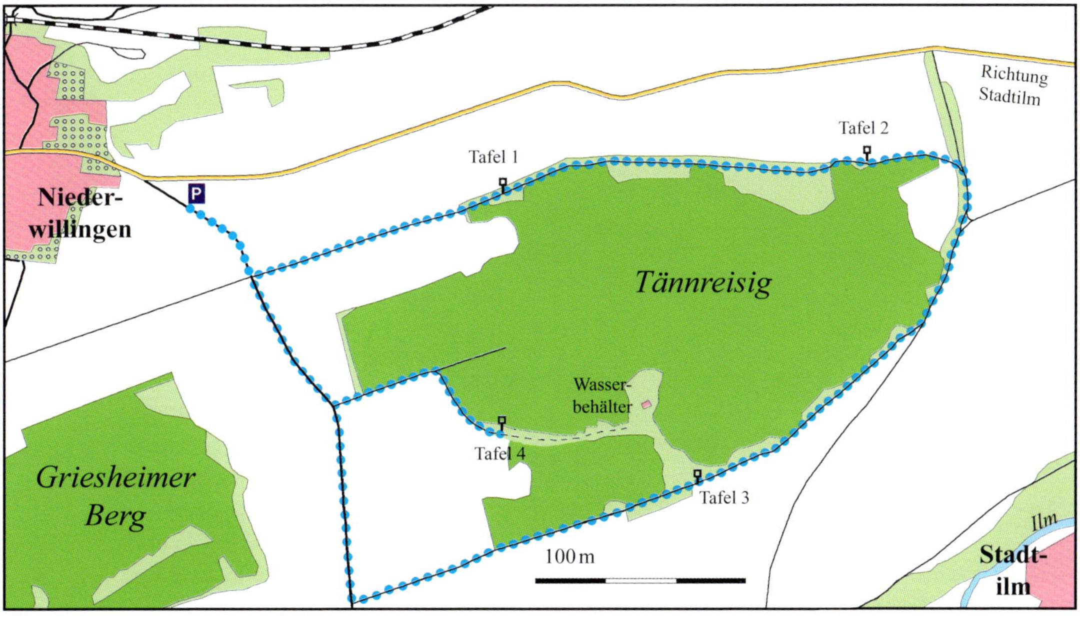

Blick vom Tännreisig in südlicher Richtung

Am Südwestrand des Tännreisigs

Halbtrockenrasen am Nordrand des Tännreisigs mit Grüner Hohlzunge

ca. 75 m linkerhand eine Parkmöglichkeit für sechs PKW's besteht. Dann hat man zwei Wandermöglichkeiten zur Auswahl. Entweder wählt man, wenn man nicht gut zu Fuß ist, eine kurze Strecke von einem reichlichen Kilometer und geht anschließend zurück oder man entscheidet sich für eine längere Strecke von knapp 4 km, bei der das gesamte Tännreisig im Uhrzeigersinn umrundet wird.

Bei beiden Strecken trifft man unweit vom Parkplatz auf einen links abbiegenden Weg, der in östlicher Richtung zuerst an einem Feldsaum, später am Waldrand entlang führt. Absperrungen und Hinweistafeln zeigen jeweils die Schutzgebiets-Grenzen an. Zwei didaktisch sehr gelungene Informationstafeln (Nr. 1 und 2) instruieren über das Gebiet, seine landschaftlichen, geologischen und botanischen Besonderheiten sowie die wichtigsten Orchideen, seltene andere Pflanzen und Tiere.

Als Waldform dominiert ein artenreicher Labkraut-Traubeneichen-Hainbuchenwald (Galio-Carpinetum) mit den namensgebenden Trauben-Eichen (*Quercus petraea*) - übrigens zum „Baum des Jahres 2014" gewählt - und Hainbuchen (*Carpinus betulus*), aber auch mit Els-, Mehl- und Vogelbeere (*Sorbus torminalis*, *S. aria*, *S. aucuparia*), Winter-Linde (*Tilia cordata*), Gewöhnliche Hasel (*Corylus avellana*), Berg-Ahorn (*Acer pseudoplatanus*), Faulbaum (*Frangula alnus*), Wolligem Schneeball (*Viburnum lantana*) und Weißdorn (*Crataegus* spec.). In der Krautschicht finden sich Wald-Labkraut (*Galium sylvaticum*), Maiglöckchen (*Convallaria majalis*), Echtes Lungenkraut (*Pulmonaria officinalis*), Echte Sternmiere (*Stellaria holostea*) und Berg-Segge (*Carex montana*). Solche Waldtypen entstanden in Mitteleuropa als Ergebnis regelmäßiger forstlicher Eingriffe, vor allem auch durch frühere Nieder- und Mittelwald-Bewirtschaftung. Man nutzte die Eichenrinde in der Gerberei, während im Herbst die Schweine zur Eichelmast eingetrieben wurden. Der Stockausschlag der Gehölze wurde als Brennholz verwendet. Am genannten Waldsaum treten auch Großes Windröschen (*Anemone sylvestris*) mit attraktiven weißen, meist nickenden Blüten, Augentrost (*Euphrasia*) und Hain-Wachtelweizen (*Melampyrum nemorosum*) mit intensiv violett gefärbten Hochblättern auf. Etwa nach 250 m kann man, ohne den Weg zu verlassen, erste Exemplare der Grünen Hohlzunge (*Coeloglossum viride*) erblicken. Diese Orchidee gehört zu den seltensten Thüringens. Die ausgedehnte Population gilt als große Attraktion des Schutzgebietes. Eigentlich handelt es sich um eine vorwiegend nördlich-boreale oder zumindest montan verbreitete Orchidee. In Thüringen sind ihre Vorkommen im Thüringer Wald meist erloschen. Dagegen hat sie sich in den Ausläufern dieses Mittelgebirges halten können. Das liegt auch daran, dass sie ökologisch relativ variabel reagiert. Sie ist mit den Kuckucksblumen (*Dactylorhiza*) eng verwandt, so dass manche Systematiker - vor allem nach neuesten molekularen Erkenntnissen - sie in diese Gattung eingliedern. Behält man aber die Gattung *Coeloglossum* bei, gilt sie als einzige europäische Art. In den kurz gehaltenen Magerrasen tritt sie als konkurrenzschwache Art gemeinsam mit Wiesen-Primel (*Primula veris*), Weidenblättrigem Alant (*Inula salicina*), Abbiss-Pippau (*Crepis praemorsa*) oder Blaugrüner Segge (*Carex flacca*) auf. Zur Erhaltung dieser in Thüringen sehr gefährdeten Art ist allerdings eine intensive Biotoppflege notwendig, um die sich die Regionalsektion Arnstadt des Arbeitskreises Heimische Orchideen (AHO) Thüringen ehrenamtlich und aufwendig kümmert! Die Grüne Hohlzunge ist eigentlich eine unauffällige Orchidee. Sie erreicht meist nur Höhen bis 25 cm und wächst oftmals einzeln, so dass manche Exemplare im frischen Gras leicht übersehen werden. Selten treten sie truppweise auf. Die Blütezeit variiert je nach Höhenlage stark; im Gebiet reicht sie von Anfang Mai bis Ende Juni, im Hochgebirge dagegen bis in den Juli hinein. Die Pflanzen besitzen unterirdische, handförmig geteilte Knollen, aber keine Blattrosette, die 3 bis 7 Laubblätter sind am Stängel verteilt. Alle Einzelblüten stehen in den Achseln von Tragblättern. Ihre Zahl schwankt stark

Blasses Knabenkraut

Blütenstand des Blassen Knabenkrautes

Gruppe der Fliegen-Ragwurz

Blüten der Fliegen-Ragwurz

zwischen 5 und 30. Über der grünen Lippe mit einem 2 bis 3 mm langen, sackförmigen Sporn neigen sich die anderen 5 Kronblätter helmförmig zusammen. Da die Art empfindlich auf stickstoffreiche Düngergaben reagiert, muss die Verdriftung solcher Dünger aus dem angrenzenden Ackerland unbedingt vermieden werden. Die individuenreichsten Partien der Trockenrasen werden zusätzlich durch Absperrungen geschützt. Tafeln weisen darauf hin, dass das Betreten nicht gestattet ist. Auch hier wird an alle Besucher appelliert, dieses Gebot strikt einzuhalten.

Auf den Siedlungsflächen der Grünen Hohlzunge kommen zusätzlich weitere Orchideenarten vor. Hier seien neben der Grünlichen Waldhyazinthe (*P. chlorantha*) noch Große Händelwurz (*Gymnadenia conopsea*) sowie Fliegen-Ragwurz (*Ophrys insectifera*) genannt. Ihren volkstümlichen Namen erlangte letztere Orchidee durch die verblüffende Ähnlichkeit ihrer Blüten mit Fliegen. Diese Blütenform dient nämlich der Anlockung von Männchen einer Grabwespenart (*Argogorytes mystaceus*), denen ein Weibchen vorgetäuscht wird, das sie zu begatten versuchen. Bei diesen Scheinkopulationen werden ihnen Pollenpakte angeheftet, die sie danach auf andere Exemplare übertragen. Die Art pflanzt sich also durch Sexualparasitismus fort.

Entweder geht man nun am Ende des abbiegenden Weges den reichlichen Kilometer wieder zurück, weil man die wichtigste Orchidee gesehen hat, oder biegt hier scharf rechts in südlicher Richtung ab, markiert von einer Wiese, die übrigens die größte Parzelle des Gebietes darstellt. Auf dem Weg zur Informationstafel Nr. 3 wird der Saum wieder breiter. In den Trespen-Schwingel-Kalk-Trockenrasen (Festuco-Brometalia) trifft man auf ansehnliche Bestände der unter Schutz stehenden Gewöhnlichen Kuhschelle (*Pulsatilla vulgaris*). Ihre großen, blauvioletten, nickenden Einzelblüten sind von einem Scheinquirl aus drei stark behaarten, als Knospenschutz dienenden Hochblättern umgeben. Diese schon im März blühende Pflanze ist mit den Anemonen näher verwandt. Sie wird zwischen 15 und 20 cm hoch, verlängert sich aber nach der Blütezeit. Als Früchte bilden sich Nüsschen-Stände, deren Einzelfrüchte je einen Federschweif besitzen, mit deren Hilfe sie sich ganz leicht in den Boden bohren. Alle Pflanzenteile sind aufgrund des enthaltenen Alkaloids Protoanemonin giftig; empfindliche Menschen reagieren manchmal schon bei einer Berührung mit starken Hautreizungen. Zur Blühzeit der Orchideen kann man sich meist nur noch an den als „Hexenbesen" bezeichneten Fruchtständen erfreuen.

Seltene Gruppenbildung bei der Grünen Hohlzunge

Grüne Hohlzunge in charakteristischer Färbung

Grüne Hohlzunge im Tännreisig

Gewöhnliche Kuhschelle

Graues Sonnenröschen

Etwa in halber Wegeslänge erblickt man bei Tafel 3 hangaufwärts einen Hochbehälter. Wir wandern allerdings ca. 600 m in westlicher Richtung weiter, die Hälfte der Strecke vorbei an einer großen Ackerfläche, die sich potenziell auch für naturschützerische Zwecke eignen würde.

In der nächsten Rechtskurve biegen wir ab und wandern etwa 350 m weiter am Feldsaum entlang, bis wir den Waldrand erreichen. Auch hier stehen wir erneut vor einer Wahl: entweder laufen wir die ca. 0,5 km bis zum Parkplatz durch oder biegen hier nochmal rechts hangaufwärts ab, um noch einen der schönsten Aussichtspunkte des Gebietes zu genießen.

Wandert man also noch etwa 200 m in südöstlicher Richtung weiter, zeigen sich im artenreichen Laub-Mischwald - durch Weidezäune abgesichert - zahlreiche Exemplare des dunkelviolett blühenden Stattlichen Knabenkrautes (*Orchis mascula*) sowie ein ebenfalls reicher Bestand des Blassen Knabenkrautes (*Orchis pallens*). Hier befindet sich auch die Informationstafel Nr. 4. Zur Hochblüte des Stattlichen Knabenkrautes ist letztere Art aber schon im Abblühen begriffen. Seine fahlgelben, trotzdem hell leuchtenden Blütenstände fallen vor allem im noch unbelaubten Wald auf. Nach dem Laubaustrieb vergeht die Blüte schnell. Geschädigt werden die sehenswerten Bestände durch späte Kahlfröste und/oder Schwarzwild, welches den Knollen nachstellt.

Rechter Hand erstreckt sich ein lichter Kiefern-Laubmischwald. Auf den kleinräumigen Freiflächen beidseits des Weges bildeten sich Muschelkalk-Schotterfluren aus. Im Frühjahr blühen hier blau die Bittere und rötlichviolett die Schopf-Kreuzblume (*Polygala amarella*, *P. comosa*). Daneben wächst das Bayrische Vermeinkraut (*Thesium bavarum*) und als kriechender Halbstrauch das in Thüringen geschützte (RLT 3) Graue Sonnenröschen (*Helianthemum canum*) mit seinen hellgelben Radblüten. Dann müssen wir allerdings umkehren. Nach kurzer Wegstrecke bis zum Abzweigungspunkt und danach geradeaus ist bald der Parkplatz erreicht.

Nach der Exkursion kann man sich in angenehmer Atmosphäre im Landgasthof Scheit in Niederwillingen oder beim Mühlenwirt im nahegelegenen Kleinhettstedt kulinarisch verwöhnen lassen. Eilige können köstliche Bratwürste oder Rostbrätel am Grill eingangs Stadtilm verzehren.

Hohenfelden - Stadtberg

Länge der Wanderung: ca. 2,9 km (Zusatz: 1,6 km)
zu überwindender Höhenunterschied: ca. 85 m (Zusatz: ca. 30 m)

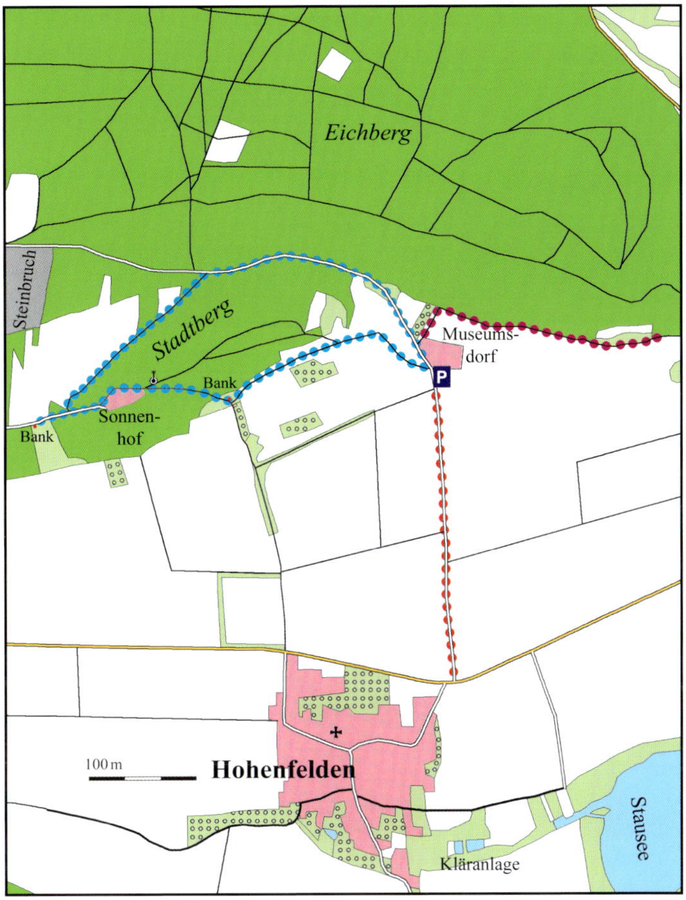

Der Name „Hohenfelden“ ist in erster Linie durch den im Jahre 1966 östlich des Ortes angelegten Stausee bekannt, weil sich in der Umgebung der 44 ha großen Wasserfläche ein ausgedehnter Freizeitpark entwickelt hat, der vor allem von den Einwohnern Erfurts genutzt wird. Das Zentrum der Landeshauptstadt ist nur 18 km entfernt, und Weimar liegt mit 21 km auch ganz in der Nähe. Zum „Freizeitpark Stausee Hohenfelden“ gehören mittlerweile der größte Campingplatz Thüringens, Ferienhäuser, eine Strandpromenade, Badestrände (einschließlich eines FKK-Strandes), eine Therme, Gaststätten, Bootsverleih, Wildgehege und ein Naturlehrpfad. Sommers finden hier zahlreiche Freiluftveranstaltungen statt, darunter seit 1997 auch das mit durchschnittlich 20.000 Besuchern größte Indie-Rockfestival in den neuen Bundesländern.

Seit 1979 lockt zusätzlich auch das „Thüringer Freiluftmuseum Hohenfelden“ zahlreiche Besucher an, weil man hier hautnah erleben kann, wie früher die Menschen in den Dörfern Mittelthüringens gelebt, gewohnt und gearbeitet haben. 33 historische Museumsgebäude aus dem 17. bis 20. Jahrhundert, darunter Bauernhöfe, Werkstätten, Bienenhäuser, Taubenturm, Kegelbahn, Dorfbrauhaus, eine Einklassenschule und die Museumsgaststätte „Einkehr zur alten Pfarre“ laden zum Besuch ein. Ein Teil von ihnen ist aus anderen Dörfern in eine vor dem Eichberg nördlich von Hohenfelden gelegene Baugruppe umgesetzt worden. Der zugehörige Parkplatz ist auch Ausgangspunkt unserer Wanderung über den Stadtberg.

Wir folgen zunächst einem schräg aufwärts führenden Wiesenweg hinauf zum nordöstlichen Waldrand des Stadtberges, dem wir in südwestlicher Richtung bis zu einem Gartenhäuschen in einer Kirschplantage folgen. Hier begegnet uns vereinzelt mit der Braunroten Stendelwurz (*Epipactis atrorubens*) auch die erste Orchidee. Hauptsächlich treffen wir aber neben verschiedenen Gräsern auf Pflanzen der Wiesen und Weiden, wie Gänse-Fingerkraut (*Potentilla anserina*), Wiesen-Margerite (*Leucanthemum vulgare*), Rot-Klee (*Trifolium pratense*), Gewöhnliche Schafgarbe (*Achillea millefolium*), Kleiner Klappertopf (*Rhinantus minor*), Kleiner Wiesenknopf (*Sanguisorba minor*) und Saat-Esparsette (*Onobrychis viciifolia*), um nur einige zu nennen.

Hohenfelden, im Hintergrund der Stausee

Museumsdorf bei Hohenfelden

Pfarrhof mit Museumsgaststätte in Hohenfelden

Im Juni blüht am Wegrand auch die Gelbe Resede (*Reseda lutea*), Ordnungscharakterart wärmebedürftiger und Trockenheit ertragender Ruderalfluren (Onopordetalia acanthii). Ihre hellgelben Blüten sitzen in kurzen, später verlängerten Trauben an der Sprossachse. Kelch und Krone der Blüte bestehen meist aus 6, selten aus 5 Teilen. Die Staubblätter öffnen sich nacheinander und führen Wachstumsbewegungen aus.

Eine erste Rast kann an einem über dem Gartenhäuschen aufgestellten Tisch mit Bänken eingelegt werden, ehe der Aufstieg zum Sonnenhof erfolgt. Wir benutzen dafür den rechts nach oben abzweigenden Weg, der durch dichten Mischwald führt, dessen Stämme anfangs durch die lianenartigen Ranken der Gewöhnlichen Waldrebe (*Clematis vitalba*) zu einem undurchdringlichen Dickicht verflochten werden. Wald-Kiefern (*Pinus sylvestris*), Gewöhnliche Esche (*Fraxinus excelsior*), Spitz- und Feld-Ahorn (*Acer platanoides, A. campestre*) sowie Gewöhnliche Mehlbeere (*Sorbus aria*) bilden die Baumschicht. Im Unterwuchs bemerken wir neben Wild-Birne (*Pyrus pyraster*), Gewöhnlicher Hasel (*Corylus avellana*) und Gewöhnlichem Liguster (*Ligustrum vulgare*) auch die aus China als Zierpflanze eingeführte Fächer-Zwergmispel (*Cotoneaster horizontalis*), die bereits im Juni ihre hübschen roten Beerenfrüchte zeigt, die von Vögeln verschleppt werden und zur starken Ausbreitung dieser Art geführt haben.

An lichteren Stellen zeigen sich dann öfter die Blütenstände der Braunroten Stendelwurz und

Kleine Gruppe der Nestwurz

Blüten der Nestwurz

Blüten und Knospen der Nestwurz

Gruppe des Bleichen Waldvögleins

Blüten des Bleichen Waldvögleins

die ersten Exemplare der Nestwurz (*Neottia nidus-avis*), einer Orchidee ohne Blattgrün und mit wenigen, zu Scheiden reduzierten Blättern. Wegen des fehlenden Chlorophylls kann die Pflanze keine Photosynthese ausführen und ernährt sich deshalb unter Mitwirkung von Pilzen aus der organischen Substanz abgestorbener anderer Pflanzen. Da sie kein Licht benötigt, kann sie auch sehr schattige Wuchsorte besiedeln. Ihre bräunlichen bis gelben Blütenblätter neigen mit Ausnahme der zweilappigen Lippe zu einem lockeren Helm zusammen. Nektar wird in einer muldenartigen Vertiefung im oberen Teil der spornlosen Lippe gebildet (auf der rechten oberen Abbildung der Seite 141 gut erkennbar), der von den bestäubenden Insekten (Fliegen und Ameisen) aufgenommen wird. Dabei werden ihnen mit Hilfe eines Klebtropfens Pollinien angeheftet. Etwa vier Tagen nach Öffnung der Blüten werden keine Klebtropfen mehr gebildet. Ist die Blüte innerhalb dieser Frist nicht von einem Insekt bestäubt worden, gelangt der abbröckelnde Pollen nun ungehindert auf die nierenförmige Narbenfläche. Der Fruchtansatz ist deshalb bei der Nestwurz immer sehr hoch. Zusätzlich vermehrt sich die Art auch noch ungeschlechtlich, indem die Spitzen ihrer Wurzeln Knospen treiben können, die zu neuen Rhizomen werden. Auf diese Weise dringt sie in neue, an Nährstoffen reichere Gebiete vor. Die vorjährigen Fruchtstände überdauern meist den Winter und verraten im nächsten Jahr noch den alten Wuchsort.

Am Ende des Aufstieges erreichen wir den von einer Mauer umfriedeten Sonnenhof, früher Hotel und Restaurant, heute geschlossen. Entlang der Mauer treten zahlreiche Exemplare einer dritten Orchideenart auf, des Bleichen Waldvögleins (*Cephalanthera damasonium*). Ähnlich wie die Nestwurz, mit der sie häufig gemeinsam vorkommt, bevorzugt auch diese Art verhältnismäßig dunkle Wuchsorte, wo sie ihre Blüten nur ganz selten öffnet, und wenn überhaupt, dann nur wenig (wie auf dem rechten oberen Bild). Insekten haben deshalb nur selten die Chance, die Blüten zu bestäuben, weshalb es fast ausschließlich zu Selbstbestäubung kommt. Der Fruchtansatz ist deshalb fast immer vollständig. Bei einem in der Nähe befindlichen Sendemast für Mobiltelefone kommen im hier stockenden Fichtenwald zusätzlich einzelne Exemplare der Breitblättrigen Stendelwurz (*Epipactis helleborine*) und der Grünlichen Waldhyazinthe (*Platanthera chlorantha*) vor.

Nachdem wir den Eingang zum ehemaligen Hotel passiert haben, gehen wir auf der geschotterten Zufahrtsstraße noch ein Stück westwärts, bis ein rechts abbiegender Waldweg erreicht wird. Hier werden wir dann am Waldrand entlang in nördlicher Richtung weitergehen. Vorher sollte man aber die Zufahrtsstraße noch etwa 100 m weiterverfolgen bis zu einer oberhalb des Steilhanges aufgestellten Bank, von der man, hinweg über einen schönen Trockenrasen mit Feld-Mannstreu (*Eryngium campestre*), Wiesen-Salbei (*Salvia pratensis*) und Bunter Kronwicke (*Securigera varia*), einen herrlichen Ausblick über das im Tale liegende Hohenfelden mit dem Stausee im Hintergrund genießen kann.

Zurück zur Abzweigung gehen wir sanft abwärts immer am Waldrand entlang. Es handelt sich hier um Nadelwald aus Wald-Kiefern und Gewöhnlichen Fichten (*Picea abies*). An wiesigen Stellen fallen zahlreiche Exemplare der Schwarzen Teufelskralle (*Phyteuma nigrum*) mit ihren schönen, tief dunkelblauen und kugeligen Blütenständen ins Auge. Etwas weiter im Waldesinneren tritt die ebenfalls kalkmeidende Zweiblättrige Schattenblume (*Maianthemum bifolium*) an oberflächlich versauerten Stellen in größeren Beständen auf. Auch die aus Nordamerika eingeführte und verwilderte Mahonie (*Mahonia aquifolia*) mit gelben Blüten und ledrigen Blättern, die gern in der Kranzbinderei verwendet werden, kann hier beobachtet werden. Die bis auf die Früchte in allen Teilen giftige Pflanze wurde in der traditionellen Medizin nordamerikanischer Indianer bei Hautkrankheiten und Magen-Darm-Störungen eingesetzt und gelangt heute in der Homöopathie als Radix oder Cortex Mahoniae aquifolii unter anderem bei Hautkrankheiten mit Juckreiz, Bläschen und Pusteln, aber auch bei Rheumatismus, Ischias, Samenstrang-Neuralgien sowie Schüttellähmung (Parkinson) zum Einsatz.

Entlang des Waldrandes kommt einzeln die Grünliche Waldhyazinthe vor, bis der Weg wieder beidseitig vom Wald begleitet wird. Hier, in einer links des Weges angelegten kleinen Schonung aus Eu-

Grünliche Waldhyazinthe

Blüten der Grünlichen Waldhyazinthe

Gelbe Resede

Fächer-Zwergmispel

ropäischer Lärche (*Larix decidua*) wird die Art plötzlich sehr häufig. Sie kann von ihrer Schwesterart, der Weißen Waldhyazinthe (*Platanthera bifolia*) neben einer früheren Blütezeit vor allem dadurch unterschieden werden, dass ihre Antherenfächer weit voneinander entfernt sind und unten auseinanderspreizen (siehe rechtes Bild auf Seite 143). Die Art besitzt einen langen, fadenförmigen und mit Nektar gefüllten Sporn, zu dem durch den verhältnismäßig engen Eingang nur langrüsslige Schmetterlinge Zugang haben.

Die umfangreiche Population der Grünlichen Waldhyazinthe wird von einer weiteren Orchideenart begleitet, dem Großen Zweiblatt (*Listera ovata*), zu der sich erst wenige, kurz vor der Einmündung des Weges in eine breite Schotterstraße aber sehr viele Exemplare der Fuchsschen Kuckuckblume (*Dactylorhiza fuchsii*) gesellen.

Wenn wir auf der erwähnten Schotterstraße rechts abwärts zurück zum Parkplatz des Autos laufen, ist wochentags Vorsicht geboten, weil große Lastkraftwagen Schotter aus einem benachbarten Steinbruch abfahren und dabei auf Wanderer wenig Rücksicht nehmen. Wenn wir etwa 100 m auf dieser Straße zurückgelegt haben, kann man im lockeren Mischwald links der Straße etwa 10 m hangaufwärts noch ein schönes Vorkommen des Bleichen Waldvögleins mit hellgelben bis cremefarbenen Blüten bewundern.

Besonders ausdauernde Orchideenfreunde können beim Erreichen des Museumsdorfes am Zaun entlang aufwärts zum Waldrand laufen und dann östlich über eine ehemalige Wacholdertrift weitergehen, bis bei dichtem Buschwerk der Rückweg auf gleicher Strecke angetreten werden sollte. Hier lassen sich neben einigen Exemplaren der Fliegen-Ragwurz (*Ophrys insectifera*) zahlreiche Pflanzen der Braunroten Stendelwurz, der Grünlichen Waldhyazinthe und der Nestwurz beobachten. An anderen Arten sind vor allem die Gewöhnliche Kuhschelle (*Pulsatilla vulgaris*) und das Frühlings-Adonisröschen (*Adonis vernalis*) zu erwähnen, die zwar zur Orchideenzeit bereits verblüht, an ihren charakteristischen Früchten aber gut zu erkennen sind.

Wer es ermöglichen kann, sollte auch dem nahen Riechheimer Berg einen Besuch abstatten, der neben zahlreichen seltenen Pflanzen auch einen der schönsten Ausblicke Thüringens bietet.

Rettwitz - Geiersberg

Länge der Wanderung: ca. 3,5 km
zu überwindender Höhenunterschied: ca. 80 m

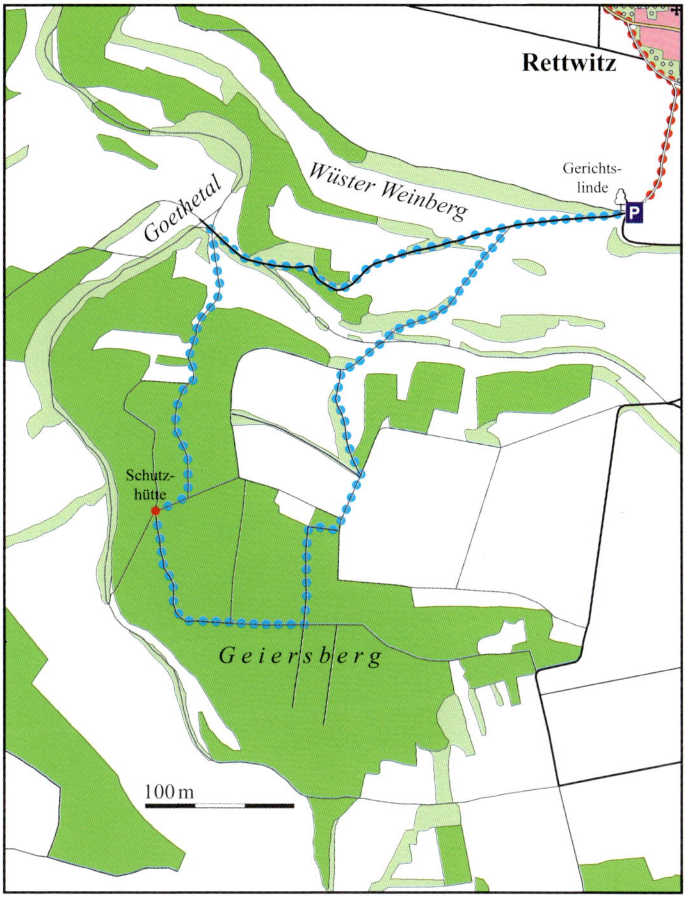

Rettwitz, ein kleines, heute nach dem 5,5 km entfernten Städtchen Blankenhain eingemeindetes Dörfchen, wurde 1199 erstmals als Rethwiz in einer Urkunde des 1202 verstorbenen Bamberger Bischofs THIMO erwähnt. Der Ort ist aber viel älter, wie eine um 800 entstandene steinerne Kirche belegt, die später romanisch überbaut wurde. Ihre Reste sind 1987 ausgegraben worden. Der Turm als ältester Bestandteil der heutigen Kirche stammt aus der Zeit zwischen 1200 und 1250. Die Kirche ist Filialkirche von Thangelstedt. Auch für eine eigene Schule war und ist Rettwitz viel zu klein, weshalb die Kinder ins benachbarte Krakendorf zur Schule gehen mussten.

Rettwitz ist nur mit dem Auto über die B 85 ab Blankenhain oder die B 87 ab Tannroda zu erreichen, indem man von der Verbindungsstraße L 1060 zwischen diesen beiden Städten nach Krakendorf abbiegt und südlich dieses Ortes auf die nach Rettwitz führende Sackstraße einbiegt.

Ausgangspunkt unserer Wanderung ist die als Naturdenkmal geschützte Gerichtslinde am Fahrweg von Rettwitz ins Goethetal, wo man am Wasserbehälter das Auto abstellen kann. Ob unter der Gerichtslinde tatsächlich mittelalterliche Gerichtsverhandlungen stattfanden, ist aber wenig wahrscheinlich, weil der heutige Baum noch nicht so alt ist. Vielleicht handelt es sich um eine Ersatzpflanzung für einen abgestorbenen, viel älteren Baum, der tatsächlich als Gerichtslinde diente.

Wir wandern den Fahrweg in Richtung Goethetal abwärts, bis wir an einer ehemalige Wacholdertrift am Wüsten Weinberg vorbeikommen, die inzwischen weitgehend mit Wald-Kiefern (*Pinus sylvestris*) zugewachsen ist. Kleinere Reste von Trockenrasen sind aber erhalten geblieben, auf denen wir auch die ersten Orchideen erblicken. Es handelt sich dabei um recht zahlreiche Exemplare der Braunroten Stendelwurz (*Epipactis atrorubens*), während die Große Händelwurz (*Gymnadenia conopsea*) und die Fliegen-Ragwurz (*Ophrys insectifera*) deutlich seltener sind.

Die Braunrote Stendelwurz gehört zu einer Orchideengattung (*Epipactis*), die in Thüringen mit 9 Sippen vertreten ist. Am Geiersberg ist sie weit verbreitet und kann durchaus als Charakterpflanze dieses Waldgebietes bezeichnet werden.

Kirche von Rettwitz mit romanischem Turm

Gerichtslinde am Ausgangspunkt der Wanderung

Schutzhütte auf dem Geiersberg

Kräftige Exemplare können mehrere Blütensprosse entwickeln. Die Pflanze wird 25 bis 60 cm hoch und besitzt am Grunde 1 bis 3 scheidenförmige Schuppenblätter, nach oben folgen 6 bis 11 in der unteren Stängelhälfte konzentrierte Laubblätter, die mehr oder weniger zweizeilig angeordnet sind. Das unterste Stängelblatt ist scheidenförmig, die drei nach oben folgenden eiförmig, die darüber liegenden länglich-eiförmig und sichelförmig gebogen, die obersten tragblattartig lang zugespitzt. Der langgestreckte Blütenstand ist fein behaart, so dass er filzig aussieht, und locker mit 6 bis 40 relativ kleinen, purpurroten bis rotbraunen, nach Vanille duftenden Blüten besetzt. In den Küstengebieten wird sie daher auch als „Strandvanille“ bezeichnet. Die hellgelben Pollinien stehen in einem reizvollen Farbkontrast zu den Blütenblättern. Die zweigliedrige Lippe besitzt eine napfförmige Hinterlippe, in der Nektar abgesondert wird. Die breit herzförmige Vorderlippe ist am Rande gekerbt, am freien Ende spitz und abwärts gebogen und am Grunde mit zwei runzeligen Wülsten versehen. Als Bestäuber treten vor allem Hummeln, seltener Wespen auf. Der Fruchtansatz ist meist sehr gut. Besiedelt werden neben Trockenrasen auf nährstoffarmen Kalkböden auch lichte, warme Kiefernwälder.

Wenn wir das Goethetal erreicht haben, wenden wir uns scharf links und laufen einen Wiesenweg zum Waldrand des Geiersberges hinüber, wo wir eine schmale Schneise hinaufsteigen, bis eine sich weit nach Westen erstreckende Waldwiese erreicht ist. Nachdem wir sie randlich passiert haben, tritt der Weg wieder in lichten Wald ein, der auch hier überwiegend aus Wald-Kiefern besteht, denen einzelne Laubbäume untergemischt sind.

Blütenstände der Braunroten Stendelwurz

Blüten der Braunroten Stendelwurz

Braunrote Stendelwurz

Große Händelwurz

Blüten der Großen Händelwurz

Neben den uns schon bekannten Orchideenarten Braunrote Stendelwurz, Große Händelwurz und Fliegen-Ragwurz treten hier neu Nestwurz (*Neottia nidus-avis*), Großes Zweiblatt (*Listera ovata*) und Kriechendes Netzblatt (*Goodyera repens*) auf, von anderen Pflanzen seien die zur Familie der Wintergrüngewächse (Pyrolaceae) gehörenden Arten Moosauge (*Moneses uniflora*), Birngrün (*Orthilia secunda*) und Grünblütiges Wintergrün (*Pyrola chlorantha*) erwähnt.

Von den genannten Orchideenarten sind die bräunliche, chlorophyllfreie Nestwurz und die Große Händelwurz recht auffällig und werden dem aufmerksamen Beobachter nur selten entgehen. Auch das Große Zweiblatt, wegen seiner kleinen, grünen Blüten schon unauffälliger, verrät sich durch seine beiden breitelliptischen Blätter mit deutlichen und parallel zueinander angeordneten Nerven. Die Große Händelwurz - meist ein Besiedler von Trocken- und Halbtrockenrasen - zeichnet sich durch einen dicht mit kleinen Einzelblüten besetzten Blütenstand aus, der sich noch oben etwas verjüngt. Die rosa bis tiefroten Blüten verströmen einen intensiven, süßlichen Duft, mit dem Tagfalter angelockt werden, die mit ihren Rüsseln zu dem in einem langen, gebogenen Sporn befindlichen Nektar gelangen können und dabei die Bestäubung vollziehen.

Dagegen ist das Kriechende Netzblatt nur schwer zu entdecken und wird deshalb häufig übersehen. Die Blütenstände sind mit 10 bis 15 cm nicht sehr groß, die weißen Einzelblüten sogar nur wenig größer als Stecknadelköpfe und erschwerend tritt hinzu, dass die Pflanze vor allem in sehr trockenen Sommern nur in sehr geringem Umfang zur Blüte gelangt. Am ehesten findet man sie, wenn man in Moospolstern nach den charakteristischen netzadrigen Blättern sucht, die aber oft durch alte Nadelstreu und Falllaub bedeckt sind. Am Geiersberg ist sie kurz vor dem Erreichen eines ehemaligen, inzwischen aufgeforsteten Kahlschlages rechts des Weges unter Kiefern zu finden. Man scheue nicht die Mühe einer möglichst vorsichtigen Suche!

Etwa 200 m weiter biegen wir nach links auf einen Waldweg ein, wo wir an einer Schutzhütte rasten und den mitgebrachten Proviant verzehren können, denn in Rettwitz gibt es keine Gaststätte mehr, in der man einkehren könnte.

Von der Schutzhütte aus steigt man nicht auf schmalem Fußpfad ins Goethetal hinab, sondern hält sich an einen in südlicher Richtung an der Hangkante entlanglaufenden, vergrasten Waldweg, dessen Verlauf man leicht aus dem Auge verliert. Hier tritt neben der Braunroten Stendelwurz das Birngrün in großer Anzahl auf, das wegen seiner niedrigen, auf charakteristische Art abgewinkelten Blütenständen mit einseitswendigen, weißlichen Blütchen nicht zu verkennen ist. Die Blätter ähneln denen der Birne, worauf sich der volkstümliche Name bezieht. Dagegen ist das früher hier vorkommende Purpur-Knabenkraut (*Orchis purpurea*) in den letzten Jahren nicht mehr zu beobachten gewesen. Statt dessen erwartet uns nach einer Wegstrecke von etwa 200 m eine Überraschung insofern, als wir auf eine ansehnliche Population des Frauenschuhs (*Cypripedium calceolus*) stoßen, des Edelsteins unter den Orchideen Thüringens.

Als einzige Art unter den Orchideen Thüringens besitzt der Frauenschuh eine sogenannte „Kesselfallenblüte“. Die gelbglänzende Lippe hat sich zu einem Organ entwickelt, das einem Holzschuh ähnelt und oben eine ovale Öffnung mit glatten und nach unten umgebogenen Rändern besitzt. Nahrungssuchende Wildbienen gleiten an den glatten Rändern der Öffnung ab und stürzen ins Innere, wo sie zunächst gefangen sind. Während größere Arten sich wieder aus der Öffnung herausarbeiten können, bleibt für kleinere Arten nur der Ausweg über eine enge Passage im oberen Teil, wo sie sich unter dem aus einem ehemaligen Staubblatt gebildeten, kellenartigen Staminodium hindurchzwängen müssen. Dabei streifen sie mit dem Rücken honigartige Pollen aus den beiden noch vorhandenen fruchtbaren Staubblättern ab. Lichtdurchlässige Streifen im hinteren Teil der Lippe erleichtern ihnen das Finden dieses Ausweges. Werden sie beim Besuch der nächsten Blüte erneut gefangen, müssen sie bei der eben beschriebenen Passage zuerst unter der Narbe durchkriechen, die sich unter dem Staminodium befindet. Sie bürstet dabei den mitgebrachten Pollen vom Rücken der Biene ab, ehe diese sich erneut mit Pollen belädt. Durch diese sinnreiche Einrichtung wird Selbstbestäubung vermieden.

Zweiblütiges Exemplar des Frauenschuhs

Knospiges Exemplar des Frauenschuhs

Großer Ehrenpreis

Birngrün

Offenbar werden aber nur verhältnismäßig selten Bienen eingefangen, denn der Fruchtansatz ist meist ziemlich schwach.

Kurz nach dem Fundpunkt des Frauenschuhs wenden wir uns nach links und gehen in östlicher Richtung etwa 200 m weiter, ehe wir erneut links auf einen in nördlicher Richtung verlaufenden Waldweg einbiegen. Etwa auf der Hälfte dieser Strecke können wir einzelne Exemplare der Grünlichen Waldhyazinthe (*Platanthera chlorantha*) mit ihren hübschen, locker aus großen Einzelblüten zusammengesetzten Blütenständen beobachten. In der Nähe der Abbiegung stehen erneut einige Exemplare des Frauenschuhs, diesmal aber nur wenige. Hier sind auch noch Blattrosetten des Purpur-Knabenkrautes zu finden, das aber nur sehr selten zur Blüte gelangt. Offenbar fehlt hier das dazu nötige Licht.

Wenn der Weg den Waldrand erreicht hat, folgen wir einem Feldweg zur gegenüberliegenden Waldecke, bei der wir halb links auf einen zunächst sanft abwärts führenden Weg einbiegen, der dann aber steil in den Grund hinunterführt. Hier erblicken wir schon von weither die Gerichtslinde, zu der wir abschließend über den Hang des Wüsten Weinberges hinaufsteigen.

Hier sind noch einmal eine Reihe sehr interessanter Pflanzen zu beobachten. Zu ihnen gehört neben dem Wiesen-Salbei (*Salvia pratensis*), der die besuchenden Hummeln und Bienen mit Hilfe gelenkiger Staubblätter mit Pollen einpudert, dem Frühblühenden Thymian (*Thymus praecox*), dem Echten Labkraut (*Galium verum*), das früher als Ersatz für Kälberlab zur Milchgerinnung eingesetzt wurde und der Färber-Hundskamille (*Anthemis tinctoria*), einer sehr alten Färberpflanze, deren Blüten zum Gelbfärben von Wolle und Leinen benutzt wurden, auch der Große Ehrenpreis (*Veronica teucrium*) mit seinen schönen, lichtblauen und oft verzweigten Blütenständen. Die Art wird heute auf Grund molekulargenetischer Untersuchungen zu den Wegerichgewächsen (*Plantaginaceae*) gestellt, während sie früher zu den Braunwurzgewächsen (*Scrophulariaceae*) gezählt wurde. In manchen Gegenden führt sie den Trivialnamen „Männertreu", angeblich, weil ihre hinfälligen Blüten in der Vase nur kurze Zeit überdauern.

Großkochberg - Wache

Länge der Wanderung: ca. 3,7 km
zu überwindender Höhenunterschied: ca. 95 m

Die Wanderroute beginnt in der Nähe des Wasserschlosses von Großkochberg, einer kleinen, reichlich 500 Einwohner zählenden Gemeinde im Landkreis Saalfeld-Rudolstadt, etwa 15 km von Rudolstadt und 30 km von Weimar entfernt. Die sehenswerte Landschaft ist geprägt von Ausläufern des Thüringer Waldes. Dabei wechseln deren Hügelketten mit breiten Talmulden, Laub- (vorrangig Buchen) und Kiefern-Trockenwälder mit Ackerflächen, Wiesen und Weiden ab. Man kann den Ort, der im Jahre 1125 erstmals als „Kocheberg" urkundlich erwähnt wurde, mit dem Bus oder per PKW über die B 88 (in Zeutsch abbiegen in den überaus reizvollen, ca. 11 km langen Hexengrund) oder über die B 85 (in Teichel abbiegen) erreichen. Den Ortsnamen leitet man aus dem Althochdeutschen ab, wobei „koch" = Erdhügel oder Grenzzeichen bedeuten soll. Die thüringische Gemeinde besticht durch liebevoll restaurierte Fachwerkhäuser, saubere Bauernhöfe, einen Pferdeparcours und eine aus dem Jahre 1495 stammende, sehenswerte Dorfkirche St. Michael, die einen spätgotischen Flügelaltar beherbergt.

Die zahlreichen Touristen suchen diesen Ort jedoch vor allem wegen seines Wasserschlosses aus der Zeit der Spätrenaissance auf, von 1733 bis 1938 Land- und Sommersitz der Familie von Stein, da es der „magische" Ort der ersten Begegnung (1775) zwischen Johann Wolfgang von Goethe (1749 bis 1832) und Charlotte von Stein (1742-1827) wurde. Heute kann das Schloss als Erinnerungsstätte an dieses historische Ereignis aufgesucht und neben zahlreichen Ausstellungsstücken aus der Zeit der Weimarer Klassik auch der Schreibsekretär bewundert werden, wo der junge, aber damals bereits berühmte Dichter des „Werther" sich handschriftlich verewigte.

Nachdem Charlottes Sohn Carl von Stein das Großkochberger Anwesen übernommen hatte, gestaltete er den Garten um das Schloss in den großartigen Landschaftspark um, wie er sich noch heute dem Besucher mit Wasserläufen, Lauben und Zierrabatten öffnet. Höhepunkt ist ein Teich mit klassizistischem Badehaus, der schattig und still unter großen Kastanien und Buchen ruht. Sommers tummeln sich in ihm zahlreiche Teichmolche. Direkt am Schloss und nur durch den Wassergraben getrennt, in dem zwei seltene Armleuchteralgen (*Chara hispida, C. polyacantha*) gedeihen, steht das ehema-

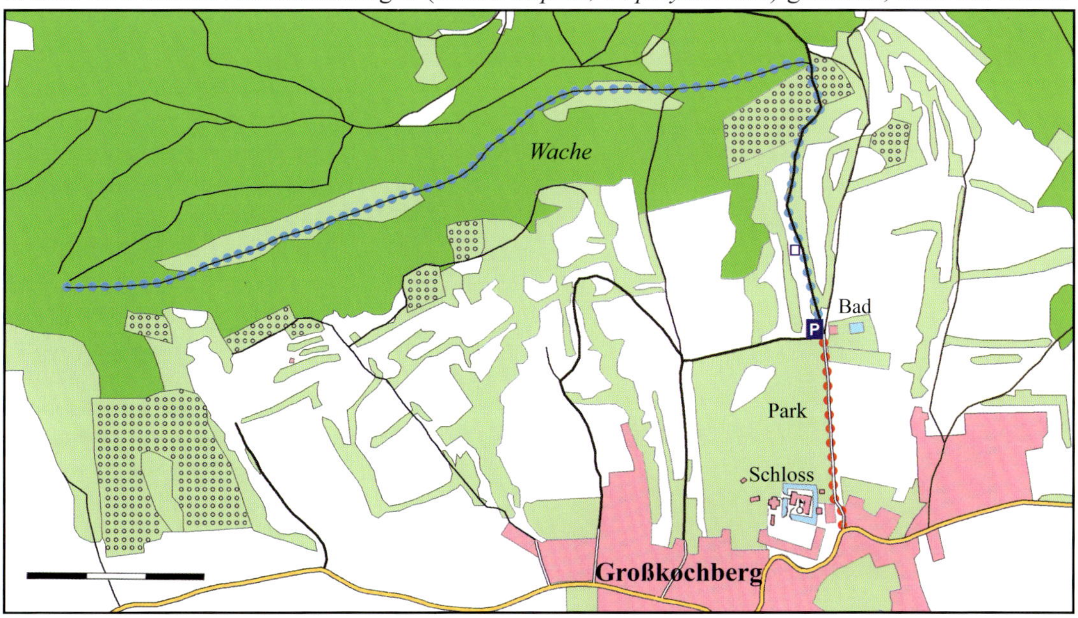

Eingang zum Schloss Kochberg mit Liebhabertheater (links)

Blick vom Hang der Wache in Richtung Süden

Am Südhang der Wache

lige barocke Gartenhaus, welches durch Carl von STEIN zwischen 1797 und 1799 zu einem Liebhabertheater mit 75 Plätze umgebaut wurde. Wie das Schloss ist es in den 1970er Jahren aufwändig saniert worden. Heute finden dort mit Unterstützung der Stiftung Weimarer Klassik und der Musikhochschule „Franz Liszt“ wieder Konzerte und Theateraufführungen statt. Inzwischen wurde das kleine Theater in die Europastraße der historischen Theater aufgenommen.

Als Ausgangspunkt unserer Wanderung wählen wir den Parkplatz direkt am Ende des Schlossparkzaunes, gegenüber dem oberhalb des Ortes gelegenen Freibad. Dazu biegt man von der Hauptstraße am östlichen Ortsende in nördlicher Richtung ab. Am Parkplatz gabelt sich der Weg. Der rechte ist der schmalere, aber dafür bekanntere Thüringenweg, der über den Luisenturm bis nach Weimar führt. Der dort beginnende, 28 km lange, inzwischen fast legendäre „Goethe-Wanderweg“, der an GOETHES rege Besuche per Fuß, zu Ross oder mit der Kutsche erinnern soll, wird in jedem Jahr von einheimischen und oft weitgereisten Wander- und Goethefreunden frequentiert.

Wir wählen aber den linken, inzwischen breit ausgebauten Weg, und wandern ca. 350 Meter hangaufwärts. Rechts und links breiten sich von Gebüschen gesäumte Wiesen aus, die einen prächtigen Blick auf den über 500 Meter hohen Bergkamm mit dem weiß glänzenden Luisenturm über dem Dorf Kleinkochberg erlauben. Beim Aufstieg passiert man linker Hand ein Wasserhäuschen

Stattlicher Horst des Frauenschuhs am Südhang der Wache

Frauenschuhblüten

Knospiger Horst des Frauenschuhs

Einzelblüte des Frauenschuhs

Staminodium (mit Punkten), darunter die Narbe, und das rechte Pollinarium

Staminodium und Schuhöffnung

und eine sich anschließende, alte Kirschplantage. Unmittelbar dahinter biegt man links ab, denn dort beginnt bereits das Schutzgebiet Blassenberg (517 m üNN), das zusammen mit dem Mittelberg (492 m üNN) und der Wache (525 m üNN) eine landschaftliche Einheit bildet.

An der Hangkante geht der Rötsockel in den Unteren Muschelkalk über, und ein dichter Laub- und Koniferen-Mischwald beginnt mit Rotbuche (*Fagus sylvatica*), Hainbuche (*Carpinus betulus*), Stiel- und Trauben-Eiche (*Quercus robur*, *Q. petraea*), Elsbeere (*Sorbus torminalis*), Gewöhnlicher Esche (*Fraxinus excelsior*), Berg- und Feld-Ahorn (*Acer pseudoplatanus*, *A. campestre*), Wald- und Schwarz-Kiefer (*Pinus sylvestris, P. nigra*) und in der Strauchschicht mit Zweigriffligem Weißdorn (*Crataegus laevigata*), Blutrotem Hartriegel (*Cornus sanguinea*), Gewöhnlichem Seidelbast (*Daphne mezereum*), Faulbaum (*Frangula alnus*), Hunds-Rose (*Rosa canina* aggr.) sowie Gewöhnlichem Wacholder (*Juniperus communis*). Überall blüht im Unterwuchs mit leuchtend gelben, hängenden Trauben ein bis 3 m hoher, sommergrüner Dornenstrauch, die Berberitze (*Berberis vulgaris*), auch Sauerdorn genannt. Ihre Blütenstände entfalten sich in der Achsel von 2 bis 3 stechenden Sprossdornen. Nach erfolgreicher Befruchtung entwickeln sich daraus längliche, scharlach-rote, essbare und vitaminreiche, dafür aber sehr sauer schmeckende Beeren. Alle anderen Pflanzenteile sind jedoch giftig! Da die Berberitzen als Zwischenwirt für den schädlichen Getreide-Schwarzrost (*Puccinia graminis*) gelten, wurden sie mancherorts bekämpft. Es ist nicht gesichert, ob dieser sehr attraktive Strauch in Thüringen natürlich auftritt oder nur auf Verwilderungen zurückgeht.

Auf unserem Weg entlang des Hanges halten wir uns strikt westlich. Der anfangs relativ breite Waldweg geht bald in einen schmalen Fußpfad über. An einem Hinweisschild, dass man sich in einem Geschützten Landschaftsbestandteil (GLB) befindet, gabelt sich der Weg. Wir wählen den oberen (rechten) von beiden. Kurz danach treffen wir auf eine erneute Gabelung des Pfades an einer alten Bank und einem kleinen, aufgelassenen Steinbruch. Hier benutzen wir den unteren (linken) Pfad, der sich ohne Steigungen den Hang entlang zieht. Trotzdem ist Aufmerksamkeit erforderlich, um auf dem engen Weg mit seinen Wurzeln, Zapfen und Kalkschotter nicht zu stolpern oder zu stürzen.

Das Gebiet ist vor allem durch seinen beindruckenden Bestand an Frauenschuh (*Cypripedium calceolus*) berühmt, die hinsichtlich ihrer Anzahl die der beiden Bundesländer Hessen und Niedersachsen zusammen übertreffen! Jeder Erstbesucher ist von der ungeahnten und prächtigen Vollblüte überwältigt! Dabei dominieren zweiblütige Exemplare. Um sie wie auch die anderen Orchideen sowie weitere floristische

Raritäten zu erhalten, war in den letzten zwei Jahrzehnten eine ständige Zusammenarbeit zwischen den Waldeigentümern, dem Forstamt, Naturschutzbehörden sowie dem Arbeitskreis Heimische Orchideen Thüringen notwendig, vor allem seiner Regionalsektion Rudolstadt.

Gleich zu Beginn des Weges, wo er noch breiter ist, stößt man auf das Großes Zweiblatt (*Listera ovata*) sowie zahlreiche, sich vom verwelkten Laub allerdings schwer abhebende Exemplare der Nestwurz (*Neottia nidus-avis*). Hier tritt rechts des Weges auch sehr selten und nicht in jedem Jahr Korallenwurz (*Corallorhiza trifida*) auf.

Beim Fortschreiten stößt man auf weitere Orchideen wie Bleiches Waldvöglein (*Cephalanthera damasonium*) und Purpur-Knabenkraut (*Orchis purpurea*), das überall im Wald zerstreut und sehr häufig auftritt. Einige Exemplare erreichen eine beträchtliche Höhe und eine hohe Blütenzahl in der Ähre. Die Grünliche Waldhyazinthe (*Platanthera chlorantha*) zeigt zur Hauptblütezeit des Frauenschuhs erst ihre Knospen bzw. beginnt zu blühen. Zu späterer Zeit wird sich auch noch die Große Händelwurz (*Gymnadenia conopsea*) entfalten, die momentan erst ihre Rosetten steifer Blätter mit einer knospenden Ähre im Zentrum zeigt, genau so wie Breitblättrige und Braunrote Stendelwurz (*Epipactis helleborine*, *E. atrorubens*). Aber auch Exemplare der Fliegen-Ragwurz (*Ophrys insectifera*) stehen an den lichteren Trockenpartien. Erst einmal gesehen, erblickt man sie plötzlich überall! Ihre Exemplare bleiben hier aber alle erstaunlich niedrig. Etwa in der Mitte des Weges öffnen sehr früh im Jahr auch einige wenige Exemplare der Spinnen-Ragwurz (*Ophrys sphegodes*) ihre Blüten.

Unmittelbar daneben blüht im Mai die Echte Kugelblume (*Globularia bisnagarica*) mit einer kleinen Rosette immergrüner, spatelförmiger Blätter, die zu Thüringens floristischen Raritäten zählt. Gegenwärtig ist deren Familienzugehörigkeit umstritten. Während man sie früher zu den Braunwurzgewächsen (Scrophulariaceae), später in eine eigene Pflanzenfamilie stellte, zählen sie einige Systematiker derzeit entweder zu den Wegerich- oder den Ehrenpreisgewächsen (Plantaginaceae bzw. Veronicaceae). Die zahlreichen, violettblauen Einzelblüten stehen dicht gedrängt in kopfigen

Purpur-Knabenkraut

Blüten des Purpur-Knabenkrautes

Echte Kugelblume

Blühender Zweig der Berberitze

Blütenständen von etwa 2 cm Durchmesser auf einem bis 30 cm hohen Stängel. Einige andere Arten der Gattung werden im Gartenbau sogar als Zierpflanzen geschätzt.

In der Begleitflora fallen vor allem schöne Bestände des Großen Windröschens (*Anemone sylvestris*) auf. Aus der ebenfalls - wie die Orchideen - unter Schutz stehenden Pflanzenfamilie der Wintergrüngewächse (*Pyrolaceae*) dominiert das Grünblütige Wintergrün (*Pyrola chlorantha*), während das überaus seltene Moosauge (*Moneses uniflora*) nur wenige Exemplare zeigt!

Nach einer Strecke von etwa 1,4 km Länge endet der Fußweg an einem vergrasten Waldweg. Hier sollte man wenden und langsam auf dem gleichen Wege zurückwandern, da der Abstieg auf die südwärts gelegene Clöswitzer Straße (L 2391) und der Weg durch den gesamten Ort Großkochberg und wieder aufwärts zum Parkplatz zu lang, zu laut und zu beschwerlich wäre, zumal kein Wanderweg dahin führt.

Wieder abgestiegen, sollte man unbedingt noch das Wasserschloss sowie seinen herrlichen Park besichtigen. Auch in dieser durch Menschen geschaffenen prächtigen Gartenanlage trifft man auf spontan angesiedelte Orchideen. Dazu zählen Bleiches Waldvöglein, Breitblättrige und Braunrote Stendelwurz sowie Großes Zweiblatt.

Zum Abschluss könnte man auch noch bei Zeit und Interesse den nahe gelegenen, markanten, viergeschossigen Luisenturm auf dem Hummelsberg (515 m üNN) in der Nähe Kleinkochbergs aufsuchen. Er wurde im Jahre 1864 von dem Goetheverehrer James Patrick von Parry zu Ehren seiner verstorbenen Ehefrau erbaut, einer Enkelin der Charlotte von Stein. Von hier aus genießt man einen weiten und spektakulären Blick über die gerade skizzierte reizvolle Hügellandschaft auf der linken Saaleseite, über den nördlich gelegenen Hexengrund bis zum Weimarer Ettersberg und die südlichen Höhenzüge des Thüringer Waldes!

In der Schlossgaststätte kann man sich zu guter Letzt kulinarisch verwöhnen lassen. Wer länger bleiben möchte, um auch die weitere Umgebung zu erkunden, findet in der Landpension Zimny im benachbarten Kleinkochberg eine preiswerte Unterkunft.

Reinstädt - Schönberg

Länge der Wanderung: ca. 2,8 km, Zusatz: ca. 0,9 km
zu überwindender Höhenunterschied: ca. 35 m

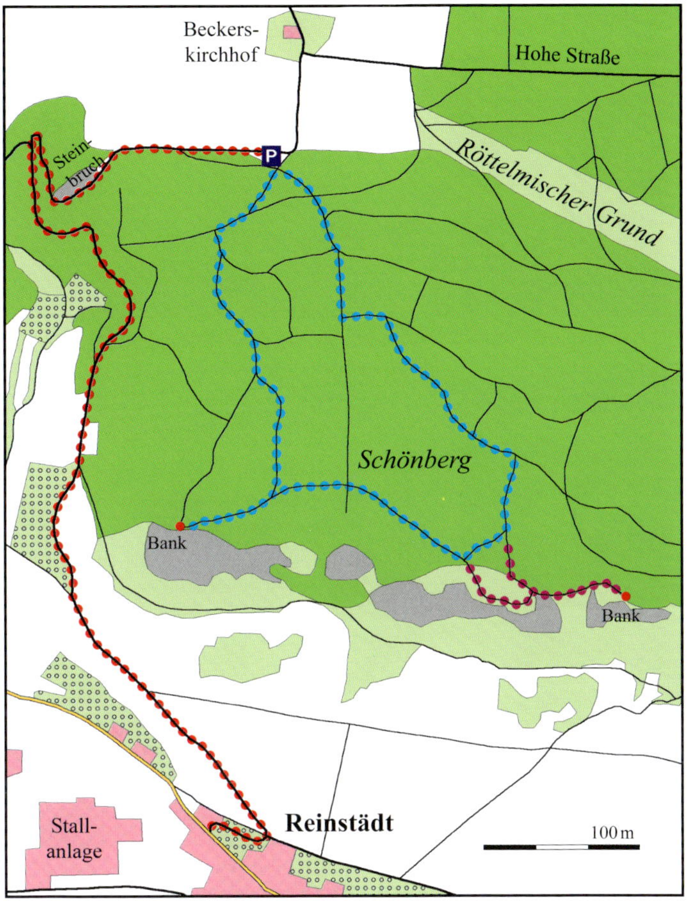

Dort, wo Thüringens Lieblichkeit ein südländisches Kolorit erhält, sind besonders im Gebiet der Saale und ihrer Nebenflüsse breit ausladende, landschaftlich reizvolle Täler entstanden. Zu den Schönsten zählt der Reinstädter Grund mit seinen auffälligen Höhenzügen in Nähe der namensgebenden Ortschaft Reinstädt.

Im Zentrum des Dorfes befindet sich eine aus dem 15. Jahrhundert stammende fünfgeschossige Kemenate (ein Frauenhaus) als Rechteckbau mit flachem Walmdach, einem speziell in Thüringen vorkommenden Wohnturm-Typ. Ein alter Wehrgang, Sicht- und Schießscharten belegen die ursprüngliche Verteidigungsfunktion. Seit 1844 stand sie bis in die jüngere Vergangenheit meist leer, wodurch ihre originale Ausstattung weitgehend erhalten blieb. Für die behutsame Restaurierung erhielten die Gemeinde Reinstädt und der Verein „Grund genug“ im Jahr 2001 den Thüringer Denkmalschutzpreis. Die benachbarte Wehrkirche St. Michael gehört zu den kulturhistorischen Kleinoden unter Thüringens Dorfkirchen mit einzigartigen Wehreinrichtungen und einer sehenswerten spätgotischen Schablonenmalerei.

Nördlich über dem Dorf bietet der Schönberg eine imposante Kulisse. Er schiebt sich als 420 bis 450 m hohes Muschelkalkplateau mit markanten Steilhängen in ein ausgedehntes Buntsandsteingebiet hinein und verfügt über eine äußerst wertvolle Naturausstattung und ein reich gegliedertes Wegenetz, das Wanderungen sehr erleichtert. Auf der hier vorgestellten Orchideenexkursion wird als Ausgangspunkt Reinstädt gewählt, das man mit dem Auto von der B 88 in Kahla abbiegend über Gumperda erreicht. Am westlichen Ortsausgang Richtung Geunitz biegt man auf die schmale Zufahrtsstraße zum winzigen Ortsteil Bergern ein, wo man nach der Exkursion in der Gaststätte „Zur Falkenburg“ ein deftiges Mittagessen thüringischer Art erhält. Jetzt aber biegen wir in der scharfen Rechtskurve nach dem Beckerskirchhof ab, vor dem man das Auto auf einem Waldparkplatz abstellen kann.

Bereits bei der Auffahrt kann man an den steilen Hängen über der Straße erste Orchideen beobachten. Zahlreich vertreten sind die Braunrote Stendelwurz (*Epipactis atrorubens*) und die oft stark duftende Große Händelwurz (*Gymnadenia conopsea*). Aber auch die unscheinbarere Fliegen-Ragwurz (*Ophrys insectifera*) tritt hier auf. Viel seltener, vor allem in Nähe des vorgeschlagenen Park-

Die „Kemenate“ von Reinstädt; links ein funktionsfähiger Backofen

Blick auf Reinstädt; über dem Ort der Schönberg

Blick vom Schönberg auf Geunitz

platzes, kann man dagegen auf das stattliche Purpur-Knabenkraut (*Orchis purpurea*) stoßen. Neben den Orchideen sind diese Pflanzengesellschaften aber auch durch weitere, unter Schutz stehende Arten gekennzeichnet, so durch Silberdistel (*Carlina acaulis*), Gewöhnliche Kuhschelle (*Pulsatilla vulgaris*) oder die auch als Zierpflanze geschätzte Gewöhnliche Akelei (*Aquilegia vulgaris*). Zur gleichen Familie (Hahnenfußgewächse) gehört das Große Windröschen (*Anemone sylvestris*) mit seinen auffälligen, großen, weißen Blüten.

Das eigentliche Ziel unserer Exkursion besteht jedoch in der Beobachtung von zwei weiteren Arten aus der Gattung Stendelwurz (*Epipactis*), der Kleinblättrigen und Müllers Stendelwurz (*E. microphylla, E. muelleri*). Beide treten in unterschiedlichen Biotopen des Schönberges auf.

Weil konkurrenzschwach, bieten sich für die seltene Kleinblättrige Stendelwurz vor allem in den unterwuchsarmen Partien des auf dem Schönberg verbreiteten Niederwaldes Chancen. Die meist einzeln wachsenden Pflanzen tragen an den flaumig-behaarten, graugrünen Stängeln wenige, sehr schmale Blätter. Die traubige Infloreszenz besteht aus sechs bis zwölf schwach nelkenartig duftenden Blüten. Wegen ihrer Unscheinbarkeit wird die Art wahrscheinlich oft übersehen. Hinzu kommt, dass die Wuchsorte von Jahr zu Jahr unregelmäßig mit blühenden Pflanzen besetzt sind. Zu ihrem Auffinden ist deshalb eine genaue Beobachtung der Wegränder erforderlich, und in manchen Jahren wird man auch vergeblich nach ihr suchen.

Blüten der Kleinblättrigen Stendelwurz

Blüten der Kleinblättrigen Stendelwurz

Kleinblättrige Stendelwurz, links noch knospig

Noch bevor man die aus Stockausschlag hervorgegangenen Niederwaldbestände des Schönberges erreicht, durchläuft man (etwa ab der zweiten Weggabelung) ein Waldgebiet, in dem die Gewöhnliche Fichte (*Picea abies*) dominiert. In den zahlreichen Lichtungen dieses Terrains kann man mit etwas Glück auf einzelne Pflanzen von Müllers Stendelwurz treffen, die nach dem aus Thüringen stammenden Botaniker Hermann MÜLLER (1829–1884) benannt wurde, weil er an dieser Art erstmals die in der Gattung *Epipactis* häufige Selbstbestäubung (Autogamie) entdeckte. Auch die Kleinblättrige Stendelwurz bestäubt sich oft selbst. Müllers Stendelwurz ist an den bogig abstehenden und rinnigen Blätter sowie an den hängenden, gelbgrünlichen Blüten gut zu erkennen. Ein weiteres sicheres Unterscheidungsmerkmal ist der breite Übergang zwischen dem Vorderteil und dem hinteren, napfförmigen Teil der Lippe, wie er auf der Abbildung unten rechts gut zu erkennen ist. Die Pflanze bevorzugt Wuchsorte im Trauf der Bäume.

Im nachfolgenden Mischwaldbereich trifft man zwischen Mai und Juni auf Massenbestände der sich mykotroph ernährenden Nestwurz (*Neottia nidus-avis*), die ihren Trivial- und wissenschaftlichen Namen dem einem Vogelnest ähnelnden unterirdischen Wurzelgeflecht verdankt. Eine zweite, ebenfalls heterotrophe Orchidee, die seltenere und meist zeitiger (Anfang Mai) blühende Korallenwurz (*Corallorhiza trifida*) tritt im Gebiet nur an den nordöstlichen Partien auf. Benachbart finden sich mit Grünblütigem Wintergrün (*Pyrola chlorantha*) und Birngrün (*Orthilia secunda*) geschützte Vertreter der ebenfalls mykotroph lebenden, seltenen Wintergrüngewächse (*Pyrolaceae*).

Wir stoßen auf unserer Wanderung zur steil abfallenden Westflanke mit ihren südexponierten Hängen vor. Ein weiter Rundblick belohnt für die bisherigen Mühen. Im Osten ragt stolz die Leuchtenburg hervor, im Süden erhebt sich das etwa gleich hohe Martinsrodaer Plateau und im Westen verliert sich die kurvenreiche Straße nach Blankenhain im Dunst des Grundes. Hier lohnt eine längere Rast; eine Sitzbank lädt zum Verweilen ein. Im Mai/Juni blüht ganz in der Nähe eine bemerkenswerte Population des unter Schutz stehenden Diptams (*Dictamnus albus*), seine rosaroten oder weißen, stark aro-

Blütenstände von Müllers Stendelwurz

Blüten von Müllers Stendelwurz

matisch nach Zitrusfrüchten duftenden Blütenstände entfaltend. Er gehört zur Pflanzenfamilie der Rautengewächse (*Rutaceae*), deren Gattungen sich durch die Bildung ätherischer Öle auszeichnen. Diese verdunsten besonders an stark sonnigen Tagen derart, dass man die Pflanzenbestände allein durch ihren Geruch finden kann. Umfangreiche Bestände bilden an gleicher Stelle auch der vor Beginn der Blühperiode gern zur Maibowle genutzte Waldmeister (*Galium odoratum*) und der Purpurblaue Steinsame (*Buglossoides purpurocaerulea*), dessen glockenförmige Krone erst purpurn, später tiefblau gefärbt ist. Sein Volksname verweist auf ein Charaktermerkmal: die glatte, weißglänzende, steinharte Teilfrucht, die im Spätsommer die halbmeterhohen Exemplare schmückt. Am Waldsaum ist als ausgesprochene Rarität ein seltener, sehr ursprünglicher Farn zu beobachten, der Mond-Rautenfarn (*Botrychium lunaria*). An einer kurzen Sprossachse entsteht jährlich nur ein Blatt von höchstens zehn Zentimeter Länge, das in einen assimilierenden und grünen, sterilen Abschnitt und einen Sporen tragenden, gelblichen Abschnitt gegliedert ist. Der in Symbiose mit Pilzen (Mykorrhiza) lebende Farn ist in Deutschland, auch in Thüringen, im steten Rückgang begriffen und ebenfalls streng geschützt. Hier, in den entsprechenden Saumgesellschaften, kommt auch die Bienen-Ragwurz (*Ophrys apifera*) vor.

Wir wandern in östlicher Richtung auf einem Fußpfad an der Hangkante entlang und kehren dann im weiten Bogen über das Plateau zum Parkplatz zurück. Wer möchte, kann einen Abstecher zu einer im Osten an der Hangkante aufgestellten zweiten Bank unternehmen, von wo man einen besonders schönen Blick zur Leuchtenburg hat. Der größte Teil des Plateaus wird von Eichen-Hainbuchenwäldern bedeckt, in denen die Trauben-Eiche (*Quercus petraea*) dominiert. Durch das netzartige Muster ihrer ansonsten grauen, glatten Borke fallen zahlreiche Hainbuchen (*Carpinus betulus*) auf. Aber auch Berg- und Feld-Ahorn (*Acer pseudoplatanus*, *A. campestre*), Elsbeeren (*Sorbus torminalis)*, Zweigriffliger Weißdorn (*Crataegus laevigata*) und Gewöhnliche Eschen (*Fraxinus excelsior*) bestimmen die Baumschicht. In der Strauchschicht sichtet man neben Wolligem Schneeball (*Viburnum lantana*) und Gemeinem Liguster (*Ligustrum vulgare*) auch den pharmazeutisch nutzbaren Faulbaum (*Frangula alnus*).

Besonders im Frühjahr blüht es in der krautreichen Feldschicht. Hier seien noch die mit ihren zurückge-

Kleine Gruppe des Purpur-Knabenkrautes

Blütenstände der Nestwurz

Mond-Rautenfarn

Der stark nach Zitrone duftende Diptam

schlagenen, purpurnen Kronblättern attraktive Türkenbund-Lilie (*Lilium martagon*), ebenfalls unter Naturschutz stehend, oder die rot-blauviolett blühende Frühlings-Platterbse (*Lathyrus vernus*), die im Welkprozess eine grün-violette Blütenfarbe bekommt, die filigran wirkende Echte Sternmiere (*Stellaria holostea*), die Ährige Teufelskralle (*Phyteuma spicatum*) mit ihren krallenartig gekrümmten grünlichgelben Einzelblüten oder der Milchsaft führende, gelb blühende Mauerlattich (*Mycelis muralis*) erwähnt. Die Eichen-Hainbuchenwälder sind licht. Überall filtert das lockere Geäst des anzutreffenden Niederwaldes das Sonnenlicht, am Boden stetig wechselnde Hell-Dunkel-Bilder effektvoll hervorzaubernd. Wer sich an knorrigen Stumpen, bizarren Ästen oder gabelteiligen Stämmen erfreuen kann, kommt hier auf seine Kosten!

Die Liste der Raritäten des Schönberges wäre unvollständig ohne Erwähnung der Flaum-Eiche (*Quercus pubescens*), die durch stark eingeschnittene Blätter, eine generell schmalere Blattform sowie flaumig behaarte Jungaustriebe im Frühjahr auffällt. Als wärmeliebendes Element des kontinentalen Südosteuropas und des Rheintales bildet sie hier auch Bastarde mit den beiden anderen heimischen Eichen. Leider sind die Bestände in den letzten beiden Jahrzehnten stark geschrumpft. Verantwortlich dafür war vermutlich der massive Befall durch den Eichenspinner.

Im Unterwuchs können wir auf weitere Orchideen stoßen. Darunter stellt das Bleiche Waldvöglein (*Cephalanthera damasonium*) die häufigste Art dar, weil sie die Lichtarmut im Waldesschatten erträgt. Vergesellschaftet ist diese Orchidee mit einer weiteren Art, die allerdings viel später blüht: der Breitblättrigen Stendelwurz (*Epipactis helleborine*). Weniger häufig tritt die von Mai bis Anfang Juni blühende Weiße Waldhyazinthe (*Platanthera bifolia*) auf, deren zahlreiche, fadenförmig gesporne Einzelblüten in traubigen Infloreszenzen stehen. Man kann sie vor allem in der Nähe des Parkplatzes finden. Im Gegensatz zur ähnlichen, auf dem Plateau sehr häufigen Grünlichen Waldhyazinthe (*P. chlorantha*) stehen die gelben Antheren-Hälften parallel zueinander. Blütenfarbe und ein schwacher Duft verraten bei beiden Sippen eine Bestäubung durch Nachtschmetterlinge, vor allem Schwärmer und Eulen.

Martinsroda - Schockenberg

Länge der Wanderung: ca. 2,9 km (kleine Tour) bzw. ca. 5,0 km (große Tour)
zu überwindender Höhenunterschied: ca. 90 m bzw. 180 m

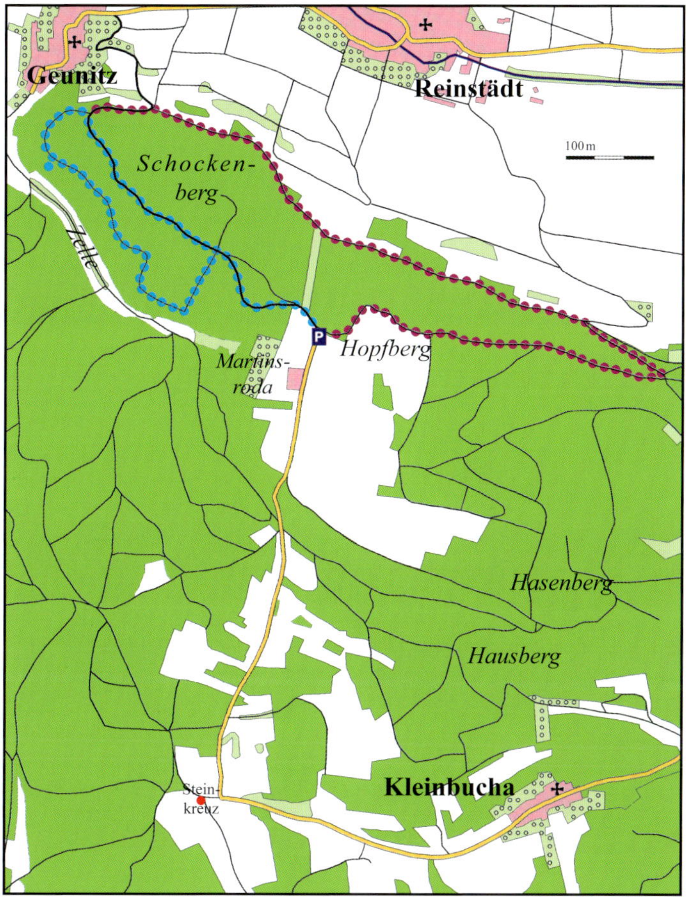

Zwischen zwei im Verlaufe langer Zeiten durch Nebenbäche der Saale herausgearbeiteten tiefen Talmulden, dem Reinstädter und dem Hexengrund, liegt eine Hochfläche, die mit 450 bis 500 m zugleich zu den höchsten Erhebungen im Saale-Holzland-Kreis zählt. Der oft gerühmte Reiz der Saale-Landschaft wird hier geradezu beispielhaft dargeboten. Laub- und Nadelwälder, in denen Burgruinen und Wallanlagen an mittelalterliche Zeiten erinnern, wechseln mit Feldfluren, Weiden und Pferdekoppeln. Landschaftliche Schönheit und landeskulturelle Besonderheiten finden im Reichtum der Tier- und Pflanzenwelt ihre harmonische Ergänzung.

Den Ausgangspunkt unserer Wanderung beim früheren Vorwerk, späteren Urlaubsheim und jetzt privat genutzten Gut Martinsroda erreicht man am einfachsten mit dem Auto. Nur für sehr gute Fußgänger kommt auch ein Anmarsch von 8,5 km Länge von Orlamünde aus in Betracht, wohin man mit der Bahn gelangen kann. Man läuft dann über Dienstädt und Kleinbucha nach Martinsroda und hat bei der Planung zu bedenken, dass man nach der eigentlichen Wanderung noch einen Rückweg von gleicher Länge vor sich hat, so dass sich eine Gesamtstrecke von mehr als 20 km ergibt.

Auch mit dem Auto sollte man, von der B 88 kommend, über Dienstädt und Kleinbucha fahren. Aus nordöstlicher Richtung empfiehlt sich die Abfahrt von der B 88 bereits in Großeutersdorf, aus Südwesten dagegen in Orlamünde. In dieser kleinen Stadt gibt es einen Unter- (Naschhausen) und einen schmalen Oberort auf einem steil abfallenden Bergsporn. Zu den Sehenswürdigkeiten zählen die aus dem 11. Jahrhundert stammende Kemenate mit Mauerresten der alten Burganlage, das spätgotische Rathaus und die im 16. Jahrhundert geschaffene, später umgebaute St. Maria Pfarrkirche mit ebenfalls spätgotischen Bauelementen. Im Mittelalter stellte dieser Ort eine wichtige Handelsmetropole dar. Die „Hohe Straße" als eine der Haupthandels- und Salzstraßen jener Zeit passierte Orlamünde und tangiert bei einem Kleeblatt-Steinkreuz, gut einen Kilometer westlich von Kleinbucha, auch unser Wandergebiet.

Das Auto stellen wir am besten etwa 150 m nördlich Martinsroda bei einer Ruhebank ab, wo die Straße westlich abbiegend in den Wald eintritt und die Weiterfahrt untersagt ist. Hier befinden wir uns

Kirche in Kleinbucha

Waldrand bei Martinsroda

Buchenhochwald bei Martinsroda

zwischen den Gipfeln des 448 m hohen Hopfberges und des 421 m hohen Schockenberges. Wir folgen der Straße in Richtung Schockenberg noch etwa 500 m durch Buchenhochwald. Bereits auf dieser Strecke können wir rechts vom Wege die unscheinbare, mykotrophe Korallenwurz (*Corallorhiza trifida*) finden. Die ebenfalls chlorophyllfreie Nestwurz (*Neottia nidus-avis*) und das Bleiche Waldvöglein (*Cephalanthera damasonium*) sind sogar ausgesprochen häufig.

Dort, wo bei einer Wegkreuzung von Wald-Kiefern (*Pinus sylvestris*) dominierter Mischwald beginnt, biegen wir links auf einen begrasten Fußweg ein, der in Richtung Zelle führt, einem schmalen Talgrund, gegen den der Schockenberg steil abfällt. Bei einem Ansitz biegen wir rechts auf einen Weg ein, der an der Grenze des Steilabfalles entlang bis über das Dorf Geunitz läuft, wo er auf den Hauptweg einmündet, auf dem man dann zurück zum Abstellplatz des Autos geht.

Gleich zu Beginn des vergrasten Fußweges fallen linker Hand mastige Exemplare des Großen Zweiblattes (*Listera ovata*) sowie Braunrote Stendelwurz (*Epipactis atrorubens*) auf. Nach der sich im Gras versteckenden Fliegen-Ragwurz (*Ophrys insectifera*) muss man dagegen etwas intensiver suchen. Etwas seltener und meist vereinzelt blüht das Purpur-Knabenkraut (*Orchis purpurea*), während das Helm-Knabenkraut (*O. militaris*) in den letzten Jahren leider verschwunden ist. Von der Großen Händelwurz (*Gymnadenia conopsea*) ist erst eine Rosette steifer Blätter sichtbar, in

Blütenstände der Weißen Waldhyazinthe

Blüten der Weißen Waldhyazinthe

Weiße Waldhyazinthe im Biotop

Blüte der Weißen Waldhyazinthe

Blüte der Hybriden-Waldhyazinthe

Blüte der Grünlichen Waldhyazinthe

deren Zentrum eine knospige Ähre sitzt. Ihre Blüten entfalten sich später.

Am Rande, zum Teil auch mitten auf dem Weg bis Geunitz, auf kleinen Lichtungen bzw. im strauchärmeren Mischwald entwickelt der Frauenschuh (*Cypripedium calceolus*) Massenbestände. Diese bekannteste heimische Orchidee mit ihren schönen, pantoffelförmigen Blüten ist ausgesprochen kalkstet. Die Hauptblütezeit liegt im Mai.

Gleichzeitig mit dem Frauenschuh blühte das Langblättrige Waldvöglein (*Cephalanthera longifolia*), das einst zu den floristischen Raritäten des Gebietes zählte, aber heute verschwunden ist. Dagegen tritt das eng mit ihm verwandte und etwas später blühende Rote Waldvöglein (*Cephalanthera rubra*) erfreulicherweise noch in individuenreichen Beständen auf. Bei dieser bis 70 cm hoch werdenden Orchidee sind die rosa-violettroten Einzelblüten geöffnet, während die weißlich bis cremefarbenen Blüten des im Gebiet sehr häufigen Bleichen Waldvögleins meist geschlossen bleiben und dadurch Kleistogamie anzeigen, also Selbstbestäubung in der Knospe. Gelegentlich kommt in den hier stockenden Kiefernwäldern auch das Kriechende Netzblatt (*Goodyera repens*) vor. Es fühlt sich auf moosüberzogener Nadelstreu am wohlsten, eine Beobachtung, die sicher den weiteren Trivialnamen „Mooswurz" verursachte.

Auf unserem ganzen Weg werden wir von einer Pflanze aus der Familie der Seidenpflanzengewächse (*Asclepiadaceae*), der Weißen Schwalbenwurz (*Vincetoxicum hirundinaria*) begleitet. Ihre Wurzel verursacht Brechreiz und ist schweißtreibend, so dass sie früher gegen Vergiftungen angewandt wurde. Interessant ist auch die Bestäubung dieser an trockene Standorte gebundenen Art, es handelt sich nämlich bei ihr um eine sogenannte Klemmfallenblume. Je zwei benachbarte Pollinien - auch bei der Weißen Schwalbenwurz sind ähnlich wie bei den Orchideen die Pollen zu Pollinien verklebt - werden durch einen Klemmkörper miteinander verbunden, in dem sich nektarsuchende größere Fliegen mit dem Rüssel oder den Beinen verfangen. Beim Versuch, sich zu befreien, kann der Klemmkörper mitsamt den daran hängenden Pollinien herausgezogen und auf andere Blüten übertragen werden.

Auf unserem Wege können wir außerdem auch mehrere Vertreter der nur auf der nördlichen Hemisphäre verbreiteten Wintergrüngewächse (*Pyrolaceae*) beobachten. Zu ihnen gehört das nur 5-10 cm hoch werdende Moosauge (*Moneses uniflora*) mit relativ großen, weißen und nickenden Blüten, während das Birngrün (*Orthilia secunda*), das Grünblütige Wintergrün (*Pyrola chlorantha*) sowie das Rundblättriges Wintergrün (*Pyrola rotundifolia*) verhältnismäßig unscheinbar sind. Der deutsche Volksname leitet sich von den auch zur Winterszeit grünen, derben Blättern ab.

Im Juni blühen am Schockenberg die beiden in Deutschland heimischen Waldhyazinthen in großer Zahl, bei denen es sich aber tatsächlich um Orchideen handelt. Sowohl die Weiße Waldhyazinthe (*Platanthera bifolia*), bei der die Staubbeutelfächer parallel zueinander stehen (siehe das obere Bild auf Seite 166), als auch die Grünliche Waldhyazinthe (*Platanthera chlorantha*), bei der sich die Staubbeutelfächer schräg zueinander neigen (vgl. das unterste Bild), kommen hier vor. Beide Arten besitzen fadenförmige, nektarführende Sporne und werden durch langrüsslige Schmetterlinge bestäubt, die hauptsächlich nachts aktiv sind. Deshalb verströmen beide Arten nachts auch einen intensiveren Duft als tagsüber. Charakteristisch sind bei beiden auch die zungenförmigen Lippen der Blüten.

Wo - wie hier - beide Arten gemeinsam siedeln, ist mit dem Auftreten von Mischlingen (Hybriden) zu rechnen. Es lohnt sich daher, die Blüten jedes Exemplares aufmerksam zu betrachten! Die Hybriden-Waldhyazinthe (*Platanthera ×hybrida*) verrät sich nämlich verhältnismäßig leicht durch eine Kombination der Merkmale ihrer Eltern: Die Staubbeutelfächer sind zwar parallel gestellt (wie bei *P. bifolia*), aber weit auseinandergerückt (wie bei *P. chlorantha*). Beim mittleren Bild auf Seite 166 ist diese charakteristische Stellung der Staubbeutelfächer der Hybride gut zu erkennen. Solche Hybriden sind übrigens verhältnismäßig selten und treten nur unregelmäßig auf, so dass die Entdeckung eines Exemplares immer ein besonderes Erlebnis darstellt.

Eine besonders schöne Stelle auf unserer Rundwanderung erreicht man kurz vor Geunitz, wo der Weg breiter wird, weil er gelegentlich durch Jäger mit dem Auto befahren wird. Ein etwa 70 Me-

Grünliche Waldhyazinthe im Biotop

Blütenstand der Grünlichen Waldhyazinthe

Weiße Schwalbenwurz

Grünblütiges Wintergrün

ter langer Weg führt direkt zum Steilabfall über einer Jagdkanzel am Grunde der Zelle. Hier blühen unter Schwarz-Kiefern (*Pinus nigra*) Müllers Stendelwurz (*Epipactis muelleri*), die Braunrote Stendelwurz und die Große Händelwurz. Die Weiße Schwalbenwurz bildet wahre Massenbestände, während der Berg- und der Edel-Gamander (*Teucrium montanum, T. chamaedrys*) weniger auffallen. Hier siedeln auch die Gewöhnliche Kuhschelle (*Pulsatilla vulgaris*) und der Hügel-Meier (*Asperula cynanchica*).

Bei einer als Ergänzung der Hauptroute vorzuschlagenden Tour wenden wir uns nach Erreichen des Hauptweges nicht nach rechts zurück zum Abstellplatz des Autos, sonders folgen vielmehr dem Weg links abwärts. Nach kurzer Wegstrecke geht der geschlossene Misch- und Buchenwald an den nördlich exponierten Hängen in die Kulturflächen des Rötsockels über. Hier bietet sich ein herrlicher Blick auf den breiten Reinstädter Grund, der von den steilen, südexponierten Hängen des Schönberges beherrscht wird. Am Horizont ragt stolz die Leuchtenburg bei Kahla empor.

Durch ausgedehnte Meliorationsmaßnahmen sind die Feuchtwiesen und Kalkflachmoore des Reinstädter und des Hexengrundes fast vollständig trockengelegt worden und werden heute als Intensivweiden bzw. Felder genutzt. Damit verschwanden neben seltenen Pflanzen wie Bunter Schachtelhalm (*Equisetum variegatum*), Kelch-Simsenlilie (*Tofieldia calyculata*) als ein alpines Element in unserer Flora auch das bekannte, insektenfangende und -verdauende Echte Fettkraut (*Pinguicula vulgaris*) und alle Feuchtwiesenorchideen wie Sumpf-Stendelwurz (*Epipactis palustris*) und Breitblättrige Kuckucksblume (*Dactylorhiza majalis*). Letztere ist nur noch in einem kleinen Schutzgebiet beim nahe gelegenen Dorf Röttelmisch zu finden.

Wenn wir eine Dreifachgabelung des Weges erreichen, wählen wir die rechte Abzweigung und steigen durch den Hangwald wieder hinauf zum Hopfberg, wo wir uns scharf nach rechts wenden und einen in westlicher Richtung immer an der Hangkante entlangführenden Waldweg entlang laufen, bis wir am Gipfel des Hopfberges wieder den Waldrand erreichen. Von hier ist bereits der Anfangspunkt unserer Wanderung in Sichtweite, den wir auf dem jetzt immer am Waldrand entlangführenden Weg nach gut 400 Metern erreichen.

Jena - Leutratal

Länge der Wanderung: ca. 1,9 km (kleine Tour) bzw. 3,8 km (große Tour)
zu überwindender Höhenunterschied: ca. 125 m bzw. 185 m

Kenner rühmen die Jenenser Landschaft als eines der reizvollsten Gebiete Thüringens. Das vorzustellende Wanderziel, etwa 8 km südlich des Stadtzentrums von Jena gelegen, ist vermutlich die bekannteste Orchideen-Lokalität des Landes. Jährlich zieht es Tausende begeisterter Naturfreunde hierher an die Muschelkalkhänge im Mittleren Saaletal. Seinen Namen verdankt das Tal dem Leutra-Bach, der bei Milda entspringt und bei Jena-Maua in die Saale mündet. Seit dem Jahre 2004 schmückt ein Kalkstein die Quelle, gestiftet vom Verein „Blühendes Leutratal e.V.". Wegen seiner einmaligen floristisch-faunistischen Reichtümer wurde bereits im Jahre 1937 ein großes Gebiet unter Schutz gestellt, das damit als eines der ältesten Naturschutzgebiete Thüringens gilt. Im Jahre 1961 wurde der geschützte Bereich auf 118 ha erweitert und sein Schutzstatus endgültig gesichert. Leider durchzieht seit dem Jahre 1936 die Autobahn A4 die Talsohle in ihrer gesamten Länge, Lärm und Umweltbelastung mit sich bringend. Aus diesem Grunde wurde im Jahre 2008 nach jahrelangen, kontrovers diskutierten Ausbau-Varianten mit der Untertunnelung des 288 m hohen Jagdberges begonnen, um bis 2012 die Autobahn rückbauen zu können.

Der Name des Jenaer Ortsteiles Leutra, im Jahre 1241 erstmals als „Luitdraha" urkundlich erwähnt, könnte sich vom „reinen Wasser" des Leutra-Baches ableiten. Bemerkenswert an dieser frühen Siedlung im Grenzgebiet ehemaliger slawischer und germanischer Stämme ist die romanisch-frühgotische, evangelische Wehrkirche St. Nikolaus aus dem 12. Jahrhundert (als Filialkirche von Maua errichtet) mit einem einschiffigen Langhaus. Sie zählt zu den wertvollsten Dorfkirchen Thüringens und enthält einige Besonderheiten wie ein Elfpassfenster am östlichen Giebel, einen romanischen Taufstein sowie einen Kopf des heiligen Nikolaus mit einem Wasserstein über dem Südtor.

Das Leutratal kann sich mit seinen 27 Orchideen-Arten als Deutschlands orchideenreichstes Gebiet rühmen! In den Monaten Mai und Juni führt der NABU Jena an den Wochenenden mehrere, etwa zweistündige Orchideenwanderungen durch. Nach telefonischer Anmeldung werden aber auch zu anderen Zeiten Gruppen ab 6 Personen geführt (Treffpunkt NABU-Infozentrum in Kirchennähe). Man kann sich diesen Führungen anschließen oder aber auch das Gebiet auf den ausgewiesenen

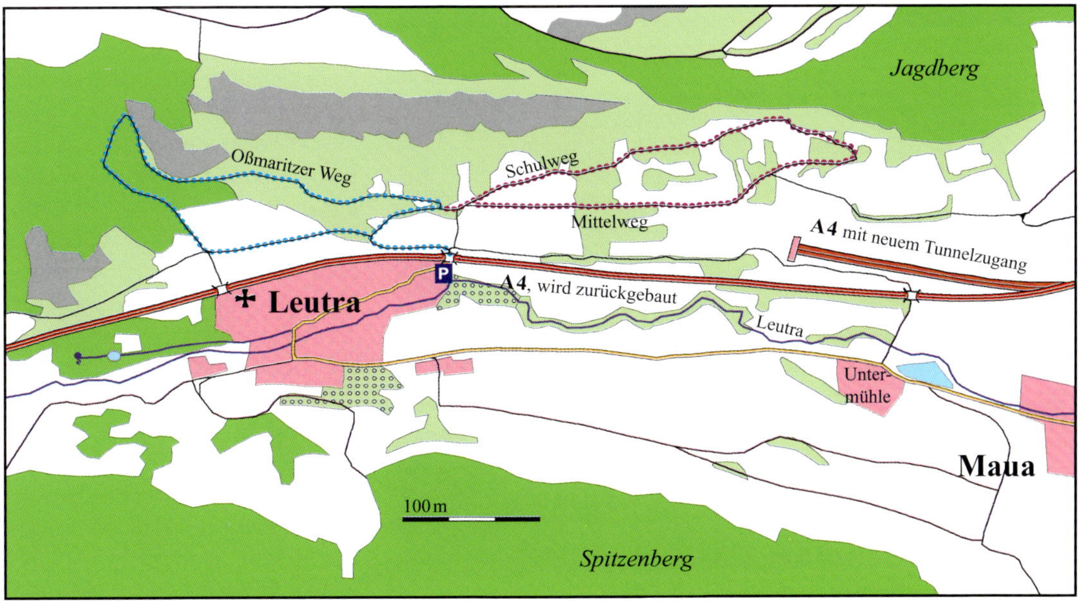

Blick auf das Stadtzentrum von Jena

Hang im NSG „Leutratal“

Geführte Exkursionsgruppe im NSG „Leutratal“

und markierten Wegen allein erkunden.

Nach Leutra gelangt man am einfachsten mit dem Auto über die Abfahrt Jena-Göschwitz der A4, wo man auf die B88 gelangt, der man in südlicher Richtung bis Maua folgt, wo man rechts nach Leutra abbiegt. Das Auto stellt man, falls dort noch Platz ist, an der östlichen Autobahnunterführung ab, sonst muss man sich einen Parkplatz in Leutra suchen, was besonders an den Wochenenden nicht immer einfach ist. Hinter der Unterführung gabelt sich der Weg. Wir wählen den linken, den sogenannten Oßmaritzer Weg, der moderat aufwärts führt. Gleich in der ersten Kurve befindet sich ein sehenswerter Bestand der nicht allzu häufigen (Rote-Liste-Pflanze) Osterluzei (*Aristolochia clematidis*), auch Bruch- oder Gebärwurz genannt. Als schwach giftige Pflanze war sie früher als Arzneipflanze (zur Geburtshilfe, bei Venenleiden, zur Steigerung körpereigener Abwehrkräfte) geschätzt, ist inzwischen aber aufgrund schwerer Nebenwirkungen (eventuell krebserregend, nierenschädigend, Abortivum) nicht mehr zugelassen. Die bis zu 50 cm hoch werdende, krautige Pflanze besitzt herzförmige Blätter und schwefelgelbe, am Grunde bauchig erweiterte Blüten, die blütenökologisch Kesselfallenblumen darstellen. Oftmals deutet ihr Vorkommen, wie auch hier, auf ehemaligen Weinbau hin.

Der Weg führt, von Gebüschen (vor allem Schneeball-Hartriegel-Gesellschaften) gesäumt, in denen beispielsweise das Bleiche Waldvöglein (*Cephalanthera damasonium*) anzutreffen ist, nun wieder in östliche Richtung. Auf

Bocks-Riemenzunge am Südhang des Jagdberges, im Hintergrund der Ort Leutra

Bocks-Riemenzunge mit hängender Lippe und grünlichen Blüten

Bocks-Riemenzunge mit waagrecht abstehender Lippe und bräunlichen Farbtönen

Gruppe des Großen Zweiblattes

Zwei Blüten des Großen Zweiblattes

den Röthängen, teilweise vom Schutt des Unteren Muschelkalkes überrollt, und vor allem im späteren Bereich des Muschelkalk-Sockels sind Kalkmagerrasen mit Aufrechter Trespe (*Bromus erectus*), Goldhafer (*Trisetum flavescens*), Wiesen-Salbei (*Salvia pratensis*), Saat-Esparsette (*Onobrychis viciifolia*), Sichel-Hasenohr (*Bupleurum falcatum*), Kleiner Odermennig (*Agrimonia eupatoria*), Dürrwurz- und Rauhhaariger Alant (*Inula conyza*, *I. hirta*), Wiesen-Bocksbart (*Tragopogon pratensis*) und Echter Schwarzwurzel (*Scorzonera hispanica*), um nur wenige Vertreter dieser artenreichen Pflanzen-Gesellschaften zu nennen, ausgebildet. Im gesamten Wiesenbereich des Tales treten Purpur- und Helm-Knabenkraut (*Orchis purpurea*, *O. militaris*) in prächtigen Populationen auf. Häufig bilden sich Bastardschwärme (*O. ×hybrida*), wobei gleitende Übergänge zu den Elterarten existieren. Die eindeutige Zuordnung fällt mitunter nicht leicht.

Hier beginnen auch die ersten Exemplare der bekanntesten Orchidee des Tales zu blühen, der Bocks-Riemenzunge (*Himantoglossum hircinum*). Die Vegetationsperiode dieser südlichen Orchidee wird bereits im Herbst eingeleitet, indem aus einer Knolle sich der neue Spross entwickelt. Kahlfröste verursachen allerdings nicht selten braune Blattspitzen an den überdauernden Winterblättern. Die Einzelexemplare können bis zu einem dreiviertel Meter hoch werden. Die dicht und reichblütige Infloreszenz riecht aufdringlich nach Ziegenbock, wodurch sich der volkstümliche Name erklärt. Da die Gattung *Himantoglossum* mit den Knabenkräutern (*Orchis*, *Neotinea*, *Anacamptis*, *Dactylorhiza*) näher verwandt ist, findet man sowohl im Habitus als auch im Blütenbau Übereinstimmungen. Charakteristisch und einzigartig ist allerdings das bizarre Labellum (Lippe), bei dem der mittlere der drei Lappen etwa 5 - 6 cm lang ausgezogen und zudem gedreht ist. In der Blütenfarbe herrscht ein schmutziges Gelblichgrün vor. Der Helm, aus den restlichen fünf Blütenblättern gebildet, ist außen oft violett gestreift. An der Lippenbasis setzt ein kurzer, ca. 2-4 mm langer, sackförmiger Sporn an.

Zur Blütezeit der Bocks-Riemenzunge kann man in den gleichen Pflanzengesellschaften auch die weiß-grünlichen Blütenstände der beiden Waldhyazinthen (*Platanthera bifolia*, *P. chlorantha*) genau so wie Fliegen-Ragwurz (*Ophrys insectifera*) und das unauffällige Große Zweiblatt (*Listera ovata*) blühen sehen. Die Art fällt dem ungeübten Beobachter zuerst durch ihre beiden sich gegenüberstehenden, rundlich-ovalen bis eiförmigen Blätter mit meist 5 kräftigen Nerven auf. Am 10-25 cm langen, rundlichen und drüsig behaarten Blütenstängel stehen in der Achsel kleiner Tragblätter 20-50 gelbgrüne Blüten. 5 der 6 Blütenblätter bilden ein kleines Helmchen, während das mittlere innere Blütenblatt eine 10-15 mm lange, tief zweispaltige Lippe bildet. Die Blüte ist spornlos und trägt mittig eine dunkelgrüne Längsschwiele, die zuckerhaltigen Nektar bildet, der kleine Schlupfwespen, Fliegen und Käfer als Bestäuberinsekten anlockt. Etwas später wird der Blütenreigen der genannten Orchideen abgelöst von den meist zartrosa getönten Ähren der Großen Händelwurz (*Gymnadenia conopsea*), den dunkelrotgrünen, ziemlich unscheinbaren Trauben der Braunroten Stendelwurz (*Epipactis atrorubens*) und die einen Bienen-Leib nachahmende Bienen-Ragwurz (*Ophrys apifera*). Sie ist verwandt mit der am frühesten, vor den meisten anderen Orchideen des Leutratales blühenden Spinnen-Ragwurz (*Ophrys sphegodes*), die aber nur von sehr erfahrenen Beobachtern gefunden werden dürfte.

Ebenfalls sehr früh blüht die winzige Korallenwurz (*Corallorhiza trifida*). Man kann sie in einem hochwüchsigen Laubmischwald beobachten, den man nach einer Wegstrecke von etwa 600 m ab einer Weggabelung erreicht, wo man sich scharf nach links gen Westen wenden muss. Der an weniger steilen Stellen von der Rotbuche (*Fagus sylvatica*) geprägte Wald ist zwar untergebüscharm, besitzt aber einen sehr artenreichen Bestand an Frühlingsblühern wie Leberblümchen (*Hepatica nobilis*), Wiesen-Primeln (*Primula veris*), Haselwurz (*Asarum europaeum*), Frühlings-Platterbse (*Lathyrus vernus*) und Maiglöckchen (*Convallaria majalis*). Auch der als Heilpflanze geschätzte Sanikel (*Sanicula eu-*

Helm-, Purpur- und Hybriden-Knabenkraut am Jagdberg

Osterluzei

Aufrechter Ziest

ropaea) und das giftige Christophskraut (*Actaea spicata*) können hier beobachtet werden.

Neben der bereits erwähnten Korallenwurz treten hier aus der Familie der Orchideen das Rote Waldvöglein (*Cephalanthera rubra*) und das sehr häufige Bleiche Waldvöglein auf. Zu ihnen gesellen sich Nestwurz (*Neottia nidus-avis*), Breitblättrige Stendelwurz (*Epipactis helleborine*), Müllers Stendelwurz (*Epipactis muelleri*) und - allerdings sehr selten - Kleinblättrige Stendelwurz (*Epipactis microphylla*). Ebenfalls nur selten zu finden, vor allem, wenn diese Orchidee nicht blüht, ist das Kriechende Netzblatt (*Goodyera repens*).

Wir steigen im Buchenwald eine in die Walderde gehauene Naturtreppe hinab und wandern parallel zum Hauptweg durch Wiesengelände zurück. Auch hier bieten sich phantastische Ausblicke auf die teilweise großflächigen Knabenkraut-Bestände. Doch auch Ästige Graslilie (*Anthericum ramosum*), Blut-Storchschnabel (*Geranium sanguineum*), Aufrechter Ziest (*Stachys recta*), Kleine Wiesenraute (*Thalictrum minus*), Geflecktes Ferkelkraut (*Hypochoeris maculata*) sowie das Echte Federgras (*Stipa pennata*) und das Pfriemengras (*Stipa capillata*), letztere allerdings sehr selten, bereichern die bisherige Palette der Kalkmagerrasen.

Wer gut zu Fuß ist, kann sich an der eingangs genannten ersten Weggabelung auch noch nach rechts, gen Osten auf den sanft aufwärts führenden sogenannten „Schulweg“ begeben. Hier kann man die reichsten Bestände der Bocks-Riemenzunge, zumindest in vielen Jahren, beobachten. Allerdings schwankt ihre Anzahl von Jahr zu Jahr in weitem Umfange. Nach sehr kalten Wintern fällt die Blüte meist fast ganz aus, in anderen Jahren kann man mehrere Hundert blühender Exemplare zählen!

An der oberen Kante des Schulweges, wiederum im lichten Nadel-Laubmischwald, stößt man auf den Frauenschuh (*Cypripedium calceolus*). Nur in diesem Bereich finden sich einzelne Exemplare der Flaum-Eiche (*Quercus pubescens*), ein ausgesprochen südliches und seltenes Florenelement in Thüringen. Zurück läuft man dann über den „Mittelweg“ nach Leutra. Hierbei nähert man sich dem Ostportal des neuen Jagdberg-Tunnels. Damit neigt sich ein einmaliger Spaziergang seinem Ende zu!

Seitenroda - Leuchtenburg

Länge der Wanderung: ca. 2,1 km
zu überwindender Höhenunterschied: ca. 100 m

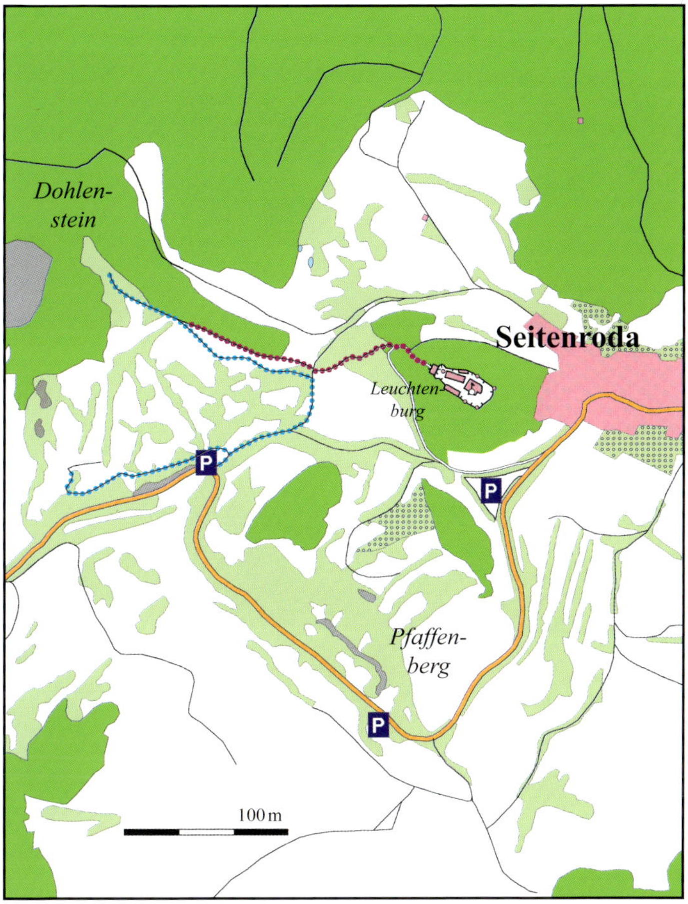

Die Leuchtenburg bei Seitenroda in der Nähe von Kahla, die jeden Wanderer und Autofahrer auf der B 88 zwischen Jena und Rudolstadt weithin grüßt, lockt alljährlich eine große Zahl von Besuchern an. Nicht nur von Kennern wird sie als schönste Burg, als „Perle des Saaletales", unter den vielfach besungenen Berühmtheiten geschätzt. Sie ziert den 395 m hohen Lichtenberg (auch Leuchtenberg genannt), der gemeinsam mit dem Pfaffenberg (393 m) und dem Dohlenberg (370 m) ein interessantes Bergterzett bildet, dessen Siedlungsgeschichte bis ins 11. Jahrhundert zurückreicht. Zumindest beherbergte der steil abfallende und dadurch eine strategisch günstige Position einnehmende Dohlenstein mehrfach Siedlungen. Seit dem 13. Jahrhundert existiert dann die Leuchtenburg (als Luchtinberc). Sie entstand als Herrschafts- und Wehrburg der Herren von Lobdeburg, die seit dem 12. Jahrhundert ihre Stammburg in Lobeda bei Jena errichtet hatten und nun mit der neuen Anlage ihren feudalen Herrschaftsbereich ausdehnten und zunehmend sicherten. Mauern, Wehrtürme (z. B. der „Marterturm"), Verliese und Wallgraben zeugen noch von Bauweise und Flair vergangener Jahrhunderte.

Den Ausgangspunkt der hier vorgeschlagenen Exkursionsroute zu Füßen der Leuchtenburg erreicht man entweder motorisiert oder wandernd vom Bahnhof Kahla aus. Mit dem Auto zweigt man von der B 88 im Süden von Kahla in Richtung Stadtroda ab. Das Fahrzeug kann dann in der zweiten scharfen Rechtskurve auf einem kleine Abstellplatz geparkt werden. Bis hierher müssen auch die Fußgänger ihren Weg über die Straße nehmen. Eine sichtbar markierte Fläche am Ostteil des Dohlensteins steht als Naturschutzgebiet (NSG) unter Schutz. An der Grenze des NSG erlaubt aber ein schmaler Pfad das Erwandern der Dohlensteinkuppe mit einem reizvollen Foto-Blick zurück zur nördlich gelegenen Leuchtenburg und auch auf die Zeugen der spektakulären Bergstürze im 18. und 19. Jahrhundert am West- und Südteil des Dohlensteins.

Zuerst laufen wir aber vom Abstellplatz des Fahrzeuges auf einem ansteigenden, vergrasten Weg über der Straße ca. 300 m in westlicher Richtung, wo in Halbtrockenrasen mit Aufrechter Trespe (*Bromus erectus*), Kalk-Blaugras (*Sesleria albicans*), Wimper-Perlgras (*Melica ciliata*), Fieder-

Blick vom Pfaffenberg auf Kahla

Seitenroda mit der Leuchtenburg, aus östlicher Richtung gesehen

Am Osthang des Pfaffenberges

Zwenke (*Brachypodium pinnatum*), Großem Schillergras (*Koeleria pyramidata*), Zwerg- und Vogelfuß-Segge (*Carex humilis, C. ornithopoda*) als das Kleinod des Gebietes die Bocks-Riemenzunge (*Himantoglossum hircinum*) zu beobachten ist. Als Vertreter des mediterranen Florenelements besitzt sie im Saaletal einige wenige Fundorte. In den letzten Jahren kamen allerdings erfreulicherweise mehrere neue Fundorte als nördlichste des Gesamtareals überhaupt hinzu. Als Standorte werden südlich exponierte, sehr sonnige und demzufolge warme Trockenrasen auf Kalk verlangt. Ein stärker aufkommendes Gebüsch führt zum langsamen, aber unweigerlichen Verschwinden der Pflanzen. Deshalb müssen als konkrete Schutzmaßnahme die Wuchsorte von Zeit zu Zeit entbuscht werden.

Wir gehen den eben beschrittenen Weg zurück zum Ausgangspunkt und steigen danach einen alten, zum Teil gepflasterten Fuhrweg zur Burg hinauf, von dem wir aber nach links in Richtung Gipfel des Dohlensteins (NSG) abbiegen. Ein schmaler Pfad an der Grenze des Schutzgebietes, durch Schilder leicht erkenntlich, führt uns zum Ziel.

In den Halbtrockenrasen des Gebietes kommt als weitere Orchidee die Bienen-Ragwurz (*Ophrys apifera*) vor. Alle Arten dieser Gattung besitzen eine mehr oder weniger insektenähnliche Lippe, mit der sie in der Regel Männchen verschiedener Insekten anlocken, denen sie ein Weibchen vortäuschen. Bei den Begattungsversuchen werden den Männchen Pollenpakete angeheftet, die sie auf andere Blüten übertragen.

Bienen-Ragwurz im Biotop

Blütenstände der Bienen-Ragwurz

Die Pollenpakete sind aus ihren Fächern gerutscht

Einzelblüte der Bienen-Ragwurz

Eine kleine Gruppe des Brand-Knabenkrautes

Blütenstand des Brand-Knabenkrautes

Indes birgt die Arterhaltung auf diesem Wege Risiken in sich, weshalb sich die Bienen-Ragwurz auf Selbstbestäubung eingerichtet hat. Auf der linken unteren Abbildung der Seite 177 ist zu erkennen, dass die Pollenpakete von selbst aus den Schutzfächern herausrutschen und sich in Richtung Narbe krümmen, die sie in wenigen Stunden erreicht haben und damit die Bestäubung vollziehen. Die Bienen-Ragwurz blüht sehr unregelmäßig. In manchen Jahren tritt sie in großer Zahl auf, meist aber sucht man vergeblich nach ihr oder findet nur einzelne Pflanzen.

Zusätzlich treten im Gebiet drei weitere seltene Orchideenarten auf: das Kleine Knabenkraut (*Anacamptis morio*), das Dreizähnige und das Brand-Knabenkraut (*Neotinea tridentata* und *N. ustulata)*. Das Kleine Knabenkraut war noch Mitte des 19. Jahrhunderts zusammen mit der Breitblättrigen Kuckucksblume (*Dactylorhiza majalis)* eine der häufigsten Orchideen im Saaletal. Die Feuchtwiesen in der Saaleaue waren voll von beiden Arten. Heute entfalten hier nur noch wenige Exemplare ihre rotviolett gefleckten Blüten. Auch das Dreizähnige Knabenkraut ist fast verschwunden.

Das Brand-Knabenkraut ist bei uns ebenfalls selten. Bei dieser etwa 10-30 cm hohen Orchidee wird von Mai bis Anfang Juli (je nach Höhenlage ihrer Standorte) eine dichtblütige Infloreszenz entwickelt, die langsam von der Basis zur Spitze hin erblüht. Von der Eigenschaft, dass die noch geschlossenen Knospen im Spitzenbereich des Blütenstandes brandig schwarzbraun getönt sind, leiten sich zahlreiche volkstümliche Namen dieser Pflanze ab. Die Einzelblüten sind sehr klein, nicht größer als 5-10 mm lang und etwa 5-6 mm breit. Wenn sie voll erblüht sind, ist der Helm etwa rostig purpurn gefärbt und damit die schwarz-braune Knospenfarbe deutlich aufgehellt. Die tief eingeschnittene, dreiteilige, weiße, mit violetten Flecken übersäte Lippe steht dazu in einem auffälligen Kontrast. Die beiden letztgenannten Knabenkräuter besiedeln bei uns vorrangig Trespen-Halbtrockenrasen und reagieren stark rückläufig, wie auch internationale Beobachtungen ausweisen, auf Düngung und Rinderbeweidung. Doch damit ist die Palette der Trockenrasen-Orchideen auf unserer Wanderung noch nicht erschöpft. Zu ihnen zählen auch zwei *Ophrys*-Arten, die unter ihren volkstümlichen Namen Fliegen-Ragwurz (*Ophrys insectifera*) und Bienen-Ragwurz besser bekannt sind.

Als weitere Orchideen unseres Wandergebietes sollen zwei der derzeit im gesamten Saaletal verbreitetsten Arten erwähnt werden: die Große Händelwurz (*Gymnadenia conopsea*) und das Große Zweiblatt (*Listera ovata*). Während erstere Art vom Früh- bis Spätsommer mit zahlreichen Exemplaren einen herrlichen Schmuck der Kalkkarsthänge bildet, wird die noch häufiger auftretende zweite Art infolge ihrer unscheinbaren, grünlichen Blütenstände, die sich dem allgemeinen Grünton der Umgebung angleichen, oft übersehen oder nicht als Orchidee erkannt.

Reich blüht auf den Trockenrasen auch die Braunrote Stendelwurz (*Epipactis atrorubens*), während die Kleinblättrige Stendelwurz (*Epipactis microphylla*) nur als seltenes Element der angrenzenden Waldbestände beobachtet wurde. Häufiger dagegen findet man hier die mykotrophe Nestwurz (*Neottia nidus-avis*) und das Bleiche Waldvöglein (*Cephalanthera damasonium*).

Die Halbtrockenrasen unseres Exkursionsgebietes zeichnen sich neben den Orchideen und den bereits eingangs erwähnten anderen Pflanzenarten auch durch Vorkommen von Ästiger Graslilie (*Anthericum ramosum*), Weißer Schwalbenwurz (*Vincetoxicum hirundinaria*), Tüpfel-Hartheu (*Hypericum perforatum*), Bayrischem Vermeinkraut (*Thesium bavarum*), Frühblühendem Thymian (*Thymus praecox*), Zypressen-Wolfsmilch (*Euphorbia cyparissias*), Kleinem Wiesenknopf (*Sanguisorba minor*) und Kriechender Hauhechel (*Ononis repens*) aus. Frühlings-Schönheiten stellen Gewöhnliche Kuhschelle (*Pulsatilla vulgaris*), Frühlings-Fingerkraut (*Potentilla tabernaemontani*) und Gewöhnliche Akelei (*Aquilegia vulgaris*) dar. Dichte Hecken, zahlreichen Vögeln, Insekten und Kleinsäugern einen idealen Lebensraum bietend, umsäumen diese Naturoasen. Sie werden vorrangig gebildet von den beiden Weißdorn-Arten (*Crataegus monogyna, C. rhipidophylla*), Schlehen (*Prunus spinosa*), Hunds-Rosen (*Rosa canina*), Feld-Ahorn (*Acer campestre*), Wolligem Schneeball (*Viburnum lantana*), Gewöhnlicher Hasel (*Corylus avellana*) und Blutrotem Hartriegel (*Cornus sanguinea*), der im Herbst die Hänge orangerot leuchten lässt.

Bocks-Riemenzunge am Pfaffenberg bei Seitenroda

Blütenstand der Bocks-Riemenzunge

Frühlings-Fingerkraut

Farbvariante der Gewöhnlichen Akelei

Zum Schluss unserer Wanderung darf ein Besuch der Burganlage selbst nicht fehlen, schon weil man vom 436 m hoch gelegenen Burgfried durch einen einmaligen Rundblick belohnt wird! Alle Vorzüge thüringischer Landschaften wie sanftgewellte, bewaldete Hügel, intensiv und extensiv genutzte landwirtschaftliche Flächen, oft noch von Hecken gesäumt, Farbabstufungen in allen warmen Tönen je nach Jahreszeit sind in diesem Anblick vereint. Die Saale durchzieht die Landschaft in Form eines geschlängelten, mattglänzenden Wasserbandes. Ihre Nebenflüsse meißelten nach West und Ost reizvolle Nebentäler in das anschließende Hochplateau. Bei günstigem Wetter werden die Höhenrücken des Thüringer Waldes, des Kyffhäusers oder sogar des Harzes am Horizont sichtbar.

Der Fußgänger wird den in der Karte grün dargestellten kurzen Zugang zur Burg nutzen, während der Autofahrer zurück zum Fahrzeug muss, um dann der Straße aufwärts zum großen Parkplatz der Burg zu folgen. Dies bietet überdies den Vorteil, dass er am Pfaffenberg zusätzlich weitere Exemplare der Bocks-Riemenzunge direkt neben der Straße bewundern kann. Kurz vor Erreichen der Linkskurve vor dem Parkplatz befindet sich rechts unter Straßenbäumen eine kleine Parkbucht mit einer Ruhebank, wo man sein Fahrzeug abstellen kann, um danach nur etwa 100 m zurück zum Wuchsort der Pflanzen an einem Hang an der anderen Straßenseite zu gelangen.

Das in der Burg untergebrachte Museum bietet eine Vielzahl von Themen: Neben der wechselvollen Geschichte der Burg selbst (von 1724 bis 1871 war darin ein Zuchthaus untergebracht!) kann man sich hier auch über die Geschichte des Altthüringer Porzellans, des Weinbaues und der Jagd informieren. Interessant ist auch der Burgbrunnen, der mit einer Tiefe von 80 m zu den tiefsten Burgbrunnen Thüringens gehört.

Für das leibliche Wohl wird in der Burgschänke gesorgt, und wer länger bleiben möchte, um die Natur von Dohlenstein, Pfaffenberg und Lichtenberg gründlicher zu erkunden, findet im Landgasthof Seitenroda eine stilvolle und gemütliche Unterkunft oder kann auch nach dem nahegelegenen Kahla ausweichen, wo es weitere Übernachtungsmöglichkeiten gibt.

Gera - Lasur (Naturlehrpfad)

Länge der Wanderung: ca. 3,6 km, Zusatz über Collis ca. 1,3 km
zu überwindender Höhenunterschied: ca. 90 m

Die Stadt Gera ist nach Erfurt und Jena die kleinste der drei Großstädte Thüringens. Zu DDR-Zeiten war sie Hauptstadt des gleichnamigen Bezirkes und erreichte mit 135.000 Einwohnern die größte Bevölkerungszahl ihrer Geschichte. Seither hat sie davon rund ein Viertel verloren.

Die Stadt hat sich aus einer im 12. Jahrhundert entstandenen Siedlung entwickelt, das Stadtrecht wurde im frühen 13. Jahrhundert erlangt. Seit 1564 war Gera Residenzstadt der Fürsten Reuß jüngere Linie und kam 1920 nach der Abdankung der Fürsten zum neuen Land Thüringen. Seit dem 15. Jahrhundert entwickelte sich in Gera zunächst die handwerkliche Herstellung von Stoffen und Tuchen. Ab Mitte des 19. Jahrhunderts wurde dieser Wirtschaftszweig industrialisiert, wodurch die Stadt zu einer der reichsten in ganz Deutschland wurde. Von dieser Blüte zeugen noch heute über 100 zum Teil sehr bedeutende Stadtvillen. Ab 1859 entwickelte sich Gera zum Verkehrsknotenpunkt mit Eisenbahnverbindungen in Richtung Weißenfels, Saalfeld, Greiz und Weimar. Jetzt siedelten sich auch andere Industriezweige in Gera an, z. B. der Maschinenbau. In Gera entstand auch das erste deutsche Warenhaus, gegründet 1882 durch Oscar Tietz (1858-1923), aus dem sich später die Kaufhauskette „Hertie" entwickelte.

Gera ist Geburtsstadt des bedeutenden deutschen Malers Otto Dix (1891-1967), der vor allem durch seine gesellschaftskritischen und gegen das Grauen des Kriegs gerichteten Bilder bekannt ist. In seinem Geburtshaus ist heute ein Otto-Dix-Museum eingerichtet, das eine der größten Dix-Sammlungen in öffentlicher Hand besitzt. Bei einem Aufenthalt in Gera sollte man außerdem auch einen Besuch des in der Altstadt untergebrachten Museums für Naturkunde einplanen, wo man neben den im „Schreiberschen Haus" gezeigten Sammlungen auch einen Tiefkeller zur Bierlagerung (einen sogen. „Höhler") besichtigen kann, in dem heute Mineralien ausgestellt werden. Zum Museum gehört auch ein Botanischer Garten.

Die hier vorgestellte Wanderroute führt durch ein zwischen den Geraer Stadtteilen Pforten und Zwötzen liegendes Gebiet, das im Osten den Ortsteil Collis berührt. Zum Teil bewegt man sich dabei auf dem mit zahlreichen Erläuterungstafeln ausgestatteten Naturlehrpfad „Gera Süd".

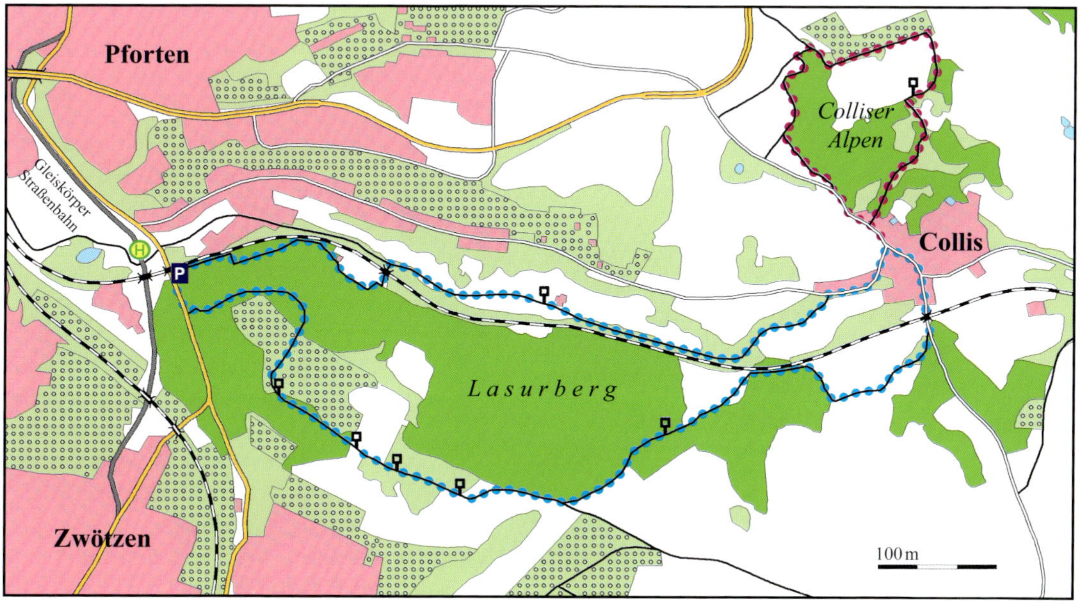

Gera - Markt mit Simsonbrunnen

Blick von den „Colliser Alpen“ ins untere Gessental

Auf der Lasur

Den Ausgangspunkt der Wanderung erreicht man am einfachsten mit der Linie 1 der Geraer Straßenbahn, die man bis zur Haltestelle Pforten am sogenannten „Artenschutzturm“ benutzt. Der um 1200 erbaute Turm gehörte ursprünglich zu einer Wasserburg und dient seit seiner Rekonstruktion im Jahre 2006 als Fledermausquartier und Vogelniststelle. Wer unbedingt mit dem Auto anfahren möchte, findet einen Parkplatz in einem von der Gessentalstraße westlich abzweigenden kleinen Nebenstraße unmittelbar am Bahndamm der Linie Gera-Ronneburg.

Unsere Wanderung führt uns in der Hauptsache auf den Lasurberg, auch kurz „Lasur“ genannt, der geologisch zur Zechsteinformation gehört. Ähnlich wie beim Muschelkalk führt die Verwitterung auch beim Zechstein zu basenreichen Böden, die für die Entwicklung von Orchideen günstig sind.

Unser Weg führt uns von der Eisenbahnunterführung der Gessentalstraße südlich den Bahndamm entlang, bis wir einen Garten erreichen, den wir auf der rechten Seite umgehen. Hier treffen wir auf die erste Orchideenart, das Große Zweiblatt (*Listera ovata*), eine recht unscheinbare Art, deren kleine, grüne Blüten erst bei genauer Betrachtung ihre besondere Eigenart offenbaren.

Nach kurzer Strecke folgt dann ein Sportplatz, den wir oberhalb umgehen, um danach durch eine Unterführung auf die Nordseite der Bahnstrecke zu gelangen, wo wir unsere Wanderung auf einem Radweg in Richtung Collis fortsetzen. Wir befinden uns jetzt im Gessental, das die Lasur vom

Bleiches Waldvöglein im Falllaub des Buchenwaldes

Blüte des Bleichen Waldvögleins

Blütenstände des Bleichen Waldvögleins

Blütenstand des Roten Waldvögleins

Blüte des Roten Waldvögleins

Pfortner Berg trennt und in dessen Grund der Gessenbach zur Weißen Elster strebt. Nach einer Wegstrecke von etwa 1,4 km erreichen wir die Häuser von Collis, wo entweder im Gasthaus „Collis am Gessenbach" eine Kaffeepause eingelegt oder die „Colliser Alpen" bestiegen werden können, wo ein Hügelgrab aus frühgeschichtlicher Zeit zu besichtigen ist und man gleichzeitig einen sehr schönen Ausblick über das ganze Gessental genießt.

Wir setzen unsere Wanderung mit dem Aufstieg auf die Lasur fort, indem wir zunächst der Straße von Collis nach Kaimberg ein Stück folgen und dabei erneut unter der Eisenbahnlinie hindurchgehen. Direkt hinter der Unterführung biegen wir rechts auf einen Wanderweg ab, der fast parallel zur Bahnstrecke und am Waldrand entlang nach Westen führt, ehe er nach Südwesten abbiegt und durch Wald sanft aufsteigend auf die Lasur führt, deren Rücken wir bei einer Kleingartenanlage erreichen. Nach einem kurzen Wegstück entlang des Waldrandes erreichen wir eine Informationstafel über Trockengebüsche und kurz danach eine weitere, die über den historischen Abbau von Kupferschiefer informiert. Die Pingen dieses Abbaues sind an ihrem Bewuchs mit Birken noch gut im Gelände zu erkennen. Hier befinden wir uns mitten in den Orchideenvorkommen der Lasur, die vier weitere Arten umfassen: das Bleiche und das Rote Waldvöglein (*Cephalanthera damasonium*, *C. rubra*), die Braunrote Stendelwurz (*Epipactis atrorubens*) und die Nestwurz (*Neottia nidus-avis*). Wenn diese Arten hier auch nicht die große Bestandsdichte wie an anderen Wuchsorten in Thüringen erreichen, so ist das Auftreten selbst verhältnismäßig weniger Exemplare dieser Arten in unmittelbarer Nähe einer Großstadt doch sehr bemerkenswert und gibt den zahlreichen Liebhabern heimischer Orchideen aus den Mauern Geras Gelegenheit zu ausgedehnten Beobachtungen und zur Beteiligung an Pflegemaßnahmen, die dem Erhalt der empfindlichen Fundorte dienen.

Das Bleiche Waldvöglein ist in Thüringen weit verbreitet und gehört zu den hier häufigen Arten. Es bevorzugt Wuchsorte in verhältnismäßig lichtarmen Laubwäldern, tritt aber auch auf benachbarte Wiesenflächen hinaus. An beschatteten Stellen wachsen die Pflanzen meist einzeln mit waagrecht stehenden Laubblättern, an lichteren Stellen neigt die Art zur Büschelbildung mit steif aufrecht stehenden Blättern. Die Stängel werden 19 bis 60 cm hoch und tragen 3 bis 6 gleichmäßig auf die gesamte Länge verteilte Laubblätter. Der langgestreckte Blütenstand ist locker mit 2 bis 20 mittelgroßen, elfenbeinfarbenen Blüten besetzt, die nur selten voll geöffnet sind. Insektenbesuch ist deshalb häufig nicht möglich. Trotzdem ist der Fruchtansatz sehr hoch, was auf Selbstbestäubung hindeutet. Die Früchte stehen steil aufrecht und entlassen den staubfeinen Samen erst spät im Jahr, etwa ab Mitte Oktober.

Das Rote Waldvöglein ist mit dem Bleichen Waldvöglein eng verwandt, unterscheidet sich von diesem aber deutlich. Die Pflanzen werden mit 30 bis 70 cm etwas größer, die Blätter sind meist zweizeilig angeordnet und deutlich schmaler als beim Bleichen Waldvöglein und stehen steifer nach oben. Die rotlila bis rosa gefärbten Blüten sind meist weit geöffnet und spreizen insbesondere die beiden unteren äußeren Blütenblätter zur Seite ab, was wahrscheinlich phantasiebegabte Beobachter veranlasste, den Namen „Waldvöglein“ zu prägen, der dann auf die ganze Gattung übertragen wurde. Auch der Fruchtansatz ist im Unterschied zu dem des Bleichen Waldvögleins nur mäßig und übersteigt nur selten einen Wert von 20%. Bestäubt wird sie von den Männchen einer bestimmten Scherenbienenart, die in der Umgebung von Glockenblumen nach Weibchen suchen. Den besuchenden Insekten wird aber kein Nektar als Belohnung angeboten, es handelt sich daher um eine Nektartäuschblume.

Die Braunrote Stendelwurz gehört einer Gattung an (*Epipactis*), die mit der Gattung Waldvöglein (*Cephalanthera*) nahe verwandt ist. Deshalb haben ältere Botaniker, darunter auch Max Schulze (1841 bis 1915) aus Jena in seinem 1894 erschienenem Grundlagenwerk „Die Orchidaceen Deutschlands, Deutsch-Österreichs und der Schweiz“ beide Gattungen miteinander vereint. Da aber die trennenden Merkmale überwiegen, ist man heute von dieser Auffassung wieder abgerückt.

Die Art entwickelt im Frühjahr aus einem unterirdischen Wurzelstock (dem Rhizom) neue Triebe, bei denen sich im Frühsommer ein Blütenstand bildet, der zunächst wie ein Bischofsstab gekrümmt ist, sich aber kurz vor der Öffnung der Blüten streckt. Die rotbraunen Blüten sind weit geöffnet und duften deutlich nach Vanille. In frischen Blüten sind die hellgelben Pollinien gut zu erkennen, die jedoch nach kurzer Zeit durch Bestäuber (meist Hummeln) entfernt werden, welche die Braunrote Stendelwurz wegen des im hinteren Teil der zweigliedrigen Lippe gebildeten Nektars eifrig besuchen.

Bei der Nestwurz handelt es sich um eine Orchidee ohne Blattgrün, die nicht zur Photosynthese befähigt ist. Für ihr Wachstum ist sie daher auf das organische Material abgestorbener Pflanzen angewiesen. Der gelbbraune Blütenstand ist unverkennbar. Da er vertrocknet, kann man ihn meist noch im Folgejahr erkennen.

Blütenstand der Braunroten Stendelwurz

Blüten der Braunroten Stendelwurz

Leberblümchen

Echtes Lungenkraut

Auf der Lasur gedeihen neben Orchideen noch zahlreiche andere interessante Pflanzen, insgesamt wurden hier 455 verschiedene Farn- und Blütenpflanzen nachgewiesen. Zu ihnen gehören neben der Gewöhnlichen Akelei (*Aquilegia vulgaris*), der Knäuel- und der Wiesen-Glockenblume (*Campanula glomerata*, *C. patula*), dem Feld-Rittersporn (*Consolida regalis*), dem Fransen-Enzian (*Gentianella ciliata*), der Wiesen-Primel (*Primula veris*), der Gewöhnlichen Kuhschelle (*Pulsatilla vulgaris*) und der Türkenbund-Lilie (*Lilium martagon*) auch zwei alte Arzneipflanzen, das Leberblümchen (*Hepatica nobilis*), dessen lichtblaue Blüten im zeitigsten Frühjahr noch vor den Blättern erscheinen und das Echte Lungenkraut (*Pulmonaria officinalis*) mit anfangs roten, später blauen Blüten. Während die medizinische Wirkung des Leberblümchens gegen Lebererkrankungen nicht nachgewiesen werden konnte (sie wurde in früheren Zeiten aus der leberähnlichen Form der dreilappigen Blätter abgeleitet), wirken die Inhaltsstoffe des Echten Lungenkrautes tatsächlich hustenreiz- und entzündungshemmend. Heute stehen aber gegen derartige Beschwerden wirksamere Medikamente zur Verfügung.

Unser Wanderweg führt schließlich noch durch eine ausgedehnte Streuobstwiese im nordöstlichen Teil der Lasur, ehe wir den Abstieg ins Tal der Weißen Elster antreten. Auch hier wird auf die Bedeutung dieses Biotoptyps durch eine Erläuterungstafel hingewiesen, wie überhaupt Inhalt und Gestaltung der zahlreichen Hinweis- und Erläuterungstafeln längs unserer Route vorbildlich zu nennen sind. Dies wird auch an mehreren Tafeln am Beginn des Radweges ins Gessental deutlich, auf die wir noch einen Blick werfen sollten, wenn wir die Unterführung der Gessentalstraße bei der Bahnlinie nach Ronneburg passiert haben.

Nach einer langen und anstrengenden Wanderung wird man nach einer Gelegenheit suchen, wo man sich in der Nähe in angenehmer Atmosphäre erholen und stärken kann. Hierzu sei der „Landgasthof Bauernhäuschen“ in der Gessentalstraße 6 empfohlen. In der Stadt Gera selbst findet man zahlreiche weitere Möglichkeiten für weniger bis hin zu sehr gehobenen Ansprüchen und den dazugehörigen Geldbeutel.

Literaturverzeichnis

Anonymus (1981): Atlas der Deutschen Demokratischen Republik. - Gotha.

Arbeitskreise Heimische Orchideen (2005): Die Orchideen Deutschlands. - Uhlstädt-Kirchhasel.

Baumann, H., S. Künkele & R. Lorenz (2006): Die Orchideen Europas. - Stuttgart.

Eccarius, W. (1983): Die Orchideen des Kreises Eisenach. - Eisenach.

Eccarius, W. & O. Töpfer (1996): Die Orchideen des Wartburgkreises. - Uhlstädt.

Eccarius, W. [Hrsg.] (1997): Orchideen in Thüringen. - Uhlstädt.

Eccarius, W., W. Hiekel, H. Kempf, U. Kessler, H. Korsch, A. Kurz, R. Müller & J.-K. Wykowski (2003): Orchideen im Landkreis Hildburghausen und der Stadt Suhl. - Uhlstädt.

Felber, P., W. Eccarius, L. Finke, E. Herr, S. Kämpfe, H. Korsch, K. Peterlein, M. Salzmann & H.-J. Seidler (2004): Orchideen im Kreis Weimarer Land und der Stadt Weimar. - Uhlstädt.

Feldmann, A. & R. Feldmann (1994): Orchideen im Landkreis Ilmenau. - Ilmenau.

Feldmann, A., R. Feldmann & V. Kögler (1996): Orchideen im Ilm-Kreis. - Arnstadt.

Finke, L. & H. Breitrück (1995): Orchideen im Landkreis Saalfeld-Rudolstadt (Thüringen). - Rudolsatdt.

Fleischer, M., W. Eccarius, J. Fratscher & U. Henze (2001): Orchideen der Landkreise Greiz, Altenburger Land und der Stadt Gera. - Uhlstädt.

Haeupler, H. & T. Muer (2000): Bildatlas der Farn- und Blütenpflanzen Deutschlands. - Stuttgart.

Heinrich, W., H. Voelckel, P. Rode, H. Dietrich, K. Bockhacker, P. Weissert & F. Falke (1999): Orchideen im Saale-Holzland-Kreis und der Stadt Jena. - Uhlstädt.

Henze, U., W. Eccarius, H. Hirschfeld, K. Lenk & E. Schneider (2000): Orchideen im Kyffhäuserkreis. - Uhlstädt.

Klug, W. (1996): Kleinode der heimischen Flora, Vom Aussterben bedrohte, gefährdete und nach dem Bundesnaturschutzgesetz besonders geschützte Farn- und Blütenpflanzen des Kreises Gotha. - Gotha.

Kretzschmar, H., W. Eccarius & H. Dietrich (2007): Die Orchideengattungen Anacamptis, Orchis und Neotinea. - Bürgel.

Kretzschmar, H. (2008): Die Orchideen Deutschlands und angrenzender Länder, finden und bestimmen. - Wiebelsheim.

Kümpel, H. (1996): Die wildwachsenden Orchideen der Rhön. - Jena.

Kümpel, H. (1998): Orchideen im Landkreis Schmalkalden-Meiningen. - Uhlstädt.

Oppel, K. H. & T. Oppel (1997): Orchideen im Landkreis Gotha. - Uhlstädt.

Reck, V. (1999): Orchideen im Landkreis Eichsfeld. - Uhlstädt.

Reinhardt, J., Eccarius, W., Halle, R., Reuther, R., Heinrich, W, Korsch, H, & Voelckel, H. (1998): Orchideen im Unstrut-Hainich-Kreis. - Golmsdorf b. Jena.

Rothmaler, W. (2002): Exkursionsflora von Deutschland, Bd. 4 (9. Aufl.). - Heidelberg, Berlin.

Spangenberg, H.-J., W. Eccarius, W. Heinrich, D. Junker, F. Lawrenz & R. Richter (2002): Orchideen im Landkreis Nordhausen. - Uhlstädt.

Thüringer Landesanstalt Bodenforschung [Hrsg.] (1994): Thüringen, Geologische Übersicht 1:400.000. - Gotha.

Westhus, W. W. Heinrich, S. Klotz, H. Korsch, R. Marstaller, S. Pfützenreuter & R. Samietz (2003): Die Pflanzengesellschaften Thüringens- Gefährdung und Schutz. - Naturschutzreport 6 (1): 1-257.

Westhus, W. & van Hengel (1995): Biotope in Thüringen - Situation, Gefährdung und Schutz. - Naturschutzreport 9: 1-255.

Zündorf, H.-J., K.-F. Günther, H. Korsch & W. Westhus (2006): Flora von Thüringen. - Jena.

Register der Orchideenbilder

Register der Bilder anderer Pflanzen

Register der Pflanzennamen *

* Das Register der Pflanzennamen bezieht sich nur auf die auf den Seiten 37-186 beschriebenen 25 Wanderungen.

Bildnachweise

Dr. H. Dietrich	S. 158 Mitte, S. 164
J. Fratscher	S. 182
Dr. W. Heinrich	S. 170 oben
U. Henze	S. 16 unten
Dr. H. Kretzschmar	S. 39 unten links, S. 63 unten links, S. 68 oben, S. 87 oben links, S. 160 links, S. 167 rechts, S. 174 oben
H. Kümpel	S. 19 oben, S. 26, S. 52 unten, S. 119 unten, S. 131 rechts, S. 154 oben
H. Matzke	S. 15 oben, 54 links, S. 106 rechts, S. 136 unten, S. 142 rechts, S. 171 oben
V. Reck	S. 38, S. 39 rechts, S. 42 unten, S. 172 links oben, S. 177 rechts, S. 184 unten
R. Richter	S. 104, S. 108
H. Rödger	S. 20 oben, S. 80 unten, S. 142 links
P. Weissert	S. 173
W. Witter	S. 60, S. 72, S. 98 Mitte + unten, S. 99 links oben + rechts, S. 100 - 102, S. 105 links unten, S. 107 rechts, S. 114 oben, S. 159 links unten, S. 168 unten, S. 172 unten

Alle anderen Bilder stammen von W. Eccarius.